U0206458

本书受到以下项目资助：

浙江省哲学社会科学规划课题“‘新矛盾’背景下遗产继承影响家庭财富差距的机理与效应研究”（项目批准号：19NDQN350YB）；

浙江省自然科学基金青年项目“利他动机视域下代际财富转移影响家庭财富差距的机理与效应研究”（项目批准号：LQ19G030006）；

2016—2017学年度清华农村研究博士论文奖学金项目“中国农村家庭财富分配及其演化（1988—2012）——基于动态视角的考察”（项目批准号：201607）。

中国农村家庭
财富分配研究

韦宏耀◎　著

图书在版编目（CIP）数据

中国农村家庭财富分配研究/韦宏耀著．—北京：中国社会科学出版社，2019.8

ISBN 978-7-5203-4927-7

Ⅰ.①中…　Ⅱ.①韦…　Ⅲ.①农村—家庭财产—分配（经济）—研究—中国　Ⅳ.①TS976.15

中国版本图书馆CIP数据核字（2019）第194294号

出 版 人　赵剑英
责任编辑　马　明
责任校对　任晓晓
责任印制　王　超

出　　版　中国社会科学出版社
社　　址　北京鼓楼西大街甲158号
邮　　编　100720
网　　址　http://www.csspw.cn
发 行 部　010-84083685
门 市 部　010-84029450
经　　销　新华书店及其他书店

印　　刷　北京明恒达印务有限公司
装　　订　廊坊市广阳区广增装订厂
版　　次　2019年8月第1版
印　　次　2019年8月第1次印刷

开　　本　710×1000　1/16
印　　张　16.75
插　　页　2
字　　数　275千字
定　　价　85.00元

凡购买中国社会科学出版社图书，如有质量问题请与本社营销中心联系调换
电话：010-84083683

前　言

改革开放以来，中国经济的高速增长带动了居民收入和财富水平的持续稳步提升。然而，在财富规模迅速增长的同时，财富分配差距也在迅速扩大，这一扩大趋势的重要来源之一则是城乡财富差距的急剧拉大。囿于数据可得性等限制，学界对城镇居民财富分配问题关注较多，而对农村居民财富分配问题研究较少。中国农村家庭财富分配的基本格局是怎样的？改革以来这一财富分配格局是如何一步步演化的及其影响因素是什么？个体或家庭特征、遗产继承和代际转移等微观因素如何影响农村家庭财富分配？而农业经济制度变迁和经济增长等宏观因素又是如何作用于农村家庭财富分配的？显然，既有研究都还不能很好地回答这些问题，而这些问题的有效解答将有助于增进对中国农村家庭财富分配现状及其基本特征的了解和把握，继而理论联系实际，为构建更为合理的税收、社会保障等再分配政策提供必要的参照基础。

基于上述背景，本书以中国农村家庭财富分配为研究对象，首先系统梳理了国内外关于财富分配的相关文献，包含对部分重要概念及相关理论进行回顾与总结。然后，综合利用现有微观调查数据，系统描述了1988—2014年中国农村家庭的财富水平、结构、分布与变动趋势等特征化事实；同时基于财富来源进行结构分解并进行区域差异分解分析。在此基础上，从家庭异质性、市场和政治因素、遗产继承、制度变迁和经济增长五个方面，对农村家庭财富分配的影响因素进行了系统考察。最后，反思研究不足，并提出下一步的研究方向。全书章节安排如下：绪论和文献综述部分（第一章、第二章）；中国农村家庭财富分配的水平、分布及变化趋势的分析（第三章）；家庭异质性、市场和政治因素、遗产继承、制度变迁和经济增长等对农村家庭财富分配的影响（第四章至第八章，全书的核心内容）；结论与展望（第九章）。

通过系统研究，形成了以下主要结论：

第一，中国农村家庭财富差距起点虽然较低，但扩大速度较快，且有进一步扩大的趋势。1988 年时，我国农村家庭人均财富净值的基尼系数为0. 37，低于同期全国居民收入基尼系数 0. 38；2014 年则迅速上升到0. 62，远高于同期收入基尼系数 0. 47。从财富分组来看，1988 年至 2014年，低财富组家庭的财富份额都有不同程度的下降，而高财富组家庭的财富份额则有不同程度的上升，尤其表现在顶端 10% 家庭的财富份额的快速增长上。从财富结构来看，房产净值和土地价值对总基尼系数的贡献率最大，金融资产也贡献了重要力量。其中，土地具有缩小农村家庭间的财富差距，但房产和金融资产主导了总财富差距的扩大。从区域差异来看，四大区域内部的财富差距是造成农村家庭财富差距的主要原因，其贡献率保持在 70% 以上。1988—2014 年，四大区域内部的财富差距处于持续扩大状态，而区域之间的财富差距则有缩小趋势。

第二，家庭异质性是农村家庭财富差距扩大的重要原因。农村家庭财富分配的微观影响因素多元且复杂，既有教育、收入、职业、党员身份等人力资本影响因素，也有家庭人均年龄、规模大小、未成年人比例、老年人比例等家庭结构影响因素。其中，部分变量对农村家庭财富分配的影响是全面性的，其通过影响各种类型家庭财富对农村家庭总财富的分配产生显著影响；部分变量的影响则是结构性的，即仅仅通过影响部分财富构成成分对农村家庭财富分配产生影响。从影响因素的贡献率来看，收入对家庭财富差距的贡献率最大，其他贡献率较大的影响因素还包括年龄、家庭规模、未成年人比例和受教育年限等。分时期来看，农村家庭财富差距决定因素的百分比贡献率随着时间推移有升有降。其中，年龄、人均受教育年限和家庭规模等变量对农村家庭差距的贡献随着时间推移有所上升，而收入和未成年人比例等变量的贡献在下降。

第三，市场因素对农村家庭财富积累的影响大于政治因素。2014 年中国家庭追踪调查数据（CFPS 2014）显示，市场因素和政治因素都显著影响农村家庭财富的积累，但前者的影响大于后者。这可能与农村更少受到政府直接控制，政治权力相对较少直接参与到财产分配之中有关。具体来看，政治因素显著影响家庭金融资产的积累；而市场因素显著影响家庭总资产以及住房、非金融和金融等各分项资产的积累。从分位数回归来看，贫穷家庭财富积累只受市场因素的影响；而中产及富裕家庭的财富积累不仅受到市场因素的影响，也受到政治资本的影响。因而，市场转型理论可能更适于解释中国农村家庭财富的积累。

第四，遗产继承一定程度上缩小了家庭财富差距。就代际支持而言，微观数据表明，相比于2006年，2012年农村居民三代间的情感互动频度上升，经济互动频度下降，而劳务支持呈现向子代倾斜的趋势。经济增长和农村新代际分工的形成是农村居民代际支持呈现上述变化的重要原因。就遗产继承而言，2013年和2014年中国健康与养老追踪调查（CHARLS）数据显示我国获得遗产的家庭比例约为18.4%，与欧美国家基本接近。但遗产价值只占家庭财富净值的0.87%，远远低于欧美国家。遗产八成以上主要来源于父母，房产是遗产的最主要形式，且有近20%的债务。另外，虽然不同家庭的遗产继承存在巨大差距，富裕家庭获得的遗产规模远大于贫穷家庭，但遗产仍然具有缩小家庭财富差距的作用。这主要是因为贫穷家庭获得的遗产价值占家庭财富净值的比例高于富裕家庭，也就是说，遗产对贫穷家庭财富的影响大于对富裕家庭财富的影响。但是，遗产对家庭财富差距的影响非常小，贡献率约为1%。这与我国当下遗产规模占家庭财富比例较低有关，但随着未来可能存在的遗产规模的膨胀，遗产对财富差距的贡献将会逐步增加。

第五，经济制度变迁是影响农村家庭财富差距的重要变量。分析农产品价格体制改革、农业税费改革、农村住房改革和社会保障制度变革等主要农村经济社会制度变迁对农村家庭财富分配的影响后发现，对于农村居民家庭财富积累而言，这些经济社会制度变革都具有正向促进作用，即农产品价格的上涨、农业税费的减免、住房质量的提升以及转移支付的增加（社会保障水平的代理变量）都显著促进了农村居民家庭财富的积累。但在对财富差距的影响上，各项制度改革的作用不一。其中，只有农产品价格体制改革较为明显地降低了农村居民家庭财富差距，其他改革皆不同程度扩大了农村家庭财富差距。

第六，经济增长与农村家庭财富差距间存在双向格兰杰因果关系。1988—2014年的经验数据表明，经济增长扩大了财富差距，而适度的财富差距反过来促进了经济增长。具体来说，省级人均GDP与家庭财富差距间的关系符合库兹涅茨曲线的表述，呈“倒U形”变化趋势，拐点为5.01万元。目前我国绝大多数省份仍然处于库兹涅茨曲线拐点的左侧，其家庭财富差距的基尼系数仍然会继续随着GDP的增长而上升。从经济增速来看，其对财富差距的影响表现为“倒U形”关系，且这种关系相对较强；而财富差距对经济增长的影响表现为“U形”关系。考虑到当下经济增速下降，而财富不平等处于高位的现状，则二者的关系表现为正向关系，即经济增长会扩大财富差距，而适度的财富差距也会促进增长，但后者的格兰杰因果检验结果较弱。需要特别注意的是，前述结论仅基于我国过去20多年的经验数据，且仅是经济增长因素和财富不平等因素间的关系，并没有通过加入调节变量对这一结果进行解释。

本书可能的创新主要体现在如下三方面：

一是研究内容的创新。综合利用现有宏观统计数据和微观调查数据，系统构建了1978—2018年中国农村家庭财富信息，继而呈现了这一时期农村家庭的财富水平、结构、分布与变动趋势等特征化事实。这拓展了既有研究多以截面数据静态呈现财富分配状况的现状，为后续探讨财富分配动态演化机制提供了坚实的数据支撑。同时，后续基于财富来源的结构分解以及区域差异分解等都进一步充实了对中国农村家庭财富分布的具象化认识。

二是研究视角的创新。首先，目前从遗产和制度变迁等视角对中国家庭财富分配的研究较少，基于此，本书分别从家庭异质性和遗产继承等微观视角，以及制度变迁和经济增长等宏观视角，依次分析了这些因素对农村家庭财富分配的影响。其次，已有研究侧重于研究家庭总财富差距及其影响因素，而对家庭财富构成成分的差距及其影响因素的考察较少。本书则从农村家庭财富构成视角出发，研究了诸因素对农村家庭财富差距的结构性影响及其作用路径。最后，已有研究多以户主特征作为家庭特征的代表，这可能会遗漏掉部分重要信息。而本书充分利用微观调查数据提供的所有家庭成员信息，构建家庭层面的变量，从而可以更好地反映家庭财富的影响因素。

三是实证方法的创新。不平等研究领域内的前沿方法主要运用在收入分配研究中，财富分配研究的实证方法相比明显滞后。基于此，本书在一般OLS回归的基础上，又进一步使用了Tobit模型和分位数回归模型进行分析，并在分位数回归的基础上，引入回归系数差值分析方法探讨各因素对财富差距的影响。另外，引入收入分配研究中近年来兴起的基于回归的各类分解方法以取代传统的分解方法，本书采用的是基于回归的夏普里值（Shapley Value）分解方法，该方法可以较为可靠地呈现各影响因素对财富差距形成的具体贡献和相对大小。

目　录

图目录

表目录

第一章

绪　论

一　研究背景

1978 年经济改革以来，中国经济快速增长，居民收入稳步提升，同时居民财富也进入迅速积累的阶段。人均国内生产总值从 1978 年的 385 元增长到 2014 年的 50251 元，扣除通胀因素后，实际平均年增长率为 8.6%。[①] 就收入而言，中国农村居民人均纯收入从 1978 年的 134 元增加到 2012 年的 7917 元，扣除通胀因素后，其实际年均增长率达到 7.5%。[②] 从居民家庭财富来看，1995—2002 年我国居民人均总资产净值增加了 1.14 倍，年均增长率约为 11.5%，高于同期 GDP 和人均收入的增长。[③] 而 2000 年后房产价格的快速上升进一步加速了人均财富的增长，2010 年家庭人均财产现值超过 13.2 万元，是 2002 年的 4.1 倍，这期间家庭财富净值的年均增长率高达 19.0%。[④] 可见，改革开放 40 年以来，中国经济和居民收入实现了快速增长，而中国居民的家庭财产也经历了从无到有、从少到多的快速积累过程。

然而，财富规模在迅速增长的同时，财富分配差距迅速拉大，经济不

---

① 数据依据历年《中国统计年鉴》（中华人民共和国国家统计局编）计算所得。

② 从 2013 年起，国家统计局使用新的指标口径"农村居民人均可支配收入"，该指标与 2012 年及之前的指标"农村居民人均纯收入"不能直接进行比较，故此处表述只使用了 2012 年的数据。2012 年以来在各项增收政策的保障下，虽然我国国民生产总值的增速有所下降，但农村居民人均可支配收入的增速却有所上升，2015 年农村居民的人均可支配收入已达 11421.7 元。

③ 李实、魏众、丁赛：《中国居民财产分布不均等及其原因的经验分析》，《经济研究》2005 年第 6 期。

④ 李实、万海远、谢宇：《中国居民财产差距的扩大趋势》，北京师范大学中国收入分配研究院工作论文，北京，2014 年。

平等问题日益凸显。中国居民收入基尼系数从20世纪80年代的0.3左右迅速上升到近年来的0.45以上；而财富不平等程度同世界上多数发达国家一样，自2002年后开始超过收入的基尼系数，并在进一步的扩大中。[①]有研究指出，我国家庭净资产的基尼系数已经从2002年的0.55迅速增加到了2012年的0.73。从财产分布来看，"顶端1%的家庭占有全国1/3以上的财产，而底端25%的家庭仅拥有1%的财产"[②]。可见，我国居民家庭的财富分布已呈现较为明显的两极分化。某种意义上，市场经济带来的财富分配的合理分化为中国经济发展提供了推动力，但目前中国的财富差距存在过快过大的上升趋势，尤其是部分不正当的财富来源，可能会对社会稳定带来不可估量的负面影响。

从学界来看，财富研究一直存在诸多困难和局限。对于利用家户调查收集财富数据来说，存在如下困难：容易遗漏财富顶端人群的样本；相比于其他指标更易被受访者低报、误报；财富内容种类繁多，难以形成一致的比较口径等。[③] 因此，纵使在发达国家，财富研究也常常受限于可靠的数据。而在中国，有关家庭财富情况的调查更为有限。1989年进行的中国居民收入调查项目[④]是其中最早收集中国居民家庭财产情况的大型调查，Mckinley也首次利用该数据对中国农村家庭的财富分配问题进行了研究。[⑤] 之后该项目又陆续在1996年、2003年、2008年和2014年进行了后续调查，但该调查仅是截面调查，即每年都会重新替换样本，而不是对同一样本进行多年的追踪调查，且2008年以来该调查对财产项目的调查逐

① 李实、魏众、丁赛：《中国居民财产分布不均等及其原因的经验分析》，《经济研究》2005年第6期；罗楚亮、李实、赵人伟：《我国居民的财产分布及其国际比较》，《经济学家》2009年第9期。

② 谢宇、靳永爱：《家庭财富》，载谢宇等《中国民生发展报告2014》，北京大学出版社2014年版。

③ Davies J. B. and Shorrocks A. F., "The Distribution of Wealth", in Anthony Atkinson and Francois Bourguignon, eds., *Handbook of Income Distribution*, Vol. 1, Amsterdam: North Holland ELSEVIER, 2000, pp. 605 - 675；靳永爱：《中国家庭财富不平等的影响因素研究》，博士学位论文，中国人民大学，2015年。

④ 该期数据由中国社会科学院经济研究所推动执行，其英文名称为China Household Income Projects，简称为CHIP数据。CHIP数据的年份编号早调查年份一年，例如：CHIP1988数据的调查年份其实是1989年。

⑤ Mckinley T., "The Distribution of Wealth in Rural China", in Griffin, K. and Zhao R., eds., *The Distribution of Income in China*, London: Macmillan Press, 1993, pp. 116 - 134.

渐不全，[①] 因而在财富分配研究中存在一定缺陷。近几年，相继出现了几个全国性的大型家户调查，例如中国家庭追踪调查和中国家庭金融调查两项数据，[②] 二者都对家庭财富数据进行了详细询问。这些优质数据的出现，无疑为研究中国财富分配问题提供了重要基础。

就既有研究来看，相比于农村，研究者对城镇居民财富分配问题关注较多。[③] 而中国贫富差距最大的特征在于城乡差异巨大。有研究发现，1995—2002 年，中国居民间的财产差距快速扩大，而这主要源于城乡之间差距的急剧拉大，城乡间人均财产净值的比值从 1995 年的 1.2 倍迅速上升到 2002 年的 3.6 倍。[④] 分开来看，城镇住房的商品化过程缩小了城镇居民内部的财产差距；而原本具有缩小财产差距的土地价值，其所占份额的减少、金融资产对总财产不平等程度的助推等原因促成了这一期间农村居民内部财产差距的扩大。[⑤] 另外，有研究利用中国健康与营养调查（CHNS）数据发现 1989—2011 年，中国城市家庭的非金融财产差距整体呈现缩小趋势，农村却处于持续扩大状态中。[⑥] 这些研究皆表明不仅仅城乡之间财富差距在扩大，农村内部的财富差距也在急剧扩大，这些都构成对农村财富分配问题进行研究的迫切需要。

---

① Luo L. and Sicular D.,"Appendix I: The 2007 Household Surveys: Sampling Methods and Data Description", in Shi Li, Sato H. and Sicular T., *Rising Inequality in China: Challenges to a Harmonious Society*, Cam-bridge University Press, 2013.

② 中国家庭追踪调查由北京大学中国社会科学调查中心组织执行，其英文名称为 China Family Panel Studies，简称为 CFPS 数据；中国家庭金融调查则由西南财经大学中国家庭金融调查与研究中心组织执行，其英文名称为 China Household Finance Survey，简称为 CHFS 数据。

③ 李实：《对收入分配研究中几个问题的进一步说明——对陈宗胜教授评论的答复》，《经济研究》2000 年第 7 期；Meng X.,"Wealth Accumulation and Distribution in Urban China", *Economic Development and Cultural Change*, Vol. 55, No. 4, 2007, pp. 761 - 791；陈彦斌、霍震、陈军：《灾难风险与中国城镇居民财产分布》，《经济研究》2009 年第 11 期；何晓斌、夏凡：《中国体制转型与城镇居民家庭财富分配差距——一个资产转换的视角》，《经济研究》2012 年第 2 期；靳永爱、谢宇：《中国城市家庭财富水平的影响因素研究》，《劳动经济研究》2015 年第 5 期。

④ 李实、魏众、丁赛：《中国居民财产分布不均等及其原因的经验分析》，《经济研究》2005 年第 6 期。

⑤ 李实、魏众、丁赛：《中国居民财产分布不均等及其原因的经验分析》，《经济研究》2005 年第 6 期；赵人伟、丁赛：《中国居民财产分布研究》，载李实、史泰丽、［德］古斯塔夫森主编《中国居民收入分配研究Ⅲ》，北京师范大学出版社 2008 年版；罗楚亮、李实、赵人伟：《我国居民的财产分布及其国际比较》，《经济学家》2009 年第 9 期；巫锡炜：《中国城镇家庭户收入和财产不平等：1995—2002》，《人口研究》2011 年第 6 期。

⑥ 韦宏耀、钟涨宝：《中国家庭非金融财产差距研究（1989—2011 年）——基于微观数据的回归分解》，《经济评论》2017 年第 1 期。

二　研究目的与意义

（一）研究目的

囿于数据可得等限制，研究者对目前我国居民尤其是农村居民的财富水平、财富分布与变动趋势、财富不平等的发生过程、原因以及后果等方面的了解都非常有限。因此，本书拟利用 CHIP、CFPS 和 CHARLS 等全国性微观调查数据，对深化改革以来中国农村居民的财富分布和财富不平等问题进行研究，并试图发现这一问题背后的深层次原因，提炼由问题链串联而形成的逻辑，从而为经济社会政策的制定提供理论和事实依据。具体来说，本书试图回答以下问题：

第一，目前中国农村家庭财富分配的基本格局是怎样的？1988 年以来，这一财富分配格局是如何一步步演化的？演化的机制是怎样的？财富分配的区域差异是什么样的？

第二，家庭的哪些不同特征对中国农村家庭财富分配格局的形成和演化产生了影响？这些影响的机制是什么？这些影响因素是扩大了财富差距还是缩小了财富差距？具体的贡献和作用大小又是多少？

第三，遗产继承在国外家庭财富分配中扮演重要角色，那么在中国家庭财富分配中具有怎样的作用？它是扩大了家庭财富差距还是缩小了家庭财富差距？同时，遗产本身的分布情况是怎样的也是本书关注的内容之一。

第四，作为对农村经济发展具有重大影响的几项经济制度变迁，其对农村家庭财富分配产生了怎样的影响？这些影响背后的机制是什么？

第五，经济增长与不平等间的关系一直为学界所关注，那么在中国农村，1988 年以来的经济增长对家庭财富的不平等分配产生了怎样的影响？以及当下这一不平等对未来的经济增长又会产生怎样的反向影响？

（二）研究意义

学界对农村居民的收入问题已经探讨较多，但囿于数据缺乏等诸多原因，对农村居民的财富问题关注较少。然而，财富是家庭的关键资源之一，具有重要的经济、政治和社会功能。其既可以直接作为重要的经济指标测量社会分层和不平等，也可以间接影响其他诸多人类福祉指标，如健康、教育、职业和主观幸福感等。因此，研究中国农村家庭的财富分配问题具有重要现实和理论意义。

1. 现实意义

首先，与收入相比，财富是一个包含多种经济行为后果的概念，[①] 与消费、投资和储蓄等行为具有紧密联系，是一个重要的经济指标，可以更有效地衡量家庭经济状况和人们生活的富足程度。[②] 其次，在政策和市场的双重作用下，近年来收入差距有所收敛，并一定程度上呈现缩小趋势；[③] 而财产不平等在 2002 年后开始超过收入不平等，并在进一步扩大中。[④] 尤其在农村，不仅城乡之间财富差距持续扩大，农村内部的财富差距也在急剧扩大。农村财富差距的过快过大的上升对农村社会的稳定和发展可能产生不容小觑的负面影响。最后，本书对财富分配现状、演化及影响机制的研究有助于政策制定者有效地调整政策，改善不平等的现状，从而具有一定的政策意义。

2. 理论意义

首先，财富问题在学界受到重视但因为数据限制而没有被充分研究。相比于浩如烟海的收入不平等文献，财富研究仍然相当缺乏。目前中国家庭财富水平、结构和分配的基本格局，学界对其认识仍然非常有限。其次，国内学者的研究对固定时间点上的财富不平等关注较多，而关于财富不平等在纵向时间维度上的变化关注相对较少。本书利用多期微观调查数据和部分宏观统计数据有助于从财富差距的纵向演化上考察财富分配问题。再次，本书既研究了家庭异质性和遗产继承等微观因素对农村家庭财富分配的影响，也分析了经济制度变迁和经济增长等宏观因素对农村家庭财富分配的影响。这样的分析框架有助于沟通微观财富积累和宏观财富分布格局形成的关系。最后，将一些不平等研究领域内的前

① ［美］郝令昕：《美国的财富分层研究——种族、移民与财富》，谢桂华译，中国人民大学出版社 2013 年版。

② Keister, L. A., *Wealth in America: Trends in Wealth Inequality*, New York: Cambridge University Press, 2000.

③ 李实、罗楚亮：《我国居民收入差距的短期变动与长期趋势》，《经济社会体制比较》2012 年第 4 期。

④ 李实、魏众、丁赛：《中国居民财产分布不均等及其原因的经验分析》，《经济研究》2005 年第 6 期；罗楚亮、李实、赵人伟：《我国居民的财产分布及其国际比较》，《经济学家》2009 年第 9 期。

沿方法如基于回归的不均等分解等应用到财富分配研究领域，拓宽了财富研究的既有研究路径。

三　核心概念界定

（一）财富概念界定

首先，对财富概念做一个界定和区分，这样既便于后续术语的表述，也有助于对概念进行操作化处理。如果关注经济福利或资源的整体分布，那么使用既包括人力资本也包括非人力资本的总财富（Total Wealth）概念是合适的；如果只是关注个人和家庭间的财富持有和分布，则可以将人力资本排除在外。[①] 本书的关注点在后者，因而财富（Wealth）概念并不包含人力资本（Human Capital），人力资本和其他非人力资本最大的区别在于其任何时候都不能被另一个人所有，也不能在市场中永久交易。[②] 因此，本书的财富（家庭财富）主要指能够划分所有权，可在市场中交换的非人力资本的总和。其既包括所有形式的不动产（含居民住宅），也包括个人或家庭所拥有的金融资产和专业资产（生产性的厂房、基础设施和机器等）。[③] 一般常用“财富净值”（Net Wealth）概念，使用非人力资产（Non-human Assets）减去负债（Debts）得到。[④]

在对财富概念进行操作化时，财富具体包含哪些内容目前仍存在一定的争议，争议较大的部分主要在住房和土地方面。对于房产而言，有人认为居民住宅是“非生产性的”，其并不能像机器设备、工业厂房和基础设施等“生产性资本”那样进行投资。但 Piketty 认为居民住宅提供了“住宅服务”（Housing Services），而这一服务价值可以用等价的租赁费用来衡量，因而住宅价值应该算作财富的一部分。[⑤] 其次，无论国内还是国外，

---

① Davies J. B. and Shorrocks A. F.，“The Distribution of Wealth”，in Anthony Atkinson and Francois Bourguignon，eds.，*Handbook of Income Distribution*，Vol. 1，Amsterdam：North Holland ELSEVIER，2000，pp. 605－675.

② Piketty T.，*Capital in the Twenty-First Century*，Harvard University Press，2014.

③ Ibid..

④ Davies J. B. and Shorrocks A. F.，“The Distribution of Wealth”，in Anthony Atkinson and Francois Bourguignon，eds.，*Handbook of Income Distribution*，Vol. 1，Amsterdam：North Holland ELSEVIER，2000，pp. 605－675.

⑤ Piketty T.，*Capital in the Twenty-First Century*，Harvard University Press，2014.

住房资产都是多数家庭一项最大份额的财富，并且可以直接转赠给下一代，从而会影响下一代的婚姻、生活质量和财产积累行为。因而，本书认为住房资产是家庭财富的重要组成部分，在计算家庭财富净值时将基于房产市值估计的房产净值纳入进来。另一个存在争议的是土地价值是否该纳入财富之中，本书研究对象是农村居民，因而主要探讨农地价值，由于宅基地价值与房产间存在紧密关联，故此处不予考虑。陈宗胜认为，在中国，农地属于集体，农户只有承包经营权，并不能进行买卖，因而不能算作个人财产。[①] 但李实认为农户对土地享有充分的收益权和剩余索取权，因而至少拥有土地的部分产权。[②] 本书倾向于认同后一种解释，也基于此，本书采用土地估价中常用的收益还原法对农户土地进行估算。收益还原法基于地租理论和生产要素分配理论，将待估农用地未来各期正常年纯收益，以适当的土地还原率还原，从而估算出农用地价格。[③] 土地作为生产要素的回报和土地还原率参数的选择借鉴 Mckinley 的研究成果，除去种子、肥料等资本投入和农户劳动投入后，土地纯收益为毛收入的 25%，土地还原率或收益率为 8%。于是，土地价值由家庭农业经营毛收入乘以 25%，之后再除以 8% 得到。[④]

基于上述讨论，考虑到本书所使用数据（CHIP、CFPS 和部分宏观统计数据）能够提供的信息，本书的家庭财富包含如下内容：房产、土地、耐用消费品、生产性固定资产（包括农用机械、个体经营和私营企业等资产）、金融资产（包括现金、存款、债券、股票、基金等）。如果是家庭财富净值则还需要减去家庭负债，如无特殊说明，本书在使用家庭财富这一概念时，指的皆是家庭财富净值。于是就有了如下会计恒等式：家庭总财富净值 = 房产净值 + 土地价值 + 耐用消费品 + 生产性固定资产 + 金融资产 - 非住房负债。

另外，英文单词 Wealth，Assets 和 Capital 对应中文译文一般为“财

① 陈宗胜：《中国居民收入分配差别的深入研究——评〈中国居民收入分配再研究〉》，《经济研究》2000 年第 7 期。

② 李实：《对收入分配研究中几个问题的进一步说明——对陈宗胜教授评论的答复》，《经济研究》2000 年第 7 期。

③ 王瑞雪、张安录、颜廷武：《近年国外农地价值评估方法研究进展述评》，《中国土地科学》2005 年第 3 期。

④ Mckinley T.，“The Distribution of Wealth in Rural China”，in Griffin，K. and Zhao R.，eds.，*The Distribution of Income in China*，London：Macmillan Press，1993，pp. 116 - 134.

富”“财产或资产”和“资本”，三者在很多情况下通用，并不做严格的区分。[①] 本书也采用这一通用做法，在没有特殊说明情况下，三者的内涵和外延一致，可以相互替换。

（二）财富分配等几个相关概念的区分

有必要对“财富水平”（Wealth Level）、“财富差距”（Wealth Gap）、“财富不平等”（Wealth Inequality）、“财富分布”（Wealth Distribution）和“财富分配”（Wealth Distribution）等几个表述方式做一个简单界定和区分。其中，“财富水平”指持有的财富数量。而其他四个术语在很多场合所表达的意思基本一致，一般指财富在不同群体、家庭或地区等主体间的分布情况，本书在概念意涵上对这四个术语也不做严格区分。

需要稍做说明的是，在中文表述中后面四个术语可能在语义语气上略有差异。如果一定要做一个区分的话，表 1－1 给出了它们之间在中文语境中可能存在的关系。首先，从语气或价值取向上可以分为两大类，一类表述更为中立，如“财富差距”；另一类则包含了一定的价值取向，如“财富不平等”。但在本书中“财富差距”和“财富不平等”意义完全相同，在多数场合是完全可以相互替换的。不同的是，在学界有一个基本事实，收入分配领域更为常用的是不平等（Inequality）这一概念，因而在进行文献回顾时“财富不平等”这一概念使用相对较多。而在其他章节考虑到中文语境的特殊性，使用中立取向的“财富差距”更为合适。对于“财富分布”和“财富分配”，二者对应的英文译文是完全相同的，可见二者意思应该完全一致，但在中文中却也存在细微的差异。“财富分布”较为价值中立，是在技术层面探讨财富在不同群体、家庭或地区等主体之间的分布情况；而“财富分配”则略有价值取向，暗示存在一种外部规则对财富分布进行支配活动。“财富水平”则是一个相对灵活的词语，既可以表达技术层面的财富数额，也可以包含价值取向。其次，从包含关系来看，“财富分布”和“财富分配”是一对相对更为包容的词汇，它们既包含了“财富水平”，也包括了“财富差距”或“财富不平等”这一概念意涵。

---

① Piketty T., *Capital in the Twenty-First Century*, Harvard University Press, 2014.

表 1-1　几个概念的关系

价值中立		价值有涉	
财富分布（Wealth Distribution）		财富分配（Wealth Distribution）	
财富水平（Wealth Level）	财富差距（Wealth Gap）	财富水平（Wealth Level）	财富不平等（Wealth Inequality）

（三）几个主要不平等测度指标的概念界定

不平等测度指标的建立主要被用来反映实际收入不平等状况，但其测度对象并不仅仅限于收入不平等，还包括了如财富（Wealth）、福利（Welfare）等这些与收入紧密相连的概念。一般收入为负的人口或家庭比例较小，而数据结果表明家庭财富净值为负或零的样本比例并不小，因而在测度财富时需要进一步考虑这些指标能否处理非正数取值。满足这一条件而又经常被使用的测量指标有变异系数和基尼系数；另外泰尔指数和阿特金森指数虽然不能处理负值，[①] 但由于经常被使用且有自身独特的经济学意义，故在下文也予以介绍。

变异系数（Coefficient of Variation，CV）可以反映数据的离散程度，是经济不平等测量指标中的一种。变异系数由数据的标准差除以数据的平均值得到，具体公式为：$CV = \frac{\sqrt{\frac{1}{n}\sum_{i=1}^{n}(y_i - \bar{y})^2}}{\bar{y}}$。与方差相比，它不受财富净值具体数量的影响，即没有量纲，具有“尺度无关性（Scale Inviance）”的属性。

基尼系数（Gini Coefficient or Gini Index）是一个十分常用的不平等指标，有着非常直观的图形表达（见图 1-1）。先将财富净值按数值大小从低到高排序，横向坐标为人口比例的累加分布，纵向坐标为财富份额的累加值，将这些点用曲线相连，这一曲线就是所谓的洛伦兹曲线（Lorenze Curve）。洛伦兹曲线与对角线间的面积（A）除以对角线以下的面积（A+B）即为基尼系数的值。当洛伦兹曲线与对角线重合，A/（A+B）的值为 0，基尼系数为 0，此时财富分配绝对平等，每人拥

---

① 泰尔指数是广义熵族指数（GE_0）中的一个特例，当θ取值为 1 时即为泰尔指数。在广义熵族指数中也存在部分可以处理负值的指数，比如θ=2 时。

有的财富值相等。当洛伦兹曲线向下移直到与外延曲线完全重合时，A/（A+B）的值为1，基尼系数为1，此时财富分配绝对不平等，所有的财富归一人所有。基尼系数的数学表达式有很多种，一种较为常见的公式为：$Gini = \frac{\sum_{1 \leq j \leq i \leq n}^{n} |y_i - y_j|}{n(n-1)\bar{y}}$。基尼系数在国内被运用得非常广泛，但其也有自身较大的缺陷，比如对财富顶端群体财富值的变化不敏感，且基尼系数在分解时会遇到较大问题。[①]

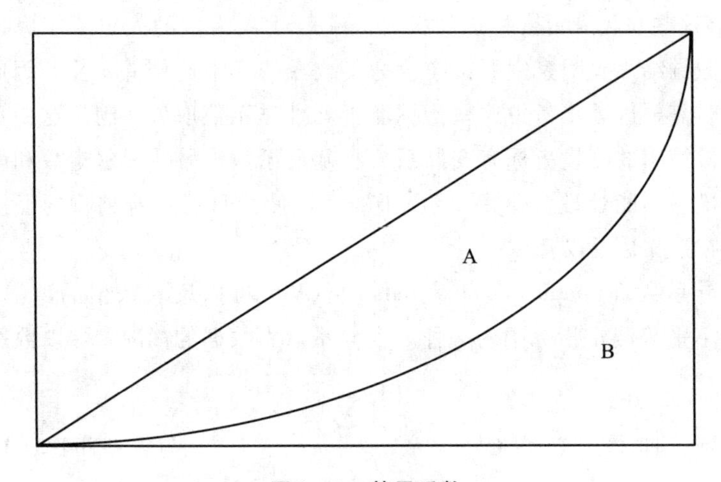

图1-1　基尼系数

泰尔不平等指数（Theil Inequality Index）是广义熵指数族中的一个特例，由Theil利用信息论中的熵概念（Entropy Concept）进行类推，开创性地建立了一种不平等的测度方法。就泰尔指数而言，其一般数学公式为：$T = \frac{1}{n}\sum_{i=1}^{n}\frac{y_i}{\bar{y}}[\log(\frac{y_i}{\bar{y}})]$。该指数的一个优势在于容易进行组间和组内分解，考察二者对总不平等程度的独立贡献。

阿特金森族不平等指数（Atkinson Family of Inequality Indices）是根据社会福利函数推导出来的不平等测量指标，Atkinson和Newbery分别较早

① 万广华：《不平等的度量与分解》，《经济学》（季刊）2008年第1期。

地讨论了这一指标。[①] 其数学公式为：$A_{\varepsilon} = 1 - [\frac{1}{n}\sum_{i=1}^{n}(\frac{y_i}{\bar{y}})^{1-\varepsilon}]^{\frac{1}{1-\varepsilon}}$，其中，ε 是不平等厌恶参数，反映了社会整体对不平等的厌恶程度。

此处只是简单介绍了本书所用到的四种不平等测度指标，更详细的测度指标信息可参见 Cowell[②]、Hao 和 Naiman[③] 对之进行的总结和述评。

四 研究内容与技术路线

（一）研究内容

本书综合利用现有微观调查数据，系统描述了 1978—2018 年中国农村家庭的财富水平、结构、分布与变动趋势等特征化事实；同时基于财富来源进行结构分解并进行区域差异分解分析。在此基础上，从家庭异质性、遗产继承等微观视角以及制度变迁和经济增长等宏观视角，对农村家庭财富分配的影响因素进行了系统考察。最后，反思研究不足，并提出下一步的研究方向。下面是具体研究内容：

第一，追溯农村家庭财富增长和财富差距扩大的基本事实与历史变迁。基于对中国居民收入调查（CHIP 1988、CHIP 1995 和 CHIP 2002）和中国家庭追踪调查（CFPS 2010、CFPS 2012 和 CFPS 2014）等微观调查数据的细致统计分析，详细刻画从 1988 年到 2014 年我国农村家庭财富水平、财富结构和财富分布及其变动的趋势和特征，并与同时期世界其他各国财富分布情况进行对比。同时基于财富内容的来源对财富差距进行结构分解，并考察了财富差距的区域差异。从而对中国农村家庭财富情况形成一个宏观的感性认识，从而为后续探讨财富分配机制提供坚实的数据支撑。

第二，考察家庭异质性与农村家庭财富分配。从家庭异质性角度出发，研究年龄构成、家庭成员构成、教育、收入、职业等不同家庭特征对农村家庭财富水平、结构和差距的影响。具体来说，先使用一般回归模型

① Atkinson A. B.，"On the Measure of Inequality"，*Journal of Economic Theory*，No. 3，1970，pp. 244 - 263；Newbery D. M.，"A Theorem on the Measurement of Inequality"，*Journal of Economic Theory*，Vol. 2，No. 3，1970，pp. 264 - 266.

② Cowell F. A.，Karagiannaki E. and Mcknight A.，"Accounting for Cross-country Differences in Wealth Inequality"，*London School of Economics and Political Science*，LSE Library，2013，pp. 367 - 377.

③ Hao L. and Naiman D. Q.，*Assessing Inequality*，Sage，2010.

分析这些微观变量对家庭财富及不同财富构成的影响；接着使用分位数回归分析这些微观变量是扩大了财富差距还是缩小了财富差距；最后再使用基于回归的夏普里值分解法确定这些微观变量的具体贡献和作用大小。

第三，分析市场因素和政治因素对农村家庭财富积累的影响。该部分借鉴收入差距研究中的“市场转型”和“权力维继”分析框架，使用中国家庭追踪调查数据（CFPS 2014），分析市场因素和政治因素在农村家庭财富积累中的作用及其地区差异；同时采用分位数回归，分析二者影响作用随家庭财富水平变化而呈现出的差异。

第四，分析遗产机制对农村家庭财富分配的影响。该部分首先利用微观数据，从动态视角考察农村居民代际支持的变化，并进一步从经济增长和代际分工两个维度对这一变化进行解释。其次，使用2013年和2014年中国健康与养老追踪调查（CHARLS）数据，分析了中国家庭遗产继承的特征和群体结构情况，以及遗产继承对家庭财富差距（不平等）的总体影响，并通过对遗产储蓄函数的不同假设，检验了这一影响的稳健性。

第五，考察农村经济制度变迁对农村家庭财富分配的影响。该部分首先简要回顾了改革开放以来中国农村主要经济制度的发展和变迁；其次分别基于宏观和微观数据较为系统地考察了各项经济制度变迁对中国农村家庭财富水平和差距的影响。实证结果表明农村经济制度变迁是影响农村家庭财富水平和差距的重要变量。

第六，探讨经济增长与农村家庭财富分配的关系。该部分综合使用宏观数据和微观数据，分别使用面板回归模型和时间序列模型分析了经济增长对各省份内部农村家庭财富差距和省际财富差距的影响，并适当检验了相反的作用过程。

第七，基本结论和研究展望。通过对前述问题的理论阐述和实证研究，总结我国农村家庭财富差距扩大的决定因素和作用机制。并在此基础上反思现有研究的不足，提出下一步的研究方向。

（二）技术路线

本书首先基于现实背景及研究价值和意义提出研究问题，然后对当前家庭财富分配的相关研究进展进行梳理，再对我国农村家庭财富分配现状及变化趋势进行描述，分微观和宏观两个部分共四个章节分析农村家庭财富分配的决定因素，最后归纳基本研究结论，并对下一步研究进行展望。

遵循上述论文框架，绘制出如下技术路线图（见图1－2）：

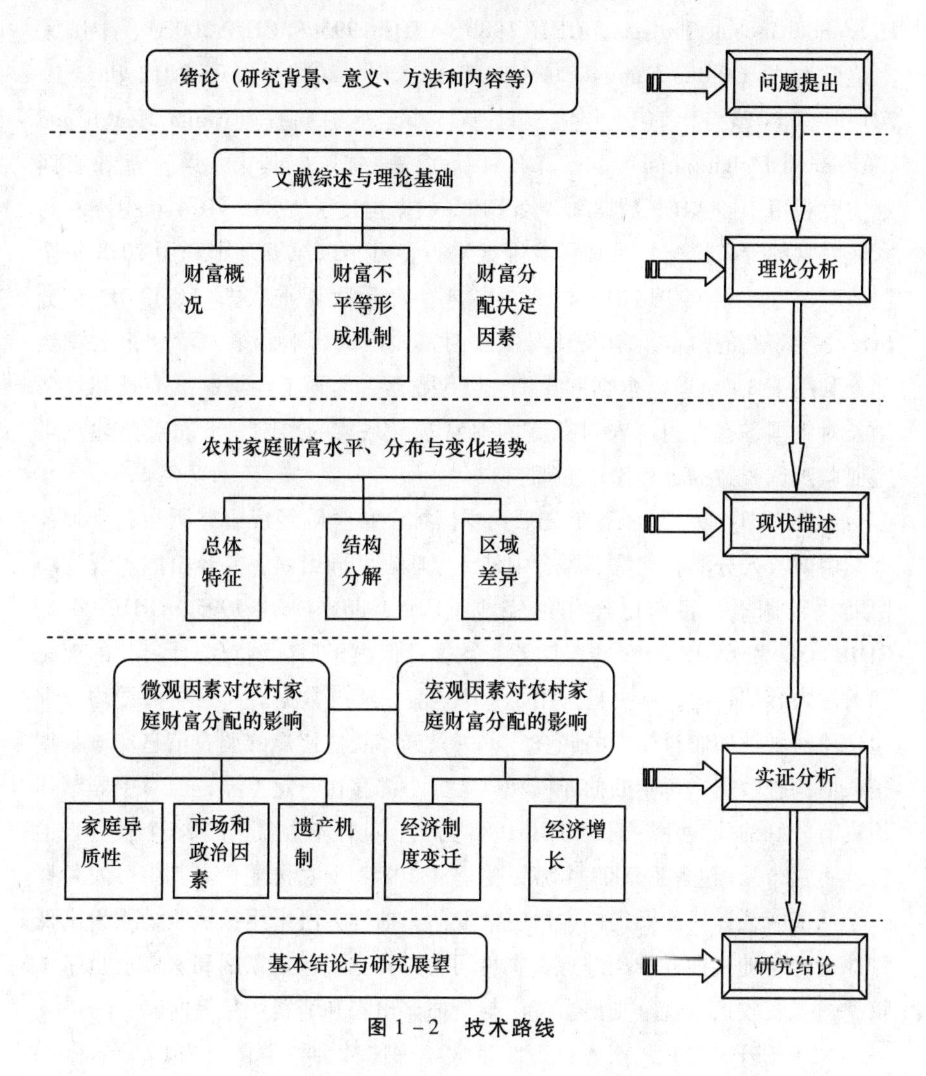

图1－2　技术路线

五　数据来源与研究方法

（一）数据来源

本书是基于实证的研究，因而数据的来源和质量就显得分外重要。整体来看，全书数据主要来源于各类微观调查和官方统计年鉴，其中，前者皆是来自各大知名高校专业研究团队提供的入户调查数据。

首先，就微观调查数据而言，本书主要使用了中国居民收入调查（China Household Income Projects，CHIP 1988、CHIP 1995 和 CHIP 2002）、中国家庭追踪调查（China Family Panel Studies，CFPS 2010、CFPS 2012 和 CFPS 2014）和 2013 年、2014 年中国健康与养老追踪调查（China Health and Retirement Longitudinal Study，CHARLS）等数据。[①] 其中，第三章和第四章主要利用 3 期 CHIP 数据和 3 期 CFPS 数据构建了 1988—2014 年中国农村家庭财富的分布情况并对其影响因素进行了分析。第五章则利用 2013 年全国追踪调查数据（CHARLS）和 2014 年生命历程调查数据（CHARLS）分析了中国家庭的财富继承及其对家庭财富差距的影响。第六章和第七章也部分利用了 3 期 CHIP 数据和 3 期 CFPS 数据，刻画了经济制度变迁和经济增长对中国各省份内部农村家庭的财富基尼系数的影响。下面对前述三类主要微观调查数据进行简单介绍：

（1）CHIP 数据，该数据先后由中国社会科学院经济研究所和北京师范大学中国收入分配研究院等联合中外专家学者共同组织，并经由国家统计局协助执行调查，目前已经相继完成 CHIP 1988、CHIP 1995、CHIP 2002、CHIP 2007 和 CHIP 2013 共 5 期调查数据。但由于后续调查统计口径的变化和关注内容的转向，本书只采用了 CHIP 前三期的数据。前三期数据均分别包含了对城镇和农村住户的调查，本书只选择农村住户的调查信息。该数据是截面调查数据，每年的抽样框和样本大小都存在一定差异，但对中国整体均具有较好的代表性。[②] 以 CHIP 1988 为例，其样本覆盖全国 28 个省（自治区、直辖市），包含了 9009 个城镇住房和 10258 个农村住户。其中，农村样本是从国家统计局的固定样本户中抽取的，抽样方法采用按照收入水平高低排序的等距随机抽样方法进行。农村问卷内容主要包括家庭和家庭成员基本情况、工资收入、现金支出、资产与负债、出售和消费产品等内容。

（2）CFPS 数据，该项目由北京大学中国社会科学调查中心（Institute of Social Science Survey，ISSS）执行实施，采用计算机辅助调查技术展开访问，以保证数据质量。该项调查是一项社会追踪调查，自 2010 年基线调查以来，每隔两年进行一次追踪调查，目前已进行三期，分别形成了

① 全国性家户调查数据依赖于调查机构对数据的公开，目前 CFPS 数据只更新到 2014 年，后文使用的宏观经济数据为与之匹配一致，也只采用截至 2014 年的数据。

② 关于 CHIP 数据更为详细的项目介绍、抽样方法和数据收集等技术类信息可参见其官方网页：http：//www. ciidbnu. org/chip/index. asp。

CFPS 2010、CFPS 2012 和 CFPS 2014 三期数据。该数据重点关注中国居民的各类经济活动以及家庭关系、人口迁移和健康等非经济福利，样本覆盖25 个省（自治区、直辖市），目标样本规模为 16000 户，调查对象包含了家户中的所有家庭成员。[①]

（3）CHARLS 数据，该项目由北京大学国际发展研究院主持，北京大学中国社会科学调查中心等机构协助调查，意在收集一套代表中国 45 岁及以上中老年人家庭和个人的微观数据。该项调查是一项社会追踪调查，自 2011 年基线调查以来，每隔两年进行一次追踪调查，目前已进行三期，分别形成了 CHARLS 2011、CHARLS 2013 和 CHARLS 2015 三期基线调查数据。同时还进行了部分专项调查，比如 2014 年进行的中国中老年生命历程调查。该项调查样本覆盖全国 150 个县级单位的 450 个村级单位。[②] 调查内容主要包括个人、家庭和社区的基本信息、健康状况、体格测量、工作、退休、收入、消费和资产等。本书根据研究需要，选择了 2013 年全国追踪调查数据和 2014 年生命历程调查数据，前者提供了家庭财富的相关详细信息，后者则提供了相应家庭的详细遗产信息。

其次，本书所用数据还包含了官方定期发布的各类统计年鉴。从地理区位上看，笔者选取了中国内陆 29 个省级行政单位；[③] 从时间上来说，为与微观数据一致，笔者选取了 1988—2014 年的数据。当考察全国总体情况时，则可组成 27 期的时间序列样本。当涉及省级数据时，则又可组成相应的面板数据。其中，本书的第六章和第七章都用到了该处提到的宏观统计数据。从数据内容来看，这部分宏观数据主要包含了两部分信息，一是作为主要研究因变量的财富信息，二是作为自变量的多项经济制度变迁和经济增长的代理变量。[④] 相关数据更为详细的介绍会在相应章节中进行。

---

① 关于 CHIP 数据更为详细的项目介绍、抽样方法和数据收集等技术类信息可参见其官方网页：http：//www. isss. edu. cn/cfps/。

② 关于 CHIP 数据更为详细的项目介绍、抽样方法和数据收集等技术类信息可参见其官方网页：http：//charls. ccer. edu. cn/zh - CN。

③ 在对省份数据进行选择时，考虑到西藏经济政治的特殊性，对其进行了剔除处理；同时，为保持统计口径的一致性，本书将 1998 年独立成直辖市的重庆纳入到四川中进行计算，这样数据就包含了 29 个省级单位的信息。

④ 财富信息的宏观数据主要来自历年《中国金融年鉴》《新中国 60 年统计资料汇编》《中国统计年鉴》《中国农村统计年鉴》和《中国城乡建设统计年鉴》（中华人民共和国住房和城乡建设部）。经济制度变迁和经济增长的代理变量信息主要来自历年《中国财政年鉴》《中国农村统计年鉴》《中国统计年鉴》《中国物价统计年鉴》和《中国市场统计年鉴》等。

（二）研究方法

本书的基调是实证研究，主要采用一般计量经济学方法。同时兼顾理论分析与实证分析相结合，对中国农村家庭财富分配问题进行研究。具体来看，研究方法可以细分为如下几项：

（1）计量经济学分析：这一方法属于实证分析方法，在数据或经验材料呈现的特征化事实的基础上，利用数理统计学方法对其进行实证检验。本书在尽可能使用宏微观数据呈现中国农村家庭财富水平、结构与分布的基础上，利用多种现代计量经济学分析工具分别从四个角度对前述特征化事实进行了分析。主要方法包括混合 OLS 回归、Tobit 回归模型、分位数回归模型、基于回归的夏普里值（Shapley Value）分解法、时间序列模型、面板数据模型等分析工具。具体的说明和使用详见各章节的介绍。

（2）归纳和比较分析：在通过数据呈现中国农村家庭财富水平、结构及分布情况等基础上，尽可能提炼出精练而具有概括力的规律和概念，从而使得这些典型化的特征事实更具有普遍性和一般性。同时通过与国外相关基本事实的异同以及不同基本事实间的关联和差异，一方面加深对特征化事实的理解，另一方面也为后续的分析找到支点和突破口。

（3）规范性分析：经济学研究的一个重要目的在于指导现实，因而在价值中立的实证分析基础上，适当地做出一定的价值判断，而这一判断往往蕴含于政策建议之中。本书在分析家庭财富状况中，一定程度上从贫穷家庭的视角提出缩小家庭财富差距的政策建议。

第二章

文献综述与理论基础

经济学自诞生之日开始，财富分配问题就一直是其最重要的研究对象之一。面对18世纪末、19世纪初英国人口的持续爆炸式增长，托马斯·马尔萨斯在其《人口原理》一书中明确指出："人口过剩是影响财富分配的首要因素。"[①] 同时代另一位极具影响力的经济学家大卫·李嘉图则提出了著名的"稀缺性原则"，他认为伴随人口的增长，土地相比于其他商品会越来越稀缺，从而造成土地价值的攀升，地租占国民收入的份额则会不断增长，从而破坏整个社会的均衡。[②] 然而，后续的技术进步和工业发展彻底改变了马尔萨斯和李嘉图所讨论的经济和社会基础，这部分表现为农业在国民生产总值中的比重不断下降，从而与其他财富形式相比，农业用地的价值不可避免地开始下降。与之形成鲜明对比的是工业资本的快速积累，在卡尔·马克思看来，相比于土地资产，工业资本会持续不断地积累，并最终掌握在极少数人手中，托马斯·皮凯蒂称之为马克思的"无限积累原则"。由此可见，这些早期经济学家对于经济问题的关注无不与财富分配密切相关。[③]

但是，上述成果主要还是基于理论的探讨，而缺乏真实可靠的数据和精确统计学方法的支撑。这一现状的打破一直要等到20世纪中叶，Kuznets首次使用时期序列数据，从实证角度揭示了经济发展和不平等间的"倒U形"关系，即为著名的"库兹涅茨曲线"。[④] 随后，研究者们开始对统计数据越来越重视，也涌现了一系列优秀的研究成果。例如Lampman利用美国

---

① ［英］马尔萨斯：《人口原理》，朱泱等译，商务印书馆2009年版。

② ［英］李嘉图：《政治经济学及赋税原理》，周洁译，华夏出版社2005年版。

③ Piketty T.，*Capital in the Twenty-First Century*，Harvard University Press，2014.

④ Kuznets S.，"Economic Growth and Income Inequality"，*The American Economic Review*，Vol. 45，No. 1，1955，pp. 1-28.

地产税申报表所提供的数据，考察了1922—1956年美国的财富不平等问题。[①] 从数据来源看，这一时期的财富数据主要来自遗产税或财富税等记录，以及部分小规模的调查数据。与此同时，美国、英国等部分发达国家也开始了全国性的家庭调查，其中往往包含了家庭资产的详细信息，如美国的消费者金融调查（Survey of Consumer Finances，SCF），德国的社会经济追踪调查（German Socio-Economic Panel，GSOEP）等。

另外，研究者对财富分配问题的关注也有所转向，由原来对财富总体分配特征的关注转向对财富持有的个体差异的原因进行探讨。[②] 一方面，社会发展促使个体异质性增加，阶层流动大大增加，使得原有研究路径难以解释社会现状。另一方面，则是大量微观数据的涌现且其精确程度不断提高，这些精确的微观数据不仅提供了个体或家庭的储蓄和资产持有情况，而且提供了大量有助于解释财富差异的系列个体和家庭的其他特征。本部分的文献综述也主要承接于这一转向，将主要集中于对如下三方面问题进行介绍：一是主要发达国家和国内近30年的财富水平、分布和变化趋势；二是对财富不平等形成机制的理论研究进行回顾；三是对财富分配决定因素实证研究的介绍。当然，对于中国财富分配问题研究的回顾和介绍也是其中的重要组成部分，笔者会将相关研究分别纳入前述三部分文献之中。这样做的考虑一方面是因为中国私人财富的出现和积累相对较晚，相关的研究也较少；另一方面是笔者认为中国的财富分配问题虽然有其自身的特殊性，但仍然具有普遍性或普适性，将其分开穿插在各节而不是单独列为一节进行介绍更为合适。

一　财富水平、分布和变化趋势

（一）主要发达国家的财富分布和变化趋势

一般，被用来估计财富分配的数据包括家庭资产及负债调查、财富及遗产税记录、投资收入调查数据等。就各类家庭资产及负债调查，目前主

① Lampman R. J., *The Share of Top Wealth-Holders in National Wealth, 1922 - 1956*, Princeton: Princeton University Press, 1962.

② Davies J. B. and Shorrocks A. F., "The Distribution of Wealth", in Anthony Atkinson and Francois Bourguignon, eds., *Handbook of Income Distribution*, Vol. 1, Amsterdam: North Holland ELSEVIER, 2000, pp. 605 - 675.

要有美国的消费者金融调查（Survey of Consumer Finances，SCF）、收入与项目参与调查（Survey of Income and Program Participation，SIPP）和收入动态追踪调查（Panel Study of Income Dynamics，PSID）；英国的家庭追踪调查（British Household Panel Survey，BHPS）和财富与资产调查（Wealth and Assets Survey，WAS）；加拿大的金融保险调查（Survey of Financial Security，SFS）和财产债务调查（Assets and Debts Survey，ADS）；澳大利亚的收入分配调查（Income Distribution Survey，IDS）；德国的社会经济追踪调查（German Socio-Economic Panel，GSOEP）；日本的家庭储蓄调查（Family Saving Survey，FSS）和金融资产选择调查（Financial Asset Choice Survey，FACS）等。各国开展的这些社会经济调查，为估计各国财富分布情况提供了丰富的信息，既展现了各国财富分配的特性又体现了诸多的共性。

以美国为例，对多项研究进行比较后表明，1962—1983 年，美国社会总体财富不平等变化较小，但 1983 年之后开始上升，主要表现为财富顶端 1% 的人群财富份额的快速上涨。① 20 世纪 90 年代以来，美国财富水平（以中位值测度）在稳步增长，但进入 21 世纪后，财富增速有所下降，而这期间的财富不平等程度则处于较为缓慢的增长状态。② 但近年来美国中产家庭的负债率不断提高，财富底端 40% 的家庭的财富水平更是出现了负增长，财富顶端 20% 的家庭几乎包揽了所有的财富增长。③ 尤其在 2007 年经济大萧条后，美国中产阶层的重要财富形式——房产价值出现急剧缩水，这进一步恶化了美国社会的财富分配状况。④

---

① Wolff E. N.，"Changing Inequality of Wealth"，*American Economic Review*，Vol. 82，No. 2，1992，pp. 552 - 558；Wolff E. N.，"Trends in Household Wealth in the United States，1962 - 1983 and 1983 - 1989"，*Review of Income and Wealth*，Vol. 40，No. 2，1994，pp. 143 - 174；Wolff E. N.，"International Comparisons of Wealth Inequality"，*Review of Income and Wealth*，Vol. 42，No. 4，1996，pp. 433 - 451；Weicher J. C.，"The Distribution of Wealth：Increasing Inequality?"，*Federal Reserve Bank of St Louis Review*，Vol. 77，No. 1，1995，pp. 5 - 23.

② Wolff E. N.，*Wealth Accumulation by Age Group in the US*，1962 - 1992：*The Role of Savings*，*Capital Gainsand Intergenerational Transfers*，New York University，Mimeo，1997；Wolff E. N.，"Recent Trends in the Size Distribution of Household Wealth"，*Journal of Economic Perspectives*，Vol. 12，No. 3，1998，pp. 131 - 150；Wolff E. N.，"Recent Trends in Household Wealth in the United States：Rising Debt and the Middle-class Squeeze"，*The Levy Economics Institute*，No. 502，2007，pp. 125 - 147.

③ Wolff E. N.，"Recent Trends in Household Wealth in the United States：Rising Debt and the Middle-class Squeeze"，*The Levy Economics Institute*，No. 502，2007，pp. 125 - 147.

④ Wolff E. N.，"Inequality and Rising Profitability in the United States，1947 - 2012"，*International Review of Applied Economics*，Vol. 29，No. 6，2015，pp. 741 - 769.

与美国相似，加拿大的财富分配也正变得更为不平等。相比于数十年前，加拿大人虽然更为富有了，但财富结构却发生了巨大变化。1984—2005 年，财富在向顶层和中老年人口集中，年轻家庭的财富减少十分明显。[①] 与加拿大和美国不同，英国的家庭追踪调查（BHPS）数据表明，1995—2005 年，英国家庭间的财富不平等程度有所下降，这主要归功于中产家庭住房自有率的上升和房价上涨。[②] 当然 2008 年的金融危机也使得英国家庭的财富缩水，财富与资产调查（WAS）数据表明，2006—2012 年，在不包含退休金的情况下，除了最年轻组外的所有家庭的平均财富水平都出现了下降；而即使在包含退休金的情况下，退休年龄组的家庭财富也出现了缩水，工作年龄组的家庭财富则略有增长。[③]

不得不提的是近年来 Piketty 及其合作者从历史角度对全球大约 20 个国家财富问题的考察，他们利用国家资产负债表，通过遗产税进行财产乘数估计、收入资本化法等多种方法，呈现了多个国家百余年的财富收入比演变趋势。例如：1910 年时，欧洲私人总财富是 6—7 年的国民收入，1950 年时则下降到只有 2—3 年的国民收入，到 2010 年时则又上升到 4—6 年的国民收入，呈现“U 形”曲线的变化趋势。[④] 美国的资本收入比的变化规律与欧洲存在一致性，但具体数值比欧洲则要低一些，近年来基本维持在 4 倍左右。[⑤] 就遗产而言，Piketty 发现法国 1820—2010 年的年度继承额占国民收入比例呈现“U 形”变化，并预测 2050 年会进一步上

---

① Morissette R. and Ostrovsky Y., "Pension Coverage and Retirement Savings of Canadian Families, 1986 to 2003", *Analytical Studies Branch Research Paper*, No. 1, 2003; Morissette R. and Zhang X., "Revisiting Wealth Inequality", *Perspectives on Labour & Income*, Vol. 7, No. 12, 2006, pp. 27 - 45.

② Bastagli F. and Hills J., "Wealth Accumulation in Great Britain 1995 - 2005: The Role of House Prices and the Life Cycle", *Case Papers*, 2012.

③ Crawford R., Innes D. and O'Dea C., "Household Wealth in Great Britain: Distribution, Composition and Changes 2006 - 2012", *Fiscal Studies*, Vol. 37, No. 1, 2016, pp. 35 - 54.

④ Piketty T. and Zucman G., "Capital is Back: Wealth-Income Ratios in Rich Countries 1700 - 2010", *The Quarterly Journal of Economics*, Vol. 129, No. 3, 2014, pp. 1255 - 1310; Piketty T., *Capital in the Twenty-First Century*, Harvard University Press, 2014.

⑤ Piketty T. and Saez E., "Income Inequality in the United States, 1913 - 1998", *Quarterly Journal of Economics*, Vol. 118, No. 1, 2001, pp. 1 - 39; Piketty T. and Saez E., "Inequality in the Long Run", *International Conference on Telecommunication in Modern Satellite Cable and Broadcasting Services*, 2014, pp. 133 - 137.

升到1820—1910年的水平，遗产继承对财富差距的贡献在逐渐增加。[①]

（二）财富分布的跨国比较

有关财富不平等特征的国别差异也是学者们关注的焦点，但由于各国对财富定义的差异、测量方法的不同以及数据处理上的差异等各种原因，造成对不同国家间的财富分布情况进行比较十分困难，即使进行比较，得出的结论也需要慎之又慎。

Davies和Shorrocks基于前人的文献，选择20世纪80年代中期作为目标时期，他们发现，澳大利亚、意大利、韩国、爱尔兰、日本和瑞典是这一时期各国中财富不平等程度最低的国家，基尼系数在0.5—0.6，财富顶端1%人口的财富份额约为20%或更低；加拿大、丹麦、法国和德国等国居于中间水平，财富顶端1%人口的财富份额约为26%；而美国是同期发达国家中最不平等的国家，其基尼系数高达0.8，财富顶端1%人口的财富份额超过30%。[②] 同时期，其他多数国别差异的研究也基本支持了这一排序。[③] 随着技术的发展和学者研究旨趣的推动，近年来财富问题的国际比较取得了长足的进步。一个重要的表现就是一些大型跨国数据库的建立，如卢森堡财富调查（Luxemburg Wealth Study，LWS）和欧元区（Eurosystem）家庭金融和消费调查（Household Finance and Consumption Survey，HFCS）等，这些调查使用相同的财富统计口径，使得不同国别间的财富分配情况更具有可比性。Cowell等人利用卢森堡财富调查（LWS）数据考察了英国、芬兰、意大利、美国和瑞士5国的家庭财富规模、水平及不平等情况。他们发现，造成国别间财富分布差异的主要因素不是家庭的人口结构和经济特征，而是不可观测的国别特征。[④] 欧元区家庭金融和消

① Piketty T.，"On the Long Run Evolution of Inheritance：France 1820 - 2050"，*The Quarterly Journal of Economics*，Vol. 126，No. 3，2011，pp. 1071 - 1131.

② Davies J. B. and Shorrocks A. F.，"The Distribution of Wealth"，in Anthony Atkinson and Francois Bourguignon，eds.，*Handbook of Income Distribution*，Vol. 1，Amsterdam：North Holland ELSEVIER，2000，pp. 605 - 675.

③ Kessler D. and Wolff E. N.，"A Comparative Analysis of Household Wealth Patterns in France and the United States"，*Review of Income and Wealth*，Vol. 37，No. 3，1991，pp. 249 - 266；Wolff E. N.，"International Comparisons of Wealth Inequality"，*Review of Income and Wealth*，Vol. 42，No. 4，1996，pp. 433 - 451.

④ Cowell F. A.，Karagiannaki E. and Mcknight A.，"Accounting for Cross-country Differences in Wealth Inequality"，*London School of Economics and Political Science*，LSE Library，2013，pp. 367 - 377.

费调查（HFCS）第一次调查始于2008年末，2011年中结束，覆盖15个欧元区国家的62000户家庭，Arronde等人利用该数据研究了家庭如何配置他们的财产。①

即使存在这一系列优质数据，对于全球财富不平等的估计仍然困难重重。Davies等人利用各国家庭资产负债表和调查数据，估计了2000年39个国家的家庭财富水平，并推断了其中20个国家的财富分布情况。考虑前述所有信息以及购买力平价指数后，他们计算出2000年全球财富中位值是8635美元，财富顶端10%人口的财富份额为71%，全球基尼系数高达0.802。② 另外，2010年以来，瑞信研究院（Credit Suisse）联合著名经济学家安东尼·夏洛克斯（Anthony Shorrocks）和吉姆·戴维斯（Jim Davies）等人每年发布全球财富报告，统计世界各国财富总量，成年人人均财富净值，百万富翁人数，全球财富分布情况以及预测未来5年的全球财富趋势等。在最新的报告中，他们指出，2015年时全球财富顶端富豪人数超过12万人，中国人占据了其中的8%，这些富豪的净资产都在5000万美元以上。财富分配极度向富人倾斜，财富顶端0.7%的人口占有全球财富的45.2%。因此他们呼吁要将更多的目光聚焦经济地位处于底层和中层的人群。③

（三）中国居民财富水平、分布和变化趋势的研究

发达国家的财富问题研究已具有很长历史，然而中国居民财富分配问题的研究则仍然处于起步阶段。这既是研究材料缺乏所致，也与我国特殊的制度背景有关。改革开放以前中国实行了一系列消灭有产阶级的制度，旨在建立一个无产者社会。因此整个社会几乎没有私人财产，财产分配十分均等，财富分配的研究也就无从谈起。直到20世纪80年代，市场经济的引入和发展以及对私有产权的保护使得部分人迅速积累了大量财富，研究者开始关注经济不平等问题。其中，较早的一项关于中国

① Arrondel L., et al., "How Do Households Allocate Their Assets? Stylized Facts from the Eurosystem Household Finance and Consumption Survey", *International Journal of Central Banking*, Vol. 12, No. 2, 2014, pp. 129 - 220.

② Davies J. B., et al., "The Level and Distribution of Global Household Wealth", *The Economic Journal*, No. 551, 2011, pp. 223 - 254.

③ Shorrocks A. F., Davies J. and Lluberas R., *Credit Suisse Global Wealth Databook 2015*, Credit Suisse Reseach Institute, 2015.

财富分配问题的研究来源于 Mckinley 利用 1988 年中国居民收入调查（CHIP）数据对农村居民财产分配情况的考察。[①] 他发现，中国农村的财产分配十分平等，基尼系数只有 0.31，且比收入分配更为平等。具体来看，土地占比最高，为 59%，其次是住房，为 31%；同时土地和生产性固定资产起到了缩小财产差距的作用，而住房和金融资产则扩大了财产不平等程度。[②]

同发达国家对财富分配问题的研究一样，由于居民或家庭财富分配问题更多地属于经验实证类研究，因而对住户调查高度依赖。目前，包含了比较完整的财富信息的家户调查主要有中国居民收入调查（CHIP）、投资者行为调查（奥尔多中心执行）、中国家庭追踪调查（CFPS）和中国家庭金融调查（CHFS）等。表 2－1 汇总了关于中国财富差距研究的估计结果，从表中可以看出，1988 年以来，无论是城市还是农村，中国居民家庭财富差距在迅速拉大，这也是多数这一领域研究者的基本共识。[③] 下面对相关研究做进一步的介绍和分析。

利用 CHIP 数据进行财富分配研究的文献相对较多，除了前文 Mckinley 的研究外，其学生 Brenner 在此基础上利用新的 CHIP 1995 数据，重新考察了中国农村的财产分配情况。他发现，相比于 1988 年，1995 年农村财产分配有所恶化，但仍然相当平等，最大的变化在于金融资产数额的急剧上升。[④] 李实等利用 CHIP 1995 数据考察了中国城镇家庭的财产分配状况，他们发现，与多数市场国家相比，我国城镇居民间财产分配的差距并不大，但财产差距已开始超过收入差距，并存在加速扩大的趋势。[⑤] CHIP 2002 数据出来后又涌现了一批优秀研究成果，如李实等、Meng、Li and Zhao、

---

① Mckinley T.，"The Distribution of Wealth in Rural China"，in Griffin，K. and Zhao R.，eds.，*The Distribution of Income in China*，London：Macmillan Press，1993，pp. 116－134.

② Ibid..

③ 赵人伟：《我国居民收入分配和财产分布问题分析》，《当代财经》2007 年第 7 期；Meng X.，"Wealth Accumulation and Distribution in Urban China"，*Economic Development and Cultural Change*，Vol. 55，No. 4，2007，pp. 761－791；罗楚亮、李实、赵人伟：《我国居民的财产分布及其国际比较》，《经济学家》2009 年第 9 期。

④ Brenner M.，"Re-examining the Distribution of Wealth in Rural China"，in Riskin C.，Zhao R. W. and Li S.，eds.，*China's Retreat from Equality：Income Distribution and Economic Transformation*，New York：M. E. Shape，2001，pp. 245－275.

⑤ 李实、魏众、［德］古斯塔夫森：《中国城镇居民的财产分配》，《经济研究》2000 年第 3 期。

表 2-1 中国家庭财富不平等的演化：基于基尼系数的估计

数据	CHIP			Ordo		CHNS			CFPS			CHFS			胡润百富	Credit Suisse	其他数据		收入
年份	全国	城镇	农村	城镇	农村	全国	城镇	农村	全国	城镇	农村	全国	城镇	农村			全国	城镇	
1988	0. 34	—	0. 31	—	—	—	—	—	—	—	—	—	—	—	—	—	—	—	0. 295
1989	—	—	—	—	—	0. 536	0. 643	0. 391	—	—	—	—	—	—	—	—	—	—	0. 318
1991	—	—	—	—	—	0. 530	0. 624	0. 400	—	—	—	—	—	—	—	—	—	—	0. 331
1993	—	—	—	—	—	0. 523	0. 624	0. 422	—	—	—	—	—	—	—	—	—	—	0. 367
1995	0. 40	0. 52	0. 33	—	—	—	—	—	—	—	—	—	—	—	—	—	—	0. 50	0. 365
1997	—	—	—	—	—	0. 560	0. 588	0. 463	—	—	—	—	—	—	—	—	—	—	0. 350
1999	—	—	—	—	—	—	—	—	—	—	—	—	—	—	—	—	—	0. 52	0. 364
2000	—	—	—	—	—	0. 579	0. 587	0. 484	—	—	—	—	—	—	0. 826	—	—	—	0. 385
2001	—	—	—	—	—	—	—	—	—	—	—	—	—	—	0. 522	—	—	—	0. 395
2002	0. 55	0. 48	0. 40	—	—	—	—	—	—	—	—	—	—	—	0. 367	—	—	0. 56	—
2004	—	—	—	—	—	0. 562	0. 565	0. 477	—	—	—	—	—	—	0. 349	—	—	—	0. 473
2005	—	—	—	0. 56	—	—	—	—	—	—	—	—	—	—	0. 548	—	—	—	0. 485
2006	—	—	—	—	—	0. 552	0. 535	0. 493	—	—	—	—	—	—	0. 531	—	0. 69	0. 55	0. 487
2007	—	—	—	0. 58	0. 62	—	—	—	—	—	—	—	—	—	0. 767	—	—	—	0. 484
2008	—	—	—	—	—	—	—	—	—	—	—	—	—	—	0. 641	—	—	—	0. 491
2009	—	—	—	—	—	0. 515	0. 477	0. 515	—	—	—	—	—	—	0. 622	—	—	—	0. 490
2010	—	—	—	—	—	—	—	—	0. 739	0. 632	0. 706	—	—	—	0. 628	—	—	—	0. 481
2011	—	—	—	—	—	0. 532	0. 501	0. 543	—	—	—	0. 780	0. 755	0. 718	—	—	—	—	0. 477
2012	—	—	—	—	—	—	—	—	0. 727	—	—	—	—	—	—	0. 689	—	—	0. 474

续表

数据	CHIP			Ordo		CHNS			CFPS			CHFS			胡润百富	Credit Suisse	其他数据		收入
年份	全国	城镇	农村	城镇	农村	全国	城镇	农村	全国	城镇	农村	全国	城镇	农村			全国	城镇	
2013	—	—	—	—	—	—	—	—	—	—	—	0. 732	0. 693	0. 704	—	0. 695	—	—	0. 473
2014	—	—	—	—	—	—	—	—	—	—	—	—	—	—	—	0. 719	—	—	—
2015	—	—	—	—	—	—	—	—	—	—	—	—	—	—	—	0. 733	—	—	—

注：（1）所列财富（财产）基尼系数来源于微观家户调查数据，这些因成本等多种原因，往往不会每年调查一次，其中，1990 年、1992 年、1994 年、1996 年、1998 年和 2003 年皆存在数据缺失。（2）CHIP——中国居民收入调查；Ordo——奥尔多中心“投资者行为调查”；CHNS——中国健康与营养调查；CFPS——中国家庭追踪调查；CHFS——中国家庭金融调查。（3）CHIP 数据的年份编号早调查年一年，其他数据的年份编号皆为调查年份，如 CFPS 2010 数据即为 2010 年进行的调查，而 CHIP 1988 数据则是 1989 年进行的调查。出于遵照学界对相应数据的使用习惯等原因，本书未进行一致性调整。

资料来源：CHIP 数据中 1988 年来自 Mckinley T.，“The Distribution of Wealth in Rural China”，in Griffin，K. and Zhao R.，eds.，*The Distribution of Income in China*，London：Macmillan Press，1993。1995 年和 2002 年来自李实、魏众、丁赛《中国居民财产分布不均等及其原因的经验分析》，《经济研究》2005 年第 6 期。Ordo 数据来自陈彦斌、霍震、陈军《灾难风险与中国城镇居民财产分布》，《经济研究》2009 年第 11 期；梁运文、霍震、刘凯《中国城乡居民财产分布的实证研究》，《经济研究》2010 年第 10 期。CHNS 数据估计的是非金融财产基尼系数，来自韦宏耀、钟涨宝《中国家庭非金融财产差距研究（1989—2011 年）——基于微观数据的回归分解》，《经济评论》2017 年第 1 期。CFPS 数据中 2010 年来自 Li S. and Wan H. Y.，“Evolution of Wealth Inequality in China”，*China Economic Journal*，Vol 8，No. 3，2015。2012 年来自谢宇、靳永爱《家庭财富》，载谢宇等《中国民生发展报告 2014》，北京大学出版社 2014 年版。CHFS 数据来自西南财经大学中国家庭金融调查与研究中心《中国家庭财富的分布及高净值家庭财富报告》，2014 年。胡润百富榜数据来自孙楚仁、田国强《基于财富分布 Pareto 法则估计我国贫富差距程度——利用随机抽样恢复总体财富 Pareto 法则》，《世界经济文汇》2012 年第 6 期。瑞信研究院（Credit Suisse）数据来自 Shorrocks A. F.，Davies J. and Lluberas R.，*Credit Suisse Global Wealth Databook 2012*，Credit Suisse Reseach Institute，2012 - 2015。其他数据中 1995 年、1999 年和 2002 年来自 Meng X.，“Wealth Accumulation and Distribution in Urban China”，*Economic Development and Cultural Change*，Vol. 55，No. 4，2007。2006 年来自李培林等《中国社会和谐稳定报告》，社会科学文献出版社 2008 年版。收入基尼系数（1988—2001 年）数据来自 Ravallion M. and Chen S.，“China's（uneven）Progress Against Poverty”，*Journal of Development Economics*，Vol. 82，No. 1，2004。2004—2013 年数据来自国家统计局。

赵人伟和丁赛、罗楚亮等、巫锡炜。[①] 研究结果表明，1995—2002 年，中国居民间的财产差距快速扩大，而这主要源于城乡之间差距的急剧拉大，城乡间人均财产净值的比值从 1995 年的 1.2 倍迅速上升到 2002 年的 3.6 倍。分开来看，城镇住房的商品化过程缩小了城镇居民内部的财产差距，而原本具有缩小财产差距的土地价值占总财富份额的减少、金融资产对总财产不平等程度的助推等原因促成了这一期间农村居民内部财产差距的扩大。后续 CHIP 2007、CHIP 2008 和 CHIP 2013 数据由于统计口径和调查内容的转变，便不见有研究者使用这些新的数据进行财富分配问题的研究，当然这也与后续其他大量高质量的全国性家户调查数据的出现有关。

研究者开始使用其他大型调查数据对中国居民的财富分配问题进行研究。例如李实等研究者利用 CHIP 2002 和 CFPS 2010 数据，并采用居民消费价格指数（Consumer Price Index，CPI）和购买力平价指数（Purchasing Power Parity，PPP）进行了年份和地区间的调整，考察了中国城乡居民的财产存量、结构、分布及变化情况。研究发现，2002—2010 年中国家庭人均净财产增长了 4.1 倍，但财产差距也急剧扩大，基尼系数由 2002 年的 0.54 上升到 2010 年的 0.74，其中，房价的快速上涨是这一变化的重要影响因素。[②] CFPS 2010 和 CFPS 2012 数据的估计结果也支持了家庭财富差距急速扩大的事实，研究发现，"中国家庭净资产的基尼系数从 2002 年的 0.55 迅速增加到 2012 年的 0.73"[③]。西南财经大学的 CHFS 数据自 2011 年开始已经进行三期，但其 2011 年数据公开并发表相关报告后引起了较大争议。另外，其 2013 年和 2015 年数据不再对外公开，但从其公开

① 李实、魏众、丁赛：《中国居民财产分布不均等及其原因的经验分析》，《经济研究》2005 年第 6 期；Meng X.，"Wealth Accumulation and Distribution in Urban China"，*Economic Development and Cultural Change*，Vol. 55，No. 4，2007，pp. 761－791；Li S. and Zhao R.，"Changes in the Distribution of Wealth in China 1995－2002"，in James B. Davies，*Personal Wealth from a Global Perspective*，New York：Oxford University Press，2008，pp. 93－112；赵人伟、丁赛：《中国居民财产分布研究》，载李实、史泰丽、［德］古斯塔夫森主编《中国居民收入分配研究Ⅲ》，北京师范大学出版社 2008 年版；罗楚亮、李实、赵人伟：《我国居民的财产分布及其国际比较》，《经济学家》2009 年第 9 期；巫锡炜：《中国城镇家庭户收入和财产不平等（1995—2002）》，《人口研究》2011 年第 6 期。

② 李实、万海远、谢宇：《中国居民财产差距的扩大趋势》，北京师范大学中国收入分配研究院工作论文，北京，2014 年；Li S. and Wan H. Y.，"Evolution of Wealth Inequality in China"，*China Economic Journal*，Vol. 8，No. 3，2015，pp. 264－287.

③ 谢宇、靳永爱：《家庭财富》，载谢宇等《中国民生发展报告 2014》，北京大学出版社 2014 年版。

的家庭财富报告来看，2013 年中国家庭净资产差距有所缩小，基尼系数由 2011 年的 0.78 下降到 2013 年的 0.73。相比于 2013 年，其 2015 年的数据在家庭资产均值和中位数上的表现表明 2015 年家庭财产差距又有进一步的缓和。[①] 另外，韦宏耀和钟涨宝利用中国健康与营养调查数据[②]考察了中国家庭的非金融财产差距及其变化趋势，他们发现，1989—2011 年，中国城市家庭的非金融财产差距整体呈现缩小趋势，农村却处于持续扩大状态中，二者的结合促成了中国家庭非金融财产差距的“倒 U 形”变化趋势。[③]

其他被使用较多的数据还有“投资者行为调查”2005 年和 2007 年两期数据（由奥尔多中心执行）。他们的研究发现，2005—2007 年，中国财富差距已经比较严重，2005 年中国城镇居民财产差距的基尼系数为 0.56，2007 年上升到 0.58，更为严重的是农村居民财产差距的基尼系数已经超过城市，为 0.62，而房产和金融资产的不平等是总财富差距的主要原因。[④] 2001 年，国家统计局城市社会经济调查总队在对河北等 8 个省的城镇住户进行抽样调查的基础上公布了城镇居民的财产分布情况，经计算，当时城镇居民财富差距的基尼系数约为 0.51。[⑤] 李培林等利用中国社科院社会学研究所于 2006 年开展的中国社会状况综合调查（CGSS 2006，CASS）数据，[⑥] 估算了 2006 年中国居民财富差距的基尼系数，为 0.69。[⑦]

另外，利用财富顶端人群的财产情况估算整个社会的财富分布情况也是国外研究财富问题的一种方法。孙楚仁和田国强利用胡润百富榜数据，通过财富分布的帕累托法则对我国居民财富分布情况进行了估算，估计结果表明我国居民财产分布的基尼系数在 2000—2010 年呈现先降低后增加

---

① 李凤等：《中国家庭资产状况、变动趋势及其影响因素》，《管理世界》2016 年第 2 期。

② 该数据英文名称为 China Health and Nutrition Survey，简称为 CHNS 数据。

③ 韦宏耀、钟涨宝：《中国家庭非金融财产差距研究（1989—2011 年）——基于微观数据的回归分解》，《经济评论》2017 年第 1 期。

④ 陈彦斌：《中国城乡财富分布的比较分析》，《金融研究》2008 年第 12 期；梁运文、霍震、刘凯：《中国城乡居民财产分布的实证研究》，《经济研究》2010 年第 10 期。

⑤ 国家统计局：《财富：小康社会的坚实基础》，山西经济出版社 2003 年版。

⑥ 这一数据由中国社科院开展调查，区别于同时期中国人民大学和香港科技大学合作进行的中国社会状况综合调查（CGSS 2006）。

⑦ 李培林等：《中国社会和谐稳定报告》，社会科学文献出版社 2008 年版。

的趋势。[①] 瑞信研究院（Credit Suisse）也对中国的财富分布情况进行了估计，其估计时既采用了部分家户调查数据，也利用了财富顶端人群的资产分布情况，目前他们已经估计了我国2010—2016年的居民财富基尼系数，[②] 结果表明这一期间我国居民财富差距在扩大。[③]

二 财富不平等形成机制的理论回顾

财富是存量，存量不平等通常由流量不平等长期累积所致，因而财富不平等则是由长期持续不平等的财富流积累所致。有研究者将财富积累过程分为内生性财富积累和外生性财富积累。[④] 前者指经济人在特定约束条件下，为实现效用最大化而实施的最优投资储蓄策略的后果。这一积累过程依赖于相对成熟的资本市场和产权制度，可以较为有效地解释西方发达国家存在的财富不平等形式。该理论主要以生命周期理论为基础，从财富积累的动机、能力和形式三个方面对个体财富积累行为进行解释，进而提出财富不平等的发生机制。这类理论具有一定的通用性和普适性，因而有时也被称为财富积累的一般性理论。但对于像俄罗斯、中国等这类转型国家而言，财富积累的一般性理论对其财富不平等现象具有一定的解释力，但往往也存在较大缺陷。这主要与这些国家的产权制度差异和不完善的资本市场有关，而外生性财富积累相关理论则正是从产权制度改革和市场转型的视角解释财富不平等的形成。因而在对转型国家财富不平等现象进行解释时，有必要同时考虑这两类理论。

对于中国财富不平等形成的解释机制则既涉及了财富积累的一般性理论，也涉及了体制转型对财富不平等的影响。其中，前者主要以实证方法检验一些个体/家庭人口学特征、社会经济地位等微观变量对财富水平或

---

① 孙楚仁、田国强：《基于财富分布Pareto法则估计我国贫富差距程度——利用随机抽样恢复总体财富Pareto法则》，《世界经济文汇》2012年第6期。

② 瑞信研究院对全球财富信息的公布分为数据报表（Databook）和文字报告（Report）两种形式，目前笔者收集齐了所有的文字报告（2010—2016年共7期），但数据报表部分只收集到了2012—2015年共4期，而中国的财富基尼系数在多数年份的文字报告中并未提及，只是存在于每期的数据报表中，因而，本书只呈现了笔者收集到的2012—2015年共4期的数据。

③ Shorrocks A. F., Davies J. and Lluberas R., *Credit Suisse Global Wealth Databook*, Credit Suisse Reseach Institute, 2012 - 2015.

④ 文雯、常嵘：《财富不平等理论和政策研究的新进展》，《经济学家》2015年第10期。

差距的影响。[①] 对于后者的讨论目前仍然以体制转型对收入不平等的影响为主，但也有研究开始尝试讨论体制转型与财富积累间的关系，例如 Xie 和 Jin 提出的中国财富积累的“混合路径”理论、[②] 何晓斌和夏凡从资产转换角度对城镇居民家庭财富分配差距的考察等。[③] 已有的这些理论无疑对本书的研究提供了丰富的理论基础和研究借鉴。下文则主要围绕这两类财富积累理论进行详细介绍。

（一）财富积累的一般性理论

最经典的财富积累理论首推由 Modigliani 和 Brumberg 率先提出的生命周期储蓄模型（Lifecycle Saving Model，LSM），该模型假设理性经济人为保证自己一生收入和消费的平衡，会依据终生收入而不是当下收入对自己的消费和储蓄进行决策。[④] 为了达到这一目的，理性经济人需要在工作年龄时进行储蓄以积累财富，才能保证退休时有足够的积蓄进行消费直到去世。因此，财富净值在个人退休前会随着年龄增长而逐步上升，属于财富积累期，退休后则处于不断下降状态，为财富消耗期。这一理论同样可以移植到家庭中，形成所谓的家庭生命周期理论。家庭财富随着家庭的建立（结婚）而逐步积累，之后家庭财富随着家庭的收缩（孩子离开）、解体（配偶死亡）而逐渐消耗。之后大量研究者基于生命周期模型，或进行拓展，或进行实证检验，对财富积累和不平等问题进行了大量研究。[⑤] 例如

---

① 李实、魏众、丁赛：《中国居民财产分布不均等及其原因的经验分析》，《经济研究》2005 年第 6 期；梁运文、霍震、刘凯：《中国城乡居民财产分布的实证研究》，《经济研究》2010 年第 10 期；巫锡炜：《中国城镇家庭户收入和财产不平等：1995—2002》，《人口研究》2011 年第 6 期。

② Xie Y. and Jin Y., "Household Wealth in China", *Chinese Sociological Review*, Vol. 47, No. 3, 2015, pp. 203 - 229.

③ 何晓斌、夏凡：《中国体制转型与城镇居民家庭财富分配差距——一个资产转换的视角》，《经济研究》2012 年第 2 期。

④ Modigliani F. and Brumberg R. E., "Utility Analysis and the Consumption Function: An Interpretation of Cross-Section Data", in Kurihara, ed., *Post-Keynesian Economics*, New Brunswick: Rutgers University Press, 1954.

⑤ Davies J. B. and Shorrocks A. F., "Assessing the Quantitative Importance of Inheritance in the Distribution of Wealth", *Oxford Economic Papers*, Vol. 30, No. 1, 1978, pp. 138 - 149; Tomes N., "The Family, Inheritance, and the Intergenerational Transmission of Inequality", *Journal of Political Economy*, Vol. 89, No. 5, 1981, pp. 928 - 958; Huggett M., "Wealth Distribution in Life-cycle Economies", *Journal of Monetary Economics*, Vol. 38, No. 3, 1996, pp. 469 - 494; Cagetti M., "Wealth Accumulation Over the Life Cycle and Precautionary Savings", *Journal of Business & Economic Statistics*, Vol. 21, No. 3, 2003, pp. 339 - 353.

Huggett 利用生命周期模型匹配了美国的收入和财富分布情况，他发现，考虑了收入冲击和寿命不确定性的校准模型可以很好地拟合美国的财富积累和转移，但无法有效解释财富顶端1%家庭的财富集中现象。① 而 Cagetti 通过构建生命周期模型和估计效用函数的参数模拟了美国的财富分布情况，结果表明，财富积累在生命周期的初始阶段主要被预防性储蓄动机（Precaution Savings）所驱使，而临近退休时则主要被养老储蓄动机（Savings for Retioment Purpose）所驱使。②

上述基于生命周期理论的研究表明，当考虑到不确定性、流动约束、预防性储蓄和社会保障效应等因素后，生命周期储蓄模型可以解释大部分观测到的财富不平等现象，但对分布上尾部财富的高度集中现象解释力有限。③ 同时，也有经验证据并不总是与生命周期储蓄模型的预测一致，比如大量截面数据似乎表明退休后的最初几年老人的财富并未下降。④ 后续有研究通过引入遗产机制，将遗产和代际财富转移等形式综合进入生命周期储蓄分析框架中，较为有效地解决了前述问题。⑤ 例如：Nardi 通过引入遗产动机使得生命周期储蓄模型的模拟结果与现实数据更加吻合，她发现，相比于偶然遗产，自愿遗产动机可以更好地解释财富集聚现象。⑥ 因而，个人财富积累的动机可能并不仅仅是满足自身退休后的消费，还包括将财富传递给下一代。而这种财富的代际转移无疑对整个社会的财富分配产生了重要影响，有研究表明，利他主义动机使遗产对财富不平等产生均

---

① Huggett M.,"Wealth Distribution in Life-cycle Economies", *Journal of Monetary Economics*, Vol. 38, No. 3, 1996, pp. 469－494.

② Cagetti M.,"Wealth Accumulation Over the Life Cycle and Precautionary Savings", *Journal of Business & Economic Statistics*, Vol. 21, No. 3, 2003, pp. 339－353.

③ Davies J. B. and Shorrocks A. F.,"The Distribution of Wealth", in Anthony Atkinson and Francois Bourguignon, eds., *Handbook of Income Distribution*, Vol. 1, Amsterdam: North Holland ELSEVIER, 2000, pp. 605－675.

④ Mirer T. W.,"The Wealth-Age Relation among the Aged", *American Economic Review*, Vol. 69, No. 3, 1979, pp. 435－443; David M. H. and Menchik P. L.,"Changes in Cohort Wealth over a Generation", *Demography*, Vol. 25, No. 3, 1988, pp. 317－335.

⑤ Oulton N.,"Inheritance and the Distribution of Wealth", *Oxford Economic Papers*, Vol. 28, No. 1, 1976, pp. 86－101; Altonji J. G. and Villanueva E., *The Effect of Parental Income on Wealth and Bequests*, Northwestern University Press, 2002; Nardi M. D.,"Wealth Inequality and Intergenerational Links", *Review of Economic Studies*, Vol. 71, No. 3, 2004, pp. 743－768.

⑥ Nardi M. D.,"Wealth Inequality and Intergenerational Links", *Review of Economic Studies*, Vol. 71, No. 3, 2004, pp. 743－768.

等化影响，而交换动机或策略动机则会产生相反影响。①

另外，社会中存在部分企业家，他们一生创造了巨额财富，而上述生命周期储蓄模型和遗产行为理论对之都难以解释，因为他们早已积累足够进行奢侈消费的财富，但仍然在继续工作，而且给予子孙的遗产动机也并不强烈，例如：比尔·盖茨、巴菲特等人宣布将大部分财富捐赠给慈善事业。有研究者提出了“资本主义精神”或者“资本主义”的遗产动机对之进行解释，即这些人渴望看到他们的名字继续在公众舞台出现，或称之为“对不朽的渴望”。②

（二）体制转型与社会经济不平等关系的研究

有关中国经济改革及其对社会经济不平等影响的研究，形成了两派针锋相对的观点。一方是以倪志伟为代表的“市场转型论”，它强调新兴市场经济的重要性。市场经济的兴起促生新的资源分配机制，继而挑战并弱化社会主义国家再分配体制，表现为人力资本回报的提升和政治资本回报的下降。因而市场化将会重塑机会结构和社会分层秩序。③另一方发现拥有政治资本的个体在抓住新经济机会方面更有优势，例如：昔日官员和国有企业经理能够迅速将自己的政治特权转变成经济优势，成为企业家或上市公司的董事；④干部可以从土地、厂房等公共资产的再分配中寻租，获

---

① Tomes N., “The Family, Inheritance, and the Intergenerational Transmission of Inequality”, *Journal of Political Economy*, Vol. 89, No. 5, 1981, pp. 928 – 958; Cox D., “Motives for Private Income Transfers”, *Journal of Political Economy*, Vol. 95, No. 3, 1987, pp. 508 – 546; Cox D., “Intergenerational Transfers and Liquidity Constraints”, *Quarterly Journal of Economics*, Vol. 105, No. 1, 1990, pp. 187 – 217.

② Masson A. and Pestieau P., “Bequests Motives and Models of Inheritance: A Survey of the Literature”, *Delta Working Papers*, 1996, pp. 54 – 88; Arrondel L. and Laferrere A., “Capitalist Versus Family Bequest: An Econometric Model with Two Endogenous Regimes”, *Delta Working Papers*, 1996; Francis J. L., “Wealth and the Capitalist Spirit”, *Journal of Macroeconomics*, Vol. 31, No. 3, 2008, pp. 394 – 408.

③ Nee V., “A Theory of Market Transition: From Redistribution to Markets in State Socialism”, *American Sociological Review*, Vol. 54, No. 5, 1989, pp. 663 – 681; Nee V., “Social Inequalities in Reforming State Socialism: Between Redistribution and Markets in China”, *American Sociological Review*, Vol. 56, No. 3, 1991, pp. 267 – 282; Nee V., “The Emergence of a Market Society: Changing Mechanisms of Stratification in China”, *American Journal of Sociology*, Vol. 101, No. 4, 1996, pp. 908 – 949.

④ Bian Y. and Logan J. R., “Market Transition and the Persistence of Power: The Changing Stratification System in Urban China”, *American Sociological Review*, Vol. 61, No. 5, 1996, pp. 739 – 758; 吴晓刚：《“下海”：中国城乡劳动力市场转型中的自雇活动与社会分层（1978—1996）》，《社会学研究》2006 年第 6 期。

得额外的经济收益,[①] 其亲属、子女也更易获得高薪的职业。[②] 可以将这一派观点总结为"权力维继论",它强调政治精英在经济改革中保持了自身社会经济地位的优势。也有研究试图整合二者的关系,如周雪光提出的"政治市场共同演化论"[③]、边燕杰和张展新提出的"市场—国家互动论"[④],都强调了政治和市场相互影响并制约和改变着对方。

由于微观数据缺乏等原因,上述研究多以收入作为社会经济不平等的代理变量,而作为另一项重要的社会经济地位指标——财富则被讨论较少。而财富与收入、消费、投资和储蓄等行为具有紧密联系,是一个包含多种经济行为后果的概念,某种程度上可以更为全面地反映经济保障和社会分层等现象,[⑤] 可能更适合作为社会经济不平等的代理变量。另外,收入和财富获得的机制也并不完全相同,收入包括了劳动收入、财产性收入和转移收入等,是一种流量;而财富是存量,是储蓄和投资的函数,既可能来源于自身的积累,也可能来源于他人的馈赠和遗产继承。因而,对市场转型背景下财富积累机制的研究很有必要性,而上述利用收入分配进行的研究无疑对财富分配的市场转型研究也具有极佳的借鉴意义。

目前,已有少量研究做出了一些尝试,例如 Xie 和 Jin 提出的中国财富积累的"混合路径"理论,该理论将财产积累机制分为两类,一类是市场经济催生的私有资本积累,比如通过创业、投资等方式获得财富;另一类则是中产阶层的房产转化,这主要指住房改革中城市中体制内工人以极低的价格从政府或单位手中购得住房,而随着房价的飙升使得这部分人从中获得了巨大收益。[⑥] 这两类积累机制的共同作用构成了当下中国家庭财富积累的"混合路径"。何晓斌等人则从资产转换角度对城镇居民家庭

---

① Walder A. G., "The Decline of Communist Power: Elements of a Theory of Institutional Change", *Theory and Society*, Vol. 23, No. 2, 1994, pp. 297 – 323.

② Walder A. G., "Markets and Income Inequality in Rural China: Political Advantage in an Expanding Economy", *American Sociological Review*, Vol. 67, No. 2, 2002, pp. 231 – 253.

③ Zhou X. G., "Economic Transformation and Income Inequality in Urban China: Evidence from Panel Data", *American Journal of Sociology*. Vol. 105, No. 4, 2000, pp. 1135 – 1174.

④ Bian Y. and Zhang Z., "Marketization and Income Distribution in Urban China, 1988 and 1995", *Research in Social Stratification and Mobility*, No. 19, 2002, pp. 377 – 415.

⑤ [美] 郝令昕:《美国的财富分层研究——种族、移民与财富》,谢桂华译,中国人民大学出版社 2013 年版。

⑥ Xie Y. and Jin Y., "Household Wealth in China", *Chinese Sociological Review*, Vol. 47, No. 3, 2015, pp. 203 – 229.

财富分配差距进行了考察。[①] 他们的研究表明，20 世纪 90 年代的住房商品化和后期房价的上涨已经使得干部和国有部门家庭的财富优势十分明显。李实等人也都提到了城镇住房改革对财富分配的影响，但这几项研究都只是将住房改革作为财富分配现状的事后解释，并未进行直接的实证检验。[②] 另外，早期两项对农村财产分配的研究则肯定了土地制度改革对早期农村财产差距较小的贡献。[③]

（三）理论小结及启示

以上两类理论既包含针对西方国家财富分配的一般性理论，也有针对中国转型市场下的财富分配研究。前者启示我们在研究财富不平等问题时，需要从个体或家庭的财富积累动机和行为中去找寻不平等的微观基础；而后者则启发我们要从体制变迁、经济制度变革中去挖掘制度因素在财富不平等形成过程中的作用。只有将宏观视角和微观视角进行结合和沟通，才能更为全面地解释当下中国财富不平等格局的形成和演变。

基于上述启示，笔者构建了本书的主要实证框架，如图 2－1 所示，基于不同的理论基础，分别对应本书第四章至第七章的实证内容。首先，一般的生命周期理论启发笔者从家庭的异质性出发，比如家庭的年龄特征、受教育程度（反映财富积累能力）等考察家庭财富差距的形成原因。其次，遗产行为理论则启示笔者考察遗产继承对家庭财富差距的作用，即是扩大了家庭财富差距还是缩小了家庭财富差距。家庭异质性和遗产机制则构成了财富分配机制的微观视角。再次，体制转型与不平等关系的研究

---

① 何晓斌、夏凡：《中国体制转型与城镇居民家庭财富分配差距——一个资产转换的视角》，《经济研究》2012 年第 2 期；Walder A. G. and He X.，"Public Housing into Private Assets: Wealth Creation in Urban China"，*Social Science Research*，No. 46，2014，pp. 85－99.

② 李实、魏众、丁赛：《中国居民财产分布不均等及其原因的经验分析》，《经济研究》2005 年第 6 期；罗楚亮、李实、赵人伟：《我国居民的财产分布及其国际比较》，《经济学家》2009 年第 9 期；原鹏飞、王磊：《我国城镇居民住房财富分配不平等及贡献率分解研究》，《统计研究》2013 年第 12 期；Meng X.，"Wealth Accumulation and Distribution in Urban China"，*Economic Development and Cultural Change*，Vol. 55，No. 4，2007，pp. 761－791.

③ Mckinley T.，"The Distribution of Wealth in Rural China"，in Griffin，K. and Zhao R.，eds.，*The Distribution of Income in China*，London: Macmillan Press，1993，pp. 116－134；Brenner M.，"Re－examining the Distribution of Wealth in Rural China"，in Riskin C.，Zhao R. W. and Li S.，eds.，*China's Retreat from Equality: Income Distribution and Economic Transformation.* New York: M. E. Shape，2001，pp. 245－275.

启发笔者从制度变迁的视角分析农村家庭财富分配问题，该部分则主要考察了农村税费改革、农产品价格体制改革、社会保障制度的建立和发展等方面对农村家庭财富分配的影响。最后，从经济增长的角度考察了经济增长和财富不平等间的关系，这主要借鉴库兹涅茨及其后续者的工作。该部分的文献整理工作主要放在了相应章节。制度变迁和经济增长视角则构成了农村家庭财富分配机制的宏观视角。

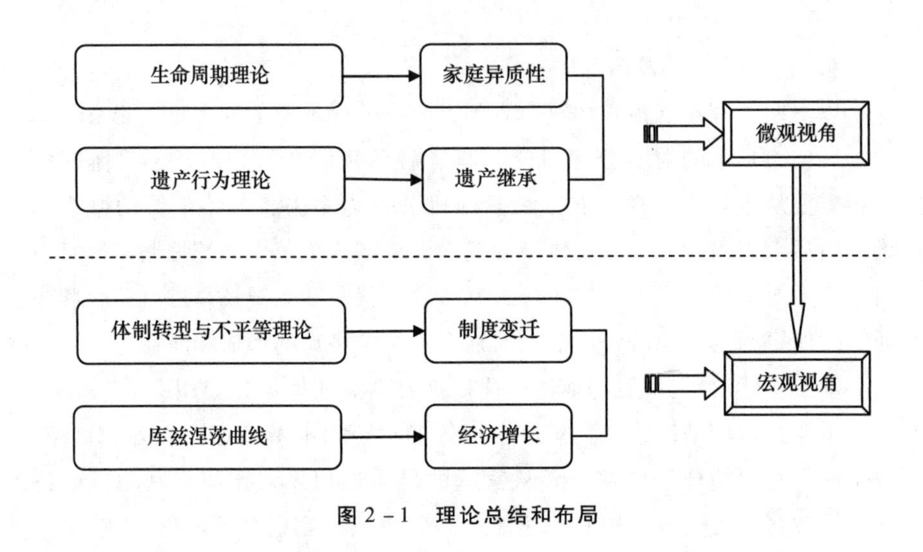

图 2－1　理论总结和布局

三　财富分配决定因素的应用性研究

在对财富分配的理论进行简要回顾后，本节主要专注于财富分配的相关应用性研究，这些研究的根本宗旨还是在于解释财富积累和财富分布形成的原因。具体揭示了在现实世界中哪些群体拥有更多的财富，又是哪些决定因素影响了财富的积累和财富的分布。为了叙述方便，笔者将这些不同的影响因素分为宏观影响因素和微观影响因素两大类，前者主要集中于家庭外部的宏观环境，如人口结构、市场环境的变动、政府政策以及地区分割等；后者则主要包括了基于个体或家庭的特征、家庭遗产继承、代际转移等。

（一）宏观影响因素

首先，影响家庭财富分配的宏观因素包括人口结构、市场环境的变动、政府政策以及地区分割等。就人口结构的变动而言，生命周期模型和永久收入假说都表明财富差距会随着年龄增加而扩大。[①] 经验数据也发现，同期出生人口间的财富差距会随着年龄的增加而上升。[②] 这些结论都意味着老龄人口的增加可能会扩大社会的财富不平等。作为老龄化较为严重的日本，有研究表明其老龄化在 20 世纪 80 年代对不平等的贡献率超过 50%。[③] 张车伟和向晶利用城镇居民住户收入和消费调查，验证了人口构成和代际差异对中国不平等变化的影响。[④] 另有研究发现人口结构中性别比例对财富分布也有显著影响，一项对中国的研究表明，父辈为了使其儿子能够在婚姻市场上确立优势地位，储蓄动机会更为强烈，因而，中国过去 20 年间不断提高的储蓄率很大程度上由不断提高的性别比例造成。[⑤]

其次，对于市场环境而言，宏观的经济环境比如股票市场的波动、经济的周期性波动等既可以直接影响当时社会的财富分布情况，也可以通过影响个体或家庭的整个生命周期而对社会的财富分布产生持续性影响。有研究表明，在美国，富裕者更可能拥有股票，因而当股票市场繁荣时，社会的财富差距更大。[⑥] 住房作为家庭财富的最重要组成部分之一，房地产市场价格的波动也会显著影响社会的财富分布情况。有研究发现，房价的高速上涨扩大了城镇家庭住房的不平等程度，富裕家庭对住房的投资在抬高房价有利自身的同时，使得贫穷家庭和年轻家庭在获得基本住房方面变得更为困难。[⑦] 但也有经验研究表明，城镇家庭住房拥有率的上升和住房价格的上涨在 21 世纪初缩小了中国城镇家庭的财富差距，但进一步加深

---

① Eden B. , "Stochastic Dominance in Human Capital", *Journal of Political Economy*, Vol. 88, No. 1, 1980, pp. 135 - 145; Davies J. B. , "Wealth Inequality and Age", *Working Papers*, University of Western Ontario, 1996.

② Deaton A. and Paxson C. , "Intertemporal Choice and Inequality", *Journal of Political Economy*, Vol. 102, No. 3, 1994, pp. 437 - 467.

③ Ohtake F. , "Inequality in Japan", *Asian Economic Policy Review*, Vol. 3, No. 1, 2008, pp. 87 - 109.

④ 张车伟、向晶：《代际差异、老龄化与不平等》，《劳动经济研究》2014 年第 1 期。

⑤ Wei S. J. and Zhang X. , "The Competitive Saving Motive: Evidence From Rising Sex Ratios and Savings Rates in China", *Journal of Political Economy*, Vol. 119, No. 3, 2009, pp. 511 - 564.

⑥ Wolff E. N. , "Changing Inequality of Wealth", *American Economic Review*, Vol. 82, No. 2, 1992, pp. 552 - 558; Keister L. A. and Moller S. , "Wealth Inequality in the United States", *Annual Review of Sociology*, Vol. 26, No. 26, 2000, pp. 63 - 81.

⑦ 陈彦斌、邱哲圣：《高房价如何影响居民储蓄率和财产不平等》，《经济研究》2011 年第 10 期。

了城乡差距。[1] 在欧美也有相似的经验证据，Bastagli 和 Hills 发现英国在1995—2005 年家庭财富差距的缩小主要是因为中产阶层住房持有率的上升和房价上涨。[2] 而 Wolff 指出美国 2007 年房价的暴跌是当时财富不平等上升的重要原因。[3] 另外，通货膨胀、来自市场的灾难风险等也都被检验出对中国的财产分布具有重要影响。[4]

再次，政府的政策，诸如各类社会保障政策、税收政策等往往都会对社会的财富不平等产生深远影响。对于中国而言，城市住房改革对财富再分配的影响在学界被研究较多，研究者发现，20 世纪 80 年代以来，中国城市家庭通过住房改革，从家庭成员所在单位以低于市场价的价格购得住房，之后随着房产价格的上涨使得这部分家庭在短期内积累了一笔可观的财富，[5] 有研究发现，这一政策促进了城市家庭财富的相对平等，却加深了城乡差距，[6] 近年房价的高速上涨进一步加深了这一过程。对于税收政策而言，王弟海和龚六堂发现，在保持偏好不变，初始财富和劳动能力可变情况下，相比于征收资本收入税，征收劳动收入税对改善持续性不平等更为有利。[7] 詹鹏和吴珊珊则通过微观数据模拟发现，征收遗产税对再分配效果的影响较小，但如果将遗产税收入完全转移给最贫穷的人，再分配效果可能会大大改善。[8] 整体来看，我国相关再分配政策及其效果的研究仍然相对较少。

---

① 李实、魏众、丁赛：《中国居民财产分布不均等及其原因的经验分析》，《经济研究》2005 年第 6 期；Walder A. G. and He X.，“Public Housing into Private Assets: Wealth Creation in Urban China”, *Social Science Research*, No. 46, 2014, pp. 85 – 99.

② Bastagli F. and Hills J.，“Wealth Accumulation in Great Britain 1995 – 2005: The Role of House Prices and the Life Cycle”, *Case Papers*, 2012.

③ Wolff E. N.，“Household Wealth Trends in the United States, 1962 – 2013: What Happened Over the Great Recession?”, NBER Working Papers, 2014.

④ 陈彦斌、霍震、陈军：《灾难风险与中国城镇居民财产分布》，《经济研究》2009 年第 11 期；肖争艳、姚一旻、唐诗磊：《我国通货膨胀预期的微观基础研究》，《统计研究》2011 年第 3 期；陈彦斌等：《中国通货膨胀对财产不平等的影响》，《经济研究》2013 年第 8 期。

⑤ 靳永爱、谢宇：《中国城市家庭财富水平的影响因素研究》，《劳动经济研究》2015 年第 5 期。

⑥ 李实、魏众、丁赛：《中国居民财产分布不均等及其原因的经验分析》，《经济研究》2005 年第 6 期；Walder A. G. and He X.，“Public Housing into Private Assets: Wealth Creation in Urban China”, *Social Science Research*, No. 46, 2014, pp. 85 – 99.

⑦ 王弟海、龚六堂：《新古典模型中收入和财富分配持续不平等的动态演化》，《经济学》（季刊）2006 年第 3 期。

⑧ 詹鹏、吴珊珊：《我国遗产继承与财产不平等分析》，《经济评论》2015 年第 4 期。

最后，地区分割，尤其是城乡差异是研究中国财富分配问题不可忽视的一个重要结构性因素。[①] 改革开放以来，由于政策的倾斜和各地发展速度的不同，区域间的差距不断拉大。具体表现为20世纪80年代地区差距略有缩小，90年代以后则开始呈现持续扩大趋势，进入21世纪后地区差距仍在扩大，但扩展的速度略有下降。[②] 对于财富分配而言，原鹏飞和王磊通过对基尼系数进行分解发现，地区间以及东部地区内部的差距对中国城镇居民住房财富分配差距的贡献率最大，其次才是个体或家庭的特征等变量的贡献。[③] 对于城乡差距而言，这是我国多年二元经济体制和户籍制度的产物，也是学界关注的焦点。王洪亮和徐翔基于泰尔指数进行分解，发现城乡间收入不平等大于地区间收入不平等，其与总收入不平等的同步性极强，主导了总收入不平等的变动。[④] 而对于财富分配来说，李实等人发现，1995—2002年财产分布差距扩大的主要原因是城乡差距的急剧拉大，数据显示城乡间的人均财产净值比率从1995年的1.2倍迅速扩大为2002年的3.6倍；相应地，城乡财产差距对全国财产差距的贡献率也由1.1%上升到37%。[⑤]

（二）微观影响因素

宏观影响因素主要用于解释财富差距扩大或缩小的原因，而从微观因素上看，可以更为细致地分为两类：一是财富水平高低或财富积累过程的决定（或影响）因素；二是财富差距或财富不平等的决定因素。但二者关系紧密，可以将财富的积累理解为一个动态的过程，而财富不平等则是财富积累这一长期动态过程的结果。因而，财富水平的影响因素往往也是财富差距的影响因素。从微观角度看，二者存在极大的共通性。因而很多研究者对之也没有进行明确的划分，基于此，下文也并不将二者完全分开进行介绍。结合本书的研究主旨，这类研究可以细分为如下三类：一是个体或家庭特征及其要素

① 陈彦斌：《中国城乡财富分布的比较分析》，《金融研究》2008年第12期。

② 王小鲁、樊纲：《中国地区差距的变动趋势和影响因素》，《经济研究》2004年第1期；许召元、李善同：《近年来中国地区差距的变化趋势》，《经济研究》2006年第7期。

③ 原鹏飞、王磊：《我国城镇居民住房财富分配不平等及贡献率分解研究》，《统计研究》2013年第12期。

④ 王洪亮、徐翔：《收入不平等孰甚：地区间抑或城乡间》，《管理世界》2006年第11期。

⑤ 李实、魏众、丁赛：《中国居民财产分布不均等及其原因的经验分析》，《经济研究》2005年第6期。

回报变化对财富分配的影响；二是遗产继承、代际转移对财富分配的影响；三是其他微观因素，比如社会关系、主观行为特征等。

1. 个体或家庭特征及其要素回报变化对财富分配的影响研究

这类研究中涉及的个体或家庭特征主要包括年龄、教育、收入、职业、婚姻状况、健康状况、家庭规模和抚养系数等。

首先，就年龄而言，其与生命周期理论息息相关。依据生命周期理论，年龄与家庭财富水平呈“倒U形”关系，即随着年龄的增长，家庭财富会呈现先增长后下降的趋势，但拐点在何处存在一定的争议。依据相关理论，拐点应在退休时分，退休前为了保证退休后有足够的金钱进行消费则需要不断地积累财富，而退休后收入来源减少，财富则不断减少。[①] 但经验数据发现拐点存在差异，既有退休前的证据，也有退休后的证据。[②] 在实际的实证检验中，为了刻画年龄与财富水平间的这种“倒U形”关系，一般采用在自变量中同时加入年龄和年龄平方两项。[③] 在中国，年龄与财富分配的关系是怎样的呢？李实等人利用CHIP 1995数据发现中国城镇居民的财产积累出现了两个峰值，与生命周期理论不符；[④] 但后续的研究大都证实了年龄与财富积累间的“倒U形”关系，只是由于所用数据和变量选取的差异，拐点年龄存在差异。[⑤] 靳永爱和谢宇虽然也从经验数据中检验出了这一“倒U形”关系，但他们认为这一结论的得出要特别谨慎，因为没有个体的追踪调查数据，因而从截面数据得出的这一结论很可能只是揭示了不同年龄队

① Modigliani F. and Brumberg R. E.，“Utility Analysis and the Consumption Function：An Interpretation of Cross-Section Data”，in Kurihara，ed.，*Post-Keynesian Economics*，New Brunswick：Rutgers University Press，1954.

② Shorrocks A. F.，“The Age-Wealth Relationship：A Cross-Section and Cohort Analysis”，*Review of Economics & Statistics*，Vol. 57，No. 2，1975，pp. 155 - 163；David M. H. and Menchik P. L.，“Changes in Cohort Wealth over a Generation”，*Demography*，Vol. 25，No. 3，1988，pp. 317 - 335；Hurd，M. D.，“The Economics of Individual Aging”，in Rosenzweig M. R.，eds.，*Handbook of Population and Family Economics*，Amsterdam：North-Holland Elsevier，1997，pp. 891 - 966.

③ Matteo L. D.，“The Determinants of Wealth and Asset Holding in Nineteenth-Century Canada：Evidence from Microdata”，*The Journal of Economic History*，Vol. 57，No. 4，1997，pp. 907 - 934.

④ 李实、魏众、[德] 古斯塔夫森：《中国城镇居民的财产分配》，《经济研究》2000年第3期。

⑤ Meng X.，“Wealth Accumulation and Distribution in Urban China”，*Economic Development and Cultural Change*，Vol. 55，No. 4，2007，pp. 761 - 791；梁运文、霍震、刘凯：《中国城乡居民财产分布的实证研究》，《经济研究》2010年第10期；宁光杰：《居民财产性收入差距：能力差异还是制度阻碍？——来自中国家庭金融调查的证据》，《经济研究》2014年第S1期。

列人群的财富差异。[①] 依据他们的分析，将当下中国人口分为三个组别：青年组、中年组和老年组。青年组刚踏入社会并未积累多少财富，中年组获取改革开放的红利积累大量的财富，而老年组由于年龄太大，并没有在最佳的年龄段从市场改革中分享到足够的利益，因而研究结果很易将这一年龄队列效应与个体或家庭的生命周期效应混淆。[②]

其次，对于教育而言，一般认为其显著正向影响财富的积累，但会扩大财富差距。前者的机制在于受教育程度更高的人拥有更高的财富创造能力，比如他们有更强的财政决策能力[③]、储蓄率更高[④]、会推迟消费等。而对教育可能会扩大财富差距的解释机制主要在于技能偏向型技术进步扩大了不同教育水平人的劳动收入，从而扩大了不同教育水平人群间的财富差距。在中国，改革开放前的教育回报率一直较低，而在改革开放后则在不断提升。[⑤] 较早期的一项研究发现，1995 年时中国城镇居民家庭户主的受教育程度居然与财产水平呈负相关；[⑥] 而梁运文等运用 2007 年的数据，发现城镇家庭的教育水平已经与财产水平呈正向关系，但在农村这一关系仍然不显著。[⑦] 大多数检验教育与财富积累的研究基本发现了二者间的正向关系，而且透过这些截面数据的结果确实也发现了随着市场改革的加深，教育在财富方面的回报率同收入一样也在逐步上升。[⑧]

---

① 靳永爱、谢宇：《中国城市家庭财富水平的影响因素研究》，《劳动经济研究》2015 年第 5 期。

② 同上。

③ Keister L. A.，"Religion and Wealth：The Role of Religious Affiliation and Participation in Early Adult Asset Accumulation"，*Social Forces*，Vol. 82，No. 82，2003，pp. 175 - 207；Bernheim B. D. and Garrett D. M.，"The Effects of Financial Education on the Workplace：Evidence from a Survey of Households"，*Journal of Public Economics*，No. 87，2003，pp. 1487 - 1519.

④ Oliver M. L. and Shapiro T. M.，"Wealth of a Nation：A Reassessment of Asset Inequality in America Shows at Least One Third of Households are Asset-poor"，*American Journal of Economics & Sociology*，Vol. 49，No. 2，1990，pp. 129 - 151.

⑤ Whyte，King M. and William L. P.，*Urban Life in Contemporary China*，Chicago：University of Chicago Press，1984；齐良书：《国有部门劳动工资制度改革对教育收益率的影响——对 1988—1999 年中国城市教育收益率的实证研究》，《教育与经济》2005 年第 4 期；程名望等：《农户收入差距及其根源：模型与实证》，《管理世界》2015 年第 7 期。

⑥ 李实、魏众、［德］古斯塔夫森：《中国城镇居民的财产分配》，《经济研究》2000 年第 3 期。

⑦ 梁运文、霍震、刘凯：《中国城乡居民财产分布的实证研究》，《经济研究》2010 年第 10 期。

⑧ Meng X.，"Wealth Accumulation and Distribution in Urban China"，*Economic Development and Cultural Change*，Vol. 55，No. 4，2007，pp. 761 - 791；靳永爱、谢宇：《中国城市家庭财富水平的影响因素研究》，《劳动经济研究》2015 年第 5 期；韦宏耀、钟涨宝：《中国家庭非金融财产差距研究（1989—2011 年）——基于微观数据的回归分解》，《经济评论》2017 年第 1 期。

再次，关于收入，收入与财富密切相关，收入是流量，财富是存量，收入的不断积累可以转化为财富，而对财富进行投资则可以产生财产性收入。因为二者紧密的联系，这两个概念经常被混淆，甚至有研究直接用收入作为财富的替代。[①] 多数研究发现收入水平与财富水平间存在正相关关系，收入的提高有助于增进财产的正向流动。[②] 但二者的相关度相对有限，例如美国20世纪80年代的数据表明收入和财富间的相关系数为0.5，[③] CHIP1988和CHIP1995的数据显示二者的相关系数分别为0.61和0.51，[④] 而到了2010年，CFPS数据表明二者的相关系数仅为0.35。[⑤] 另外，不平等领域的一项基本事实为财富分配的不平等程度要远远高于收入分配的不平等程度，在发达国家中，前者的基尼系数在0.5—0.9，而后者多在0.3—0.4。[⑥] 在中国，CHIP数据表明在改革开放不久后的80年代和90年代初，财产的基尼系数一度小于收入的基尼系数，但进入21世纪后，中国居民的财富差距迅速扩大，基尼系数已在0.7以上，[⑦] 已经进入财富不平等程度相当高的国家行列。另外，罗楚亮[⑧]研究发现，收入增长和劳动力外出对农村居民的财产分布有重要影响；而收入增长和收入波动

---

① Keister, L. A., *Wealth in America: Trends in Wealth Inequality*, New York: Cambridge University Press, 2000.

② Keister L. A., "Getting Rich: America's New Rich and How They Got That Way", *Sports Illustrated*, No. 2, 2005, pp. 314 - 316；陈斌开、李涛：《中国城镇居民家庭资产：负债现状与成因研究》，《经济研究》2011年第S1期。

③ Keister L. A. and Moller S., "Wealth Inequality in the United States", *Annual Review of Sociology*, Vol. 26, No. 26, 2000, pp. 63 - 81.

④ Brenner M., "Re-examining the Distribution of Wealth in Rural China", in Riskin C., Zhao R. W. and Li S., eds., *China's Retreat from Equality: Income Distribution and Economic Transformation*, New York: M. E. Shape, 2001, pp. 245 - 275.

⑤ Xie Y. and Jin Y., "Household Wealth in China", *Chinese Sociological Review*, Vol. 47, No. 3, 2015, pp. 203 - 229.

⑥ Davies J. B. and Shorrocks A. F., "The Distribution of Wealth", in Anthony Atkinson and Francois Bourguignon, eds., *Handbook of Income Distribution*, Vol. 1, Amsterdam: North Holland ELSEVIER, 2000, pp. 605 - 675.

⑦ 李实、魏众、丁赛：《中国居民财产分布不均等及其原因的经验分析》，《经济研究》2005年第6期；李实、万海远、谢宇：《中国居民财产差距的扩大趋势》，北京师范大学中国收入分配研究院工作论文，北京，2014年；谢宇、靳永爱：《家庭财富》，载谢宇等《中国民生发展报告2014》，北京大学出版社2014年版。

⑧ 罗楚亮：《收入增长、劳动力外出与农村居民财产分布——基于四省农村的住户调查分析》，《财经科学》2011年第10期；罗楚亮：《收入增长、收入波动与城镇居民财产积累》，《统计研究》2012年第2期。

则对城镇居民的财产积累具有重要作用。

最后，其他被研究者发现影响家庭分配的个体或家庭特征还包括职业、婚姻状况、健康状况、家庭规模、抚养系数等,[①] 这些变量往往在研究中被作为控制变量，因而并没有研究者对其机制进行深入探讨。

2. 遗产继承、代际转移对财富分配影响的研究

关于遗产继承与财富差距间关系的研究已积累相当丰富的文献。研究者发现单纯地通过生命周期积累理论难以解释实证数据所呈现的财富差距，而在引入遗产机制后，这一理论可以更好地模拟现实数据,[②] 这奠定了遗产继承和财富分布间的密切关系。较早期的文献试图通过实证数据估计出继承的财富与生命周期积累的财富在总体财富中的相对重要性，这一争论主要始于 Kotlikoff 和 Summers 得出美国当时财富 19% 来自生命周期储蓄，而其余的 81% 来自遗产的结论。[③] Davies 和 Shorrocks 对相关争论做了精彩的文献综述，并给出了大致合理的估计值，即遗产因素占总财富的比例在 35%—45% 之间，这进一步支持了遗产继承过程对财富分配的重要作用。[④]

在确定了遗产继承在财富分配中的重要作用后，近些年学者则开始试图考察遗产继承对财富不平等（差距）的影响，即遗产继承到底是扩大了财富差距，还是缩小了财富差距。从理论模型来看，Stiglitz 指出，遗产的凹性和劳动收入的平等化将会使得财富差距随时间而逐渐缩小。[⑤] Bourguignon 扩展了 Stiglitz 的模型，指出在储蓄函数是凸函数的情况下，财富

① 李实、魏众、［德］古斯塔夫森：《中国城镇居民的财产分配》，《经济研究》2000 年第 3 期；梁运文、霍震、刘凯：《中国城乡居民财产分布的实证研究》，《经济研究》2010 年第 10 期；肖争艳、刘凯：《中国城镇家庭财产水平研究：基于行为的视角》，《经济研究》2012 年第 4 期；罗楚亮：《收入增长、收入波动与城镇居民财产积累》，《统计研究》2012 年第 2 期；靳永爱、谢宇：《中国城市家庭财富水平的影响因素研究》，《劳动经济研究》2015 年第 5 期。

② Nardi M. D. , "Wealth Inequality and Intergenerational Links", *Review of Economic Studies*, Vol. 71, No. 3, 2004, pp. 743 - 768.

③ Kotlikoff L. J. and Summers L. H. , "The Role of Intergenerational Transfer in Aggregate Capital Accumulation", *Journal of Political Economy*, Vol. 89, No. 4, 1981, pp. 706 - 732.

④ Davies J. B. and Shorrocks A. F. , "The Distribution of Wealth", in Anthony Atkinson and Francois Bourguignon, eds. , *Handbook of Income Distribution*, Vol. 1, Amsterdam: North Holland ELSEVIER, 2000, pp. 605 - 675.

⑤ Stiglitz J. E. , "Distribution of Income and Wealth Among Individuals", *Econometrica*, Vol. 37, No. 3, 1969, pp. 382 - 397.

不平等将是一种长期状态。[①] 有研究发现，利他主义动机将使财富不平等状况在财富转移行为中呈现均等化倾向，而交换动机或策略动机则会产生相反影响。[②] 这些模型预测的不同结论在不同的实证研究中都不同程度地得到了验证，即遗产继承在现实中既可能缩小财富差距，也可能扩大财富差距，甚至没有影响。

Wolff 及其合作者利用消费者融资调查（SCF）数据发现，在美国，贫穷家庭获得的遗产占家庭财富的比例高于富裕家庭，这使得遗产具有缩小财富差距的作用。他们采用遗产的不同资本回报率和不同的遗产储蓄率验证了这一结论的稳健性。[③] Karagiannaki 则利用英国的微观数据发现，近 30 年英国人获得的遗产规模在扩大，获得遗产的家庭间的财富差距在扩大，但对所有家庭而言，财富差距在缩小；而且遗产分配差距虽然非常大，但对财富差距的影响较小。[④] Elinder 等人利用瑞典人口登记数据发现，遗产有助于缩小财富差距和促进代际流动。[⑤] 虽然富裕的继承者获得了更多的遗产，但贫穷的继承者获得的遗产占初始财富的比例更高。但 Crawford 和 Hood 将个人养老金作为家庭财富的一部分进行计算后发现，遗产和赠予不再具有缩小财富差距的作用。[⑥] 他们发现养老金在英国底层民众的家庭财富中占有较高份额，从而降低了遗产在底层家庭财富中的比重。Piketty 发现法国 1820—2010 年

① Bourguignon F.，"Pareto Superiority of Unegalitarian Equilibria in Stigliz' Model of Wealth Distribution with Convex Saving Function"，*Econometrica*，Vol. 49，No. 6，1981，pp. 1469 – 1475.

② Tomes N.，"The Family，Inheritance，and the Intergenerational Transmission of Inequality"，*Journal of Political Economy*，Vol. 89，No. 5，1981，pp. 928 – 58；Cox D.，"Motives for Private Income Transfers"，*Journal of Political Economy*，Vol. 95，No. 3，1987，pp. 508 – 546；Cox D.，"Intergenerational Transfers and Liquidity Constraints"，*Quarterly Journal of Economics*，Vol. 105，No. 1，1990，pp. 187 – 217.

③ Wolff E. N.，"Inheritances and Wealth Inequality，1989 – 1998"，*American Economic Review Papers and Proceedings*，Vol. 92，No. 2，2002，pp. 260 – 264；Wolff E. N. and Gittleman M.，"Inheritances and the Distribution of Wealth or Whatever Happened to the Great Inheritance Boom?"，*Journal of Economic Inequality*，Vol. 12，No. 4，2014，pp. 439 – 468.

④ Karagiannaki E.，"Recent Trends in the Size and the Distribution of Inherited Wealth in the UK"，*Fiscal Studies*，Vol. 36，No. 2，2015，pp. 181 – 213；Karagiannaki E.，"The Impact of Inheritance on the Distribution of Wealth：Evidence from Great Britain"，*Review of Income and Wealth*，2015，pp. 1 – 15.

⑤ Elinder M.，Oscar E. and Daniel W.，"Inheritance and Wealth Inequality：Evidence from Population Registers"，*IZA Discussion Paper*，No. 9839，2016.

⑥ Crawford R. and Hood A.，"Lifetime Receipt of Inheritances and the Distribution of Wealth in England"，*Fiscal Studies*，Vol. 37，No. 1，2016，pp. 55 – 75.

的年度继承额占国民收入比例呈现“U形”变化，并预测2050年会进一步上升到1820—1910年的水平，遗产继承对财富差距的贡献在逐渐增加。[①] 而O'Dwyer利用澳大利亚数据分析发现，遗产对某些个人的生命过程可能产生重要影响，但对整个社会的财产分布没有显著性影响。[②]

在中国，由于数据缺乏等原因，目前很少有遗产继承与财富差距关系的量化分析文献，仅见詹鹏和吴珊珊利用2010年中国家庭追踪调查（CFPS）数据，使用蒙特卡洛模拟推算了一般性的遗产继承现象。[③] 研究发现，虽然子女继承人获得的遗产占其初始财富的22%，但总遗产只占全社会总财富的0.43%，远远低于欧美国家。另外，遗产继承不一定能够引起财产不平等的上升，具体影响效果与穷人和富人的死亡率分布、家庭特征、家庭内财产分布等因素有关。虽然国内关于遗产继承的直接量化研究较少，但是从近年来流行的“富二代”“啃老族”等名词的兴起也可以看出，即使遗产继承问题不是当下的严重问题，也将很快成为中国的重要社会问题。

3. 其他微观因素

除了上述影响家庭财富分配的微观影响因素之外，还有如社会关系、户主的主观行为特征等。就社会关系而言，何金财和王文春研究发现，关系可以提高家庭财产持有量，但也会扩大家庭财产差距；且关系对财产差距的贡献度在东部地区大于中西部地区。[④] 孙圣民和常延龙则发现政府网络、市场网络和宴请网络皆对农村家庭财富的积累具有正向影响。[⑤] 另有研究将户主的政治面貌作为社会资本的代理变量，从而发现党员身份在财富积累中拥有一定优势。[⑥] 另有研究发现家庭财产水平的影响因素还包括

---

① Piketty T.，“On the Long Run Evolution of Inheritance：France 1820 - 2050”，*The Quarterly Journal of Economics*，Vol. 126，No. 3，2011，pp. 1071 - 1131.

② O'Dwyer L. A.，“The Impact of Housing Inheritance on the Distribution of Wealth in Australia”，*Australian Journal of Political Science*，Vol. 36，No. 1，2001，pp. 83 - 100.

③ 詹鹏、吴珊珊：《我国遗产继承与财产不平等分析》，《经济评论》2015年第4期。

④ 何金财、王文春：《关系与中国家庭财产差距——基于回归的夏普里值分解分析》，《中国农村经济》2016年第5期。

⑤ 孙圣民、常延龙：《政府网络、市场网络、宴请网络对农村家庭财富的影响——基于中国农村家庭调查数据的经验研究》，《中南财经政法大学学报》2013年第5期。

⑥ Meng X.，“Wealth Accumulation and Distribution in Urban China”，*Economic Development and Cultural Change*，Vol. 55，No. 4，2007，pp. 761 - 791；严琼芳、吴猛猛、张珂珂：《我国农村居民家庭财产现状与结构分析》，《中南民族大学学报》（自然科学版）2013年第1期。

户主的投资参与度、风险偏好度等主观行为特征。①

四　文献总结和述评

通过上述文献回顾可以看出，目前学者对我国财富分配问题已积累一定的研究成果，并且也有基于我国特定国情和成熟经济学理论模型对财富不平等问题的深入探讨。但是，现有文献仍然存在如下几个方面的不足：

第一，由于微观调查数据的缺乏，相比于成熟的收入不平等研究，有关我国居民尤其是农村居民的财富水平、财富分布与变动趋势、财富不平等的发生过程、原因以及后果等方面的研究都还非常有限。同时，相比于城市，研究者对中国农村财富分配的关注要明显少得多。就数据来源看，当下财富研究的实证数据主要包括中国居民收入调查数据（CHIP）和奥尔多（Ordo）中心"投资者行为调查"数据，以及近几年的中国家庭金融调查（CHFS）和中国家庭追踪调查（CFPS），但这些数据都还有待进一步深挖。

第二，既有研究对固定时间点上的横向不平等关注较多，而对财富不平等在时间维度上的纵向变化关注相对较少。这里的横向不平等研究主要来源于利用截面数据考察某一固定年份中的家庭财富分配情况及其决定因素。既有研究涵盖了家庭财富的结构差异、城乡差异、区域差异，以及不同收入、教育、职业阶层等群体的财富差异等。相比而言，关于财富差距纵向演化上的实证研究相对有限。当然，这同样与微观数据的可得性有很大关系。

第三，从微观角度来看，目前国内探讨个体或家庭特征等因素对财富分配影响的实证研究较多，但对遗产在财富分配中作用的研究十分少见。而从宏观视角来看，国内虽有研究开始探讨人口结构、市场波动等宏观因素对财富分配的影响，但从制度变迁的视角考察财富分配的研究仍存在不足。更为稀缺的是将宏微观视角结合起来进行的研究。正如李实等人指出，我国当下财富分配是计划经济的遗留和新兴市场经济二者共同作用的后果。② 因此，研究中国财富分配问题，既要参考西方国家传统的财富分

① 肖争艳、刘凯：《中国城镇家庭财产水平研究：基于行为的视角》，《经济研究》2012年第4期。

② 李实、魏众、［德］古斯塔夫森：《中国城镇居民的财产分配》，《经济研究》2000年第3期。

配分析框架，从个体或家庭的财富积累动机和行为中去找寻不平等的微观基础；也要从体制变迁、经济制度变革中去挖掘制度因素在财富不平等形成过程中的作用。

第四，从实证方法看，不平等研究领域内的前沿方法并未应用到财富研究领域。现有国内的定量分析仍然以传统的分解方法为主，基于回归的不均等分解研究较少，尤其是一些不平等研究领域的前沿方法，如本书中使用的分位数回归、基于回归的夏普里值分解等方法。

基于上述不足，本书主要利用 CHIP 1988、CHIP 1995 和 CHIP 2002 年数据，CFPS 2010、CFPS 2012 和 CFPS 2014 的数据以及部分相应年份的宏观统计数据，较为完整地呈现了 1988—2014 年中国农村家庭财富水平、财富分布与变动趋势。并从微观的家庭异质性和遗产机制角度以及宏观的制度变迁和经济增长角度详细分析了这些因素对中国农村家庭财富分配的影响。其中，前者接近于西方传统财富分配的分析框架，后者则结合了中国社会转型的特殊背景，以求更为全面地分析中国农村家庭财富分配的形成机制，为制定更为有效的缩小家庭财富差距的政策提供一定的借鉴。

第三章

中国农村家庭财富分配的水平、分布与变化趋势

财富分配研究始于对既有特征化事实的刻画。只有对我国农村家庭财富分配的特征及其变化趋势进行直观认识之后，才可能从中发现规律，进而解释现象背后的经济作用机制。因此，本章基于微观数据对1988—2014年中国农村家庭财富的水平、分布、地区差异及其变化趋势进行细致描述，并概括其典型特征。

一 数据

本章所使用数据主要来源于中国居民收入调查（China Household Income Projects，简称CHIP）和中国家庭追踪调查（China Family Panel Studies，简称CFPS）数据。二者皆是全国性调查数据，采用科学抽样方法，因此对全国情况具有较好代表性。其中，CHIP数据目前已经收集了1988年、1995年、2002年、2007年和2013年五期调查信息；而CFPS数据则收集了调查样本2010年、2012年和2014年三期信息。由于CHIP 2007和CHIP 2013两期数据覆盖的省份相比于前三期覆盖的省份大为减少，且CHIP 2013的家庭财产信息不完全等原因，我们从CHIP数据中只选择了1988年、1995年和2002年三期数据，再加上CFPS的三期数据，构成了本章所用1988—2014年的六期数据。由于笔者的研究对象为农村家庭财富问题，故只选取了调查样本中的农村样本。城乡样本的划分标准来源于国家统计局所制定的关于城乡地区划分的统计分类标准。

在对数据的缺失值和异常值进行处理后，共包含41508户家庭的相关财富信息。其中，CHIP 1988、CHIP 1995、CHIP 2002和CFPS 2010、

CFPS 2012、CFPS 2014 分别包含样本 10258 户、7998 户、9200 户、4950 户、4498 户和 4604 户，具体的调查省（自治区、直辖市）分布如表 3－1 所示。从表 3－1 中可以发现，虽然不能每年对全国所有省份进行抽样调查，但包含了全国绝大多数省（自治区、直辖市）。从常见的四大区域划分来看，东部、东北、中部和西部每一地区都包含了足够的省份，从而保证了省份抽样的代表性。从各省抽样的样本数来看，无论是单一省份的样本量还是样本在各省份的分布，都保证了样本的代表性。

表 3－1　**样本数及分布**　（单位：户）

省（自治区、直辖市）	CHIP 1988	CHIP 1995	CHIP 2002	CFPS 2010	CFPS 2012	CFPS 2014
总样本	10258	7998	9200	4950	4498	4604
北京	101	100	160	—	—	—
天津	102	—	—	29	28	30
河北	653	498	370	464	476	463
山西	361	300	400	416	373	412
内蒙古	300	—	—	—	—	—
辽宁	301	300	450	26	24	27
吉林	252	300	480	130	108	116
黑龙江	352	—	—	127	116	124
上海	102	—	—	33	19	10
江苏	504	500	440	80	82	81
浙江	451	400	520	120	110	120
安徽	503	450	440	136	125	133
福建	305	—	—	84	99	109
江西	354	350	430	203	205	183
山东	656	700	630	418	418	411
河南	653	700	530	894	392	407
湖北	501	402	520	79	78	77
湖南	550	500	450	218	214	218
广东	398	500	530	268	218	230

续表

省（自治区、直辖市）	CHIP 1988	CHIP 1995	CHIP 2002	CFPS 2010	CFPS 2012	CFPS 2014
广西	350	—	400	237	190	201
海南	132	—	—	—	—	—
重庆	—	—	200	75	71	65
四川	813	798	500	451	311	362
贵州	313	300	400	341	298	265
云南	352	300	260	324	279	293
西藏	39	—	—	—	—	—
陕西	350	300	370	157	148	162
甘肃	300	300	320	127	116	105
青海	107	—	—	—	—	—
宁夏	103	—	—	—	—	—
新疆	—	—	400	—	—	—

就本章所关注的家庭财富信息而言，结合家庭财富的概念以及 CHIP 和 CFPS 数据所能提供的信息，对农村家庭财富净值进行操作化。其具体主要包括了房产净值、土地价值、耐用消费品、生产性固定资产、金融资产和非住房负债六个部分。但存在一个基本事实，即每一期数据的统计口径并不完全一致，这既是现实统计的不足之处，同时也反映了财富内容随时间推移而发生从无到有，从单一到多元的变化过程。因而，整体来看，笔者所估计的不同时期的家庭财富净值是具有可比性的。从数据来源看，各项财富价值来源于受访者对其市场价值的自我估计，部分缺失值是以中位数替代的方式进行处理。其中，土地价值的处理方法借鉴 Mckinley 的测算方式，即土地的还原率为 8%，同时提供了家庭农业经营毛收入的 25%，以此估算出土地价值。[①] 同时，鉴于样本时间跨度较长，本书以 2014 年价格为基期，使用各省历年消费者价格指数（CPI）对所有家庭财富和收入进行了价格调整。更为细致的样本、变量的技术处理细节如本书附录一所示。

① Mckinley T.，“The Distribution of Wealth in Rural China”，in Griffin，K. and Zhao R.，eds.，*The Distribution of Income in China*，London：Macmillan Press，1993，pp. 116 – 134.

二　农村家庭财富水平、结构及增长

（一）农村家庭财富水平及变化

表3-2给出了1988—2014年中国农村家庭人均财富净值情况。以2014年为例，这一年中国农村家庭净财富存量均值为27.56万元。依据家庭规模为3.91人计算，2014年中国农村家庭人均净财富均值为7.05万元，中位值为3.85万元。中位值约只有均值的一半，这符合财富分布的厚尾分布特性，即财富水平向富人倾斜。目前有其他一些研究对中国农村家庭财富水平进行了估计，例如由西南财经大学组织开展的中国家庭金融调查（China Household Finance Survey，CHFS）数据显示，2013年中国农村家庭净资产存量平均为28.5万元，2015年下降为26.5万元，[①] 这与我们的估计结果相接近。

从财富增速来看，农村家庭人均财富净值由1988年的0.84万元增长到2014年的7.05万元，年均增速高达8.50%，高于同期农村居民实际人均纯收入增速（6.82%），接近同期实际人均国内生产总值增长率（8.58%）。[②] 考虑到农村在国内生产总值中的相对贡献率，可以认为农村家庭人均财富净值的增速非常之快。从不同时期的财富增速来看，除1995—2002年财富增速相对较低，为4.80%外，其他时间段年均财富增长率皆在8%以上。

另外，瑞信研究院（Credit Suisse Research Institute）对中国家庭2000—2014年财富数据的估计可以提供一定借鉴，遗憾的是其并未单独估计农村的财富情况。《2014年瑞信全球财富数据报告》（*Credit Suisse Global Wealth Databook 2014*）显示，2000—2014年中国家庭成年人人均财富净值各年波动较大，年均增长率为10.73%；同时，只有2008年出现了家庭财富缩水情况，[③] 这与2008年世界性的金融危机有

---

① 李凤等：《中国家庭资产状况、变动趋势及其影响因素》，《管理世界》2016年第2期。

② 数据来源于《中国统计年鉴（2015）》（中华人民共和国国家统计局编）。需要说明的是，2013年以后，原有农村居民家庭人均纯收入不再使用，改用农村居民人均可支配收入作为新的统计口径，二者间存在一定差异。但出于比较目的，本书仍然分别使用1988年农村居民家庭人均纯收入和2014年农村居民人均可支配收入进行对比。

③ Shorrocks A. F., Davies J. and Lluberas R., *Credit Suisse Global Wealth Databook 2014*, Credit Suisse Reseach Institute, 2014.

关。而我们发现2002—2010年的增长率也要略低于除1995—2002年外其他期间的年均财富增长率，这之间可能存在一定的关联性。

表3－2 1988—2014年中国农村家庭人均财富水平及变动趋势

年份	家庭人均净财富中位值（元）	家庭人均净财富平均值（元）	年均增长率（%）	家庭规模（人）
1988	6740	8438	—	5.01
1995	13977	17034	10.56	4.34
2002	18440	23653	4.80	4.16
2010	25066	44344	8.17	4.09
2012	30645	55270	11.64	4.03
2014	38479	70470	12.92	3.91

（二）农村家庭财富结构及变化

家庭财富净值是一个极为复杂的概念，包含了多种财产类型，为了更深入了解中国农村家庭财富，还需进一步关注财富的来源与构成。表3－3和图3－1描述了1988—2014年中国农村家庭财富结构情况及变化趋势。

以2014年为例，在我国农村家庭财富的构成中，房产和土地是农村家庭财富的最重要组成部分，分别占家庭人均总财富净值的69.58%和14.90%，合计占比近85%。多数研究发现，我国城市家庭住房资产占总财富比重高于农村家庭。[①] 但即使如此，与其他多数发达国家相比，我国农村家庭住房资产占总财富的比重仍然严重偏高，如美国2013年房产占家庭总财富的比例仅为38.7%，[②] 英国2012年房产等主要净资产（Net property wealth）占家庭总财富的比例为43.13%。[③] 这虽然与我国农村家庭较高的住房拥有率有关，但更主要源于2000年以来房地产价格的迅速上升与房价居高不下的市场环境。

① 李实、魏众、丁赛：《中国居民财产分布不均等及其原因的经验分析》，《经济研究》2005年第6期；Li S. and Wan H. Y.，"Evolution of Wealth Inequality in China"，*China Economic Journal*，Vol. 8，No. 3，2015，pp. 264－287.

② Wolff E. N.，"Household Wealth Trends in the United States，1962－2013：What Happened Over the Great Recession?"，NBER Working Papers，2014.

③ Crawford R.，Innes D. and O'Dea C.，"Household Wealth in Great Britain：Distribution，Composition and Changes 2006－2012"，*Fiscal Studies*，Vol. 37，No. 1，2016，pp. 35－54.

其次是金融资产，占家庭总财富的比例为 9.20%，这与其他发达国家差距较大，很多发达国家居民的金融资产占家庭总财富的比重都接近 1/3。[①] 最后是耐用消费品和生产性固定资产，分别占家庭总财富的 5.61% 和 4.14%。另外，非住房负债占家庭总财富的比重约为 3.44%。

从财富构成的变动趋势来看，房产保持了高速增长，从 1988 年的 0.34 万元快速增长到 2014 年的 4.90 万元，年均增长率为 10.78%，高于家庭人均总财富净值的年均增长率 8.49%。房产占总财富的份额也因此从 1988 年的 40.59% 增加到 2014 年的 69.58%。2002 年之前房产净值增速相对较慢，占总财富的份额也一直在 40% 以下，仅次于土地价值。但 2002 年之后房产净值增速急速增加，如 2002—2010 年房产净值的年均增速高达 15.78%，是总财富增速的近 2 倍，其占总财富的份额也迅速突破了 60%，取代土地成为农村家庭最重要的财富来源与组成。

土地价值的变动趋势与房产净值形成了鲜明对比，从 1988 年的 0.40 万元增长到 2014 年的 1.05 万元，年均增长率约为 3.83%。抛开 1988—1995 年土地价值的高速增长，1995—2014 年土地价值的年均增长率只有约 1.39%，是农村家庭财富构成中增长速度最慢的部分。土地价值占农村家庭总财富的份额也因此从 1995 年最高时的 47.41% 下降到 2014 年的 14.90%。

从金融资产来看，其从 1988 年的 303 元迅速增加到 2014 年的 6483 元，年均增长率高达 12.50%，高于同期房产净值的增长速度。其占家庭总财富的份额也因此从 1988 年的 3.60% 增加到 2014 年的 9.20%，成为家庭财富中仅次于房产和土地的第三大部分。由于一般的家户调查中往往能较为准确地估计非金融资产，如房产等，而对金融资产往往因受访者低报而低估家庭金融资产的存量，[②] 因而实际中农村家庭金融资产在总财富中的比重很可能已经超越土地。

耐用消费品和生产性固定资产占家庭总财富的份额都相对较低，前者由 1995 年的 4.81% 上升到 2014 年的 5.61%，后者则由 1988 年的 9.99% 下降到 2014 年的 4.14%。最后，非住房负债虽然份额最小，但 1988—2014

① Crawford R., Innes D. and O'Dea C., "Household Wealth in Great Britain: Distribution, Composition and Changes 2006 - 2012", *Fiscal Studies*, Vol. 37, No. 1, 2016, pp. 35 - 54.

② Davies J. B., et al., "The Level and Distribution of Global Household Wealth", *The Economic Journal*, No. 551, 2011, pp. 223 - 254.

年其年均增长率却是所有财富构成中增长最快的部分，为 13.48%。其家庭人均非住房负债由 1988 年的 90 元迅速增加到了 2014 年的 2424 元。

表 3-3 1988—2014 年中国农村家庭财富构成及变动趋势 （单位：年）

变量	指标	1988	1995	2002	2010	2012	2014
房产净值	均值（元）	3425	5622	8807	28440	36190	49033
	年均增长率%	(10.78)	7.34	6.62	15.78	12.80	16.40
土地价值	均值（元）	3957	8077	9190	7621	10309	10503
	年均增长率%	(3.83)	10.73	1.86	-2.31	16.31	0.94
耐用消费品	均值（元）	—	819	1724	2313	2723	3954
	年均增长率%	(8.64)	—	11.22	3.74	8.52	20.49
生产性固定资产	均值（元）	844	1004	1786	3406	3835	2921
	年均增长率%	(4.89)	2.51	8.58	8.40	6.12	-12.74
金融资产	均值（元）	303	1634	2415	4153	4999	6483
	年均增长率%	(12.50)	27.18	5.74	7.01	9.72	13.89
非住房负债	均值（元）	-90	-120	-269	-1588	-2787	-2424
	年均增长率%	(13.48)	4.18	12.16	24.84	32.48	-6.74

注：括号内为 1988—2014 年各项财富构成的年均增长率。

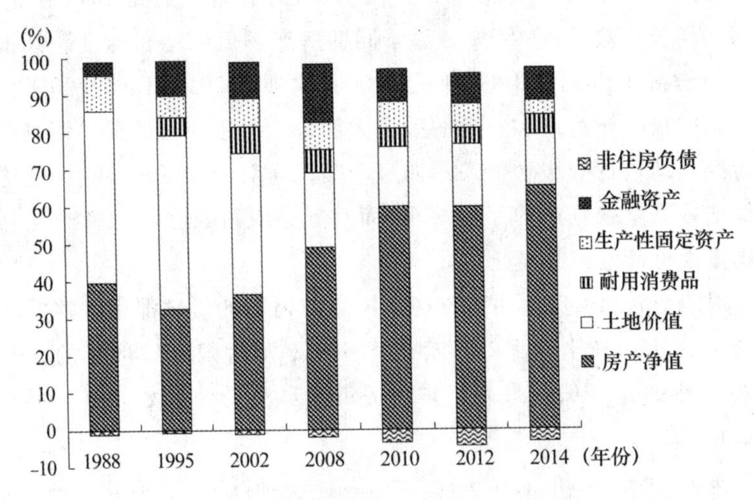

图 3-1 1988—2014 年中国农村家庭各分项财产占总财富净值比重变化趋势

三　农村家庭财富差距及变化特征

对财富差距或不平等的测量方法很多，Cowell 对之已做了精彩的综述工作。[①] 本部分主要采用两种测量方法，一是十等分组法，这一方法的优点在于通过直接表示每一等分组群体所拥有的财产份额，可以非常直观地比较不同组群（富人组和穷人组）的财富差距大小。二是各类不平等指数，主要包括经常使用的基尼系数、泰尔指数、阿特金森（AK）指数和变异系数。

（一）基于十等分组的农村家庭财富差距及变化

表 3－4 给出了用十等分组法表示的 1988—2014 年中国农村家庭财富分布情况，表中数字为相应分组群体所拥有的家庭人均总财富净值的相对份额，这从一个侧面揭示了农村家庭财富的差距及不平等程度。

以 2014 年为例，十等分组最低组的财富份额是负值，为 －0.69%，表明财富底端 10% 家庭拥有的总体财富呈现负债状态。第二组的财富份额占比只有 1.30%，而最高组家庭占有的财富份额高达 47.08%。如果可以用财富净值的多少来划分穷人和富人，则 2014 年最穷的 1/10 家庭没有净财富，只有负债，而最富裕的 1/10 家庭占有的财富份额却接近农村社会财富总额的一半。另外，在财富顶端，财富进一步集聚，顶端 5% 的家庭拥有 35.07% 的财富份额，顶端 1% 的家庭更是拥有 11.92% 的财富份额。

从不同分组群体所占财富份额的变化来看，1988—2014 年中国农村家庭财富差距持续扩大，不平等程度逐步加深。这主要体现在低财富组家庭的财富份额都有不同程度的下降，而高财富组家庭的财富份额都有不同程度的上升。具体来看，1988—1995 年，中国农村家庭财富差距略有缩小，表现在低财富组的第 1—6 组家庭的财富份额皆有不同程度的上升，而高财富组的第 7—10 组家庭的财富份额皆有不同程度的下降，但顶端 1% 家庭的财富份额仍然由 1988 年的 5.56% 上升到 1995 年的 6.13%。

---

① Cowell F. A.，“Measurement of Inequality”，in *Handbook of Income Distribution*，Elsevier B. V.，2000，pp. 87－166.

在暂不考虑2012年数据的情况下，1995—2014年，中国农村家庭财富差距不断扩大，表现在低财富组的第1—8组家庭的财富份额持续不断地下降，而高财富组的第10组家庭的财富份额持续不断地上升，由1995年的26.69%迅速上升到2010年的44.01%，再到2014年的47.08%，增长了0.76倍。顶端1%家庭的财富份额更是从1995年的6.13%上升到2014年的11.92%，增长近1倍。第9组家庭的财富份额在1995—2014年略有波动，但整体来看，第9组家庭的财富份额略有上升。对于2012年而言，其家庭财富差距相比于2010年略有下降，主要表现在最高财富组家庭的财富份额的略有下降，但最低财富组家庭的财富份额也有所下降，其他第2—9组则相比于2010年有所上升。由此可见，我国农村家庭财富分布的不均等程度在1988—2014年快速上升，尤其体现在顶端10%家庭的财富份额的快速增长对财富差距的拉大。

表3-4 1988—2014年中国农村家庭财富分布情况 （单位:%）

年份	十等分组									顶端		
	1	2	3	4	5	6	7	8	9	10%	5%	1%
1988	2.27	3.88	5.02	6.12	7.35	8.70	10.37	12.52	15.91	27.86	17.32	5.56
1995	2.93	4.57	5.71	6.67	7.68	8.78	10.14	11.94	14.89	26.69	17.02	6.13
2002	2.32	3.92	5.08	6.12	7.22	8.42	9.85	11.93	15.22	29.91	19.49	6.97
2010	0.17	1.61	2.68	3.75	5.03	6.52	8.54	11.23	16.46	44.01	31.31	12.76
2012	0.08	1.72	2.72	3.89	5.15	6.74	8.58	11.34	16.95	42.83	28.70	11.10
2014	-0.69	1.30	2.35	3.44	4.76	6.21	8.22	10.98	16.36	47.08	35.07	11.92

（二）基于不平等指数的农村家庭财富差距及变化

为进一步考察我国农村家庭财富差距及不均等程度，我们采用不同的测量方法和指标进行比较。图3-2给出了不同指标测算的农村家庭财富不平等程度及变化情况，其中，左侧坐标标识的是基尼系数、泰尔指数和阿特金森指数（AK指数）的数值，右侧坐标标识的是变异系数数值。

整体来看，基尼系数、阿特金森指数（AK指数）、泰尔指数和变异系数呈现的结果基本一致，1988—2014年中国农村家庭财富差距呈现不断扩大趋势，这与前文十等分组法得出的结果基本一致。以基尼系数为例，1988年我国农村家庭人均财富净值的基尼系数为0.37，高于同期农

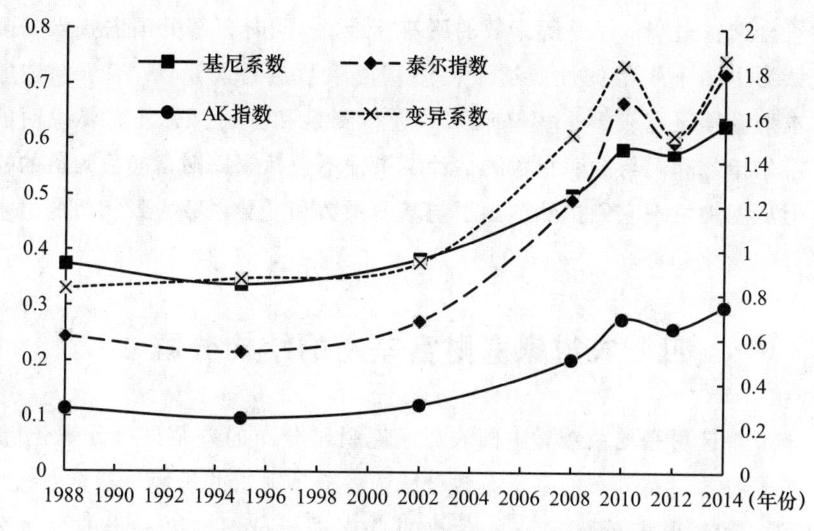

图 3－2　1988—2014 年中国农村家庭财富不平等指数及变化趋势

村收入基尼系数 0.34，但低于全国收入基尼系数 0.38。[①] 1995 年农村家庭财富基尼系数有所下降，为 0.34；之后除 2012 年外，其余年份皆处于持续上升状态。2002 年农村家庭财富基尼系数上升到 0.38；2010 年农村家庭财富基尼系数更是迅速上升到 0.58，远高于同年国家统计局公布的全国收入基尼系数 0.49；2014 年则继续上升到 0.62，而同年国家统计局公布的全国收入基尼系数则有所下降，为 0.47。整体来看，农村家庭财富基尼系数年均增长率高达 2.00%。由此可见，我国农村家庭财富差距起点虽然较低，但扩大速度非常快，且有进一步扩大趋势。

由于各类不平等指标建构理论与方法的不同，其对不平等信息的捕捉各有侧重。例如变异系数对两端的极端值较为敏感，其在 2010—2014 年波动剧烈，由 2010 年的 1.83 下降到 2012 年的 1.52，下降了 0.20 倍之多，之后又迅速上升到 2014 年的 1.86。而同时期的基尼系数波动相对平稳，2012 年相比于 2010 年只下降了 0.01 倍，这与基尼系数的特性有关。一般来说，基尼系数对分布中间位置的数值变化更为敏感，其在反映系列由于非极端财富引起的不平等情况方面优于其他多数指数。Champernowne 曾经对六组不平等指数进行比较分析后认为没有单一的最好标准，但基尼

① ［美］阿齐兹·拉曼·卡恩等：《中国居民户的收入及其分配》，载赵人伟、［美］基斯·格里芬主编《中国居民收入分配研究》，北京师范大学出版社 1994 年版。

系数符合选择适当的不平等指数的所有标准。[①] 同时，部分国内收入分配研究认为中国不平等的性质适于使用基尼系数进行测量。[②] 基于上述原因，本书后续研究较多采用基尼系数进行测量和分析。另外需要说明的是，泰尔指数和阿特金森指数的估计结果并不包括家庭财富净值为负的样本，但从图中发现它们仍然刻画了与基尼系数和变异系数大致相似的财富不平等的变化趋势。

四 农村家庭财富差距的结构分解

本节将选用基尼系数对中国农村家庭财富分布的差距进行分解分析：第一步先将总财富分布的基尼系数分解为各分项财富的份额与其集中率乘积之和；第二步将总财富基尼系数的变化进行分解。第一步的分解公式为：

$$G = \sum_{k} \frac{\mu_k}{\mu} C_k \qquad (3-1)$$

其中，G 是总财富的基尼系数，μ_k 和 μ 分别是第 k 分项财富和总财富的均值，二者的比例表示该分项财富占总财富的份额，C_k 是第 k 分项财富的集中率（Concentration Ration），具体的分解原理详见 Pyatt 等人的介绍。[③] 集中率 C_k 的计算与基尼系数类似，只不过在计算集中率时是将样本按照家庭人均拥有的总财富净值高低进行排序，[④] 而计算各分项财富的基尼系数 G_k 时是将样本按照各分项财富净值高低进行排序。一般来说，如

① 六组不平等指数分别是：（1）收入 X 的变异系数；（2）收入幂（income-power）的标准差；（3）几何平均收入低于算术平均收入的比例；（4）调和平均收入低于算术平均收入的比例；（5）基尼系数；（6）泰尔的熵系数。上述合适的标准包括：（1）个体间的无偏性；（2）获得收入个体在数量上的不变性；（3）收入规模的单调递增或递减的不变性；（4）Pigou-Dalton 效率，即在其他情况相同的条件下，收入从更穷的人向更富的人的任意一次转移，都应当使得不平等测量上升；（5）变动范围在 0—1。参见 Champernowne D. G.，"A Comparison of Measures of Inequality of Income Distribution"，*Economic Journal*，Vol. 84，No. 336，1974，pp. 787 – 816.

② ［美］阿齐兹·拉曼·卡恩等：《中国居民户的收入及其分配》，载赵人伟、［美］基斯·格里芬主编《中国居民收入分配研究》，北京师范大学出版社 1994 年版。

③ Pyatt G.，Chen C. and Fei J.，"The Distribution of Income by Factor Component"，*Quarterly Journal of Economics*，Vol. 95，No. 3，1980，pp. 451 – 473.

④ 因此集中率亦称为"总量排序基尼系数"（Aggregate-ranked Gini Coefficient）或"伪基尼系数"（Pseudo-gini Coefficient）。

果某一分项财富的集中率大于总财富的基尼系数，则可以认为该分项财富的分布对总财富的分布不均等（差距）具有扩大效应，反之亦然。

令 $S_k = \mu_k/\mu$，表示各分项财富占总财富的比重，上述总财富的基尼系数 G 可以表示为：

$$G = \sum_k S_k C_k \tag{3-2}$$

由上式可知，由基尼系数表示的总财富分布的差距，既与分项财富在总财富中的比重有关，也与分项财富集中程度有关。另外，可以用 $S_k C_k / G \times 100\%$ 表示各分项财富对总财富差距的百分比贡献率 e_k。

在现实中，往往不仅需要测量财富差距的大小，更需要考察财富差距的变化情况。万广华较早对基尼系数变化的分解进行过讨论，[1] 他用 t 和 $t+1$ 作为下标表示时间，基尼系数的变化 ΔG 可以表示为 $G_{t+1} - G_t$。依据公式（3-2）有：

$$\Delta G = \sum_k S_{kt+1} C_{kt+1} - \sum_k S_{kt} C_{kt} = \sum_k (S_{kt+1} C_{kt+1} - S_{kt} C_{kt}) \tag{3-3}$$

同 ΔG 的定义，令 $\Delta S_k = S_{kt+1} - S_{kt}$，$\Delta C_k = C_{kt+1} - C_{kt}$。于是，我们可以用 $\Delta S_k + S_{kt}$ 和 $\Delta C_k + C_{kt}$ 分别代替公式（3.3）中的 S_{kt+1} 和 C_{kt+1}，然后稍加整理可以得到下式：

$$\Delta G = \sum_k \Delta S_k C_{kt} + \sum_k \Delta C_k S_{kt} + \sum_k \Delta C_k \Delta S_k \tag{3-4}$$

上式表明，总财富基尼系数的变化可以分解为三大部分：（1）$\sum_k \Delta S_k C_{kt}$ 表示由分项财富份额（比重）变化引起的总财富基尼系数的上升或下降；（2）$\sum_k \Delta C_k S_{kt}$ 表示由分项财富集中率变化引起的总财富基尼系数的上升或下降；（3）$\sum_k \Delta C_k \Delta S_k$ 表示由分项财富比重与集中率变化共同引起的总财富基尼系数的上升或下降。由于分项财富比重的变化与经济结构的调整和转型有密切关系，故可以将 $\Delta S_k C_{kt}$ 称为结构性效应，而将 $\Delta C_k S_{kt}$ 称为财富集中效应。同时，为了在进行数据比较时更为直观，我们可以用 $\Delta S_k C_{kt}/\Delta G \times 100\%$、$\Delta C_k S_{kt}/\Delta G \times 100\%$ 和 $\Delta C_k \Delta S_k/\Delta G \times 100\%$ 分别表示前述三类因素对总财富基尼系数变化的百分比贡献率。

---

[1] 万广华：《中国农村区域间居民收入差异及其变化的实证分析》，《经济研究》1998 年第 5 期。

（一）农村家庭财富分布差距的分解分析

从家庭财富结构来看，总财富由各分项财富构成，将家庭总财富净值分布的基尼系数分解到各分项财富，可以得到各分项财富对总体不平等的贡献，图3－3至图3－5和表3－5给出了相关分解结果。

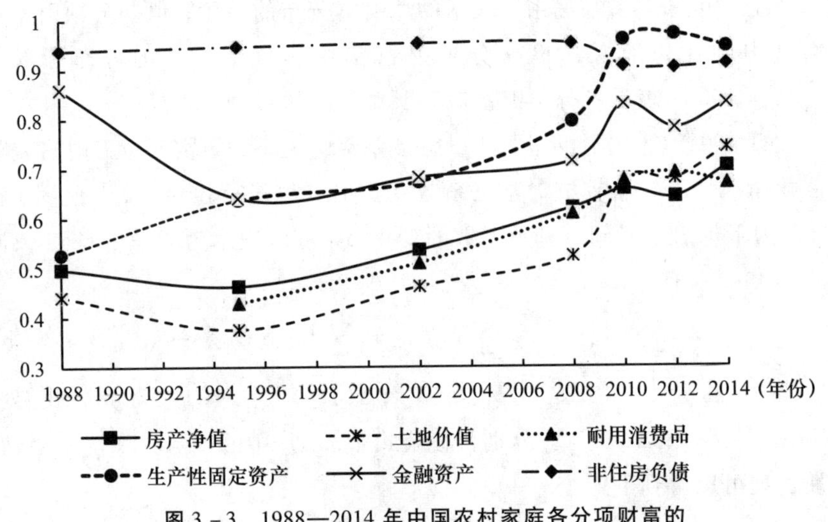

图3－3　1988—2014年中国农村家庭各分项财富的基尼系数及变化趋势

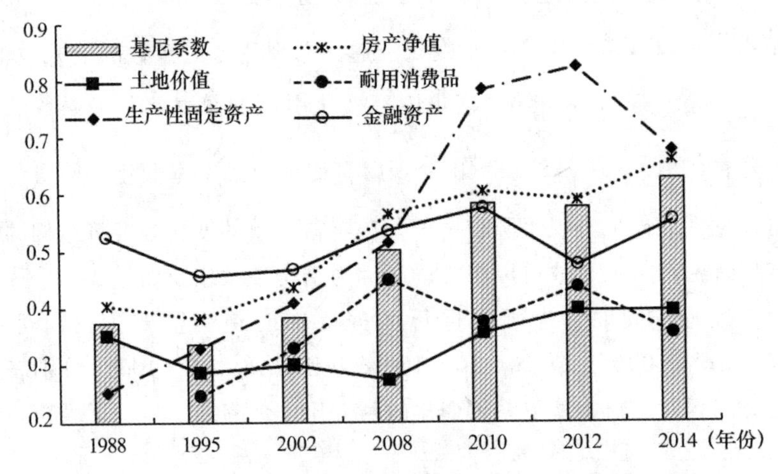

图3－4　1988—2014年中国农村家庭各分项财富的集中率及变化趋势

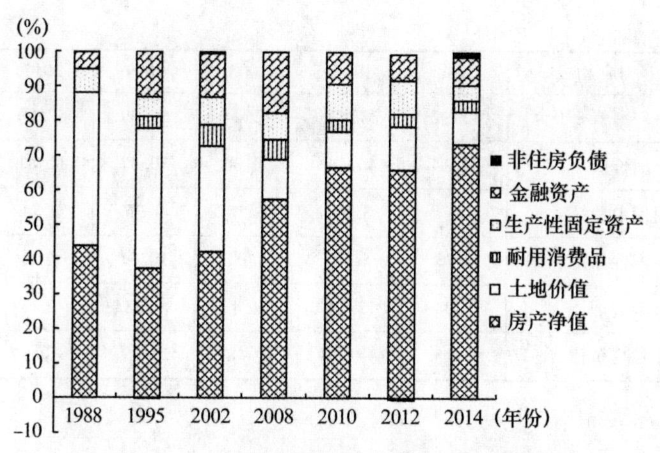

图 3－5　1988—2014 年中国农村家庭各分项财富的贡献率及变化趋势

表 3－5　**农村家庭财富构成、分布差距及其分解结果**

分解项	财富构成	1988	1995	2002	2010	2012	2014
分项财富份额（%）	房产净值	40.59	33.00	37.23	64.14	65.48	69.58
	土地价值	46.89	47.41	38.86	17.17	18.65	14.90
	耐用消费品	—	4.81	7.29	5.22	4.93	5.61
	生产性固定资产	10.00	5.89	7.55	7.68	6.94	4.14
	金融资产	3.60	9.59	10.21	9.36	9.04	9.20
	非住房负债	－1.07	－0.71	－1.14	－3.58	－5.04	－3.44
100×基尼系数	房产净值	49.75	46.28	53.55	65.84	64.26	70.40
	土地价值	44.20	37.58	46.22	67.95	67.95	74.22
	耐用消费品	—	42.89	50.95	67.69	69.16	67.04
	生产性固定资产	52.72	63.74	67.35	96.04	97.11	94.63
	金融资产	86.09	64.11	68.29	82.98	78.22	83.18
	非住房负债	－93.90	－94.76	－95.36	－90.72	－90.39	－91.17
100×集中率	房产净值	40.48	38.21	43.54	60.44	58.91	65.94
	土地价值	35.21	28.74	30.00	35.51	39.55	39.46
	耐用消费品	—	24.60	32.94	37.42	43.68	35.44
	生产性固定资产	25.25	32.90	40.84	78.29	82.28	67.64
	金融资产	52.48	45.70	46.74	57.46	47.44	55.20
	非住房负债	－5.19	6.08	－23.02	－2.38	10.49	－27.05

续表

分解项	财富构成	1988	1995	2002	2010	2012	2014
分项财富对总财富差距的贡献率（%）	房产净值	43.92	37.42	42.24	66.49	67.00	73.33
	土地价值	44.14	40.44	30.36	10.47	12.81	9.40
	耐用消费品	—	3.51	6.25	3.35	3.74	3.18
	生产性固定资产	6.75	5.75	8.03	10.31	9.92	4.48
	金融资产	5.04	13.01	12.43	9.23	7.45	8.12
	非住房负债	0.15	-0.13	0.68	0.15	-0.92	1.49

首先，从家庭财富各组成部分的基尼系数来看，金融资产和生产性固定资产的基尼系数最大；其次是房产净值、耐用消费品和土地价值的基尼系数。可见，土地在农村家庭间的分配较为平等，而金融资产的分配则较为不平等。另外，非住房负债的基尼系数为负值，其绝对值大于其他分项财富，可见，只有少数家庭负债。从变化趋势来看，1988—2014 年，除非住房负债和生产性固定资产外，其余各分项财富基尼系数的变化趋势与总财富基尼系数的变化趋势基本一致，即 1988—1995 年略有下降，之后持续上升，只在 2010—2012 年略有回落。生产性固定资产的基尼系数则处于持续上升状态，只在 2012—2014 年有极微小的下降。非住房负债的基尼系数则一直处于比较稳定的状态。

比较图 3 - 3 和图 3 - 4，可以发现各分项财富的集中率和基尼系数间存在一定的关联，但也并不完全一致。一般来说，如果某一分项财富的集中率大于总财富的基尼系数，则可以认为该分项财富的分布对总财富的分布不均等（差距）具有扩大效应，反之亦然。第一，对于房产净值而言，由于农村家庭的住房拥有率非常高，以及住房的市场化并不显著，因而其基尼系数并不是特别高。但从集中率来看，1988—2014 年，房产净值的集中率始终略高于总财富的基尼系数，这说明房产始终是导致总财富分配不均等、财富差距扩大的因素。第二，土地价值的基尼系数在绝大多数年份是最低的，从集中率来看，它在 1988—2014 年也始终具有缩小总财富差距的作用。另一始终具有缩小总财富差距作用的是耐用消费品。第三，2010 年之前，金融资产具有扩大总财富差距的作用。2010 年后，虽然金融资产的基尼系数在上升，但却开始对总财富差距具有缩小作用。这说明了金融财产和非金融财产的相互替代性，即部分金融资产净值很高的家庭往往并不拥有很高的房产、生产性固定资产等非金融财产净值。这种替代性一定程度上降低了总体财富水平的差距，但就金融财产差距本身，近年来处于持续扩大状态。第四，除 1988—1995 年外，生产性固定资产始终具有扩大总财富差距的作用。第五，非住房负债为负值，其集中率（图 3-4 未给出相关结果）的数值难以直接反映对总财富差距的作用。但由于总财富净值是由财富总值减去非住房债务获得，债务更多地降低了穷人的而不是富人的财富净值，因而从这个意义上看，非住房负债具有扩大总财富差距的作用。

根据分解公式，我们可以计算出各分项财富对总财富差距的贡献率，图 3-5 给出了这一结果。以 2014 年为例，房产净值对总基尼系数的贡献率最大，为 73.33%；其次是土地价值和金融财产，分别为 9.40% 和 8.12%；生产性固定资产、耐用消费品和非住房负债对总基尼系数的贡献率相对较小，分别为 4.48%、3.18% 和 11.49%。第一，从变化趋势来看，房产净值的贡献率一直在增加，由 1988 年的 43.92% 迅速增加到 2014 年的 73.33%。具体来看，在 1988—2002 年，房产净值对总财富基尼系数的贡献率基本维持在 40% 左右；2002 年之后迅速上升，2010 年时房产净值对总财富基尼系数的贡献率已经达到 60% 以上。与之形成鲜明对比的是土地价值对总财富基尼系数贡献率的下降。1988 年和 1995 年时，土地价值对总财富基尼系数的贡献率最大，分别为 44.14% 和 40.44%；2002 年贡献率下降到第二位，为 30.36%；2010 年之后土地价值的贡献率则急剧下降到 10% 左右。第二，整体上金融资产对总基尼系数的贡献率有增加趋势，1988 年时的贡献率为 5.04%，然后迅速上升到 1995 年的 13.01%，之后有所波动，但持续高于 1988 年的贡献率，如 2014 年为 8.12%。生产性固定资产对总基尼系数的贡献率存在波动，但基本维持在 5%—10%。1988 年的贡献率为 6.75%，之后上升到 2010 年的 10.31%，但 2014 年下降到了 4.48%。第三，耐用消费品和非住房负债对总基尼系数的贡献率在 1988—2014 年都较小，且波动不大。

因此，要缩小农村家庭财富差距，可以提高土地收益，如提高农产品价格，促进土地流转保证务农者足够的农地持有量，制定政策鼓励农村居民购买家庭耐用消费品，以及控制房价过高过快增长等。

（二）农村家庭财富分布差距变化的分解分析

上述分析结果表明，1988—2014 年中国农村家庭财富差距显著扩大，对此又如何进行解释呢？根据总财富分布变化的分解公式（公式 3.4），总财富基尼系数的变动可以分解为分项财富集中率变化引起的部分、构成变化引起的部分以及二者变化共同作用的部分等，三大部分可依次称为财富集中性效应、结构性效应和综合效应①。

表 3－6 给出了 1988—2014 年中国农村家庭财富差距变化的分解结果。从各类分项财富对总财富差距变化的总体贡献情况来看，房产净值在扩大总财富差距上的贡献率最大，高达 117.09%；其次是金融资产，其贡献率为 12.69%。唯一起到缩小农村家庭总财富差距作用的是土地价值，其贡献率为－42.27%。亦即如果农村家庭没有土地的均等化作用，中国农村家庭总财富差距的扩大幅度会比现有情况高出 40% 以上。

表 3－6 的分解结果不仅可以比较各类分项财富对总财富差距扩大的贡献大小，还可以进一步分析它们贡献的来源构成。整体而言，财富构成变化即结构性效应只贡献了总财富差距扩大幅度的 8.18%，这主要来源于土地价值结构性效应为负且高达－44.79% 所致；而分项财富集中效应解释了总财富差距扩大幅度的 67.17%；二者变化的综合效应解释了总财富差距扩大幅度的 24.65%。具体来看，就房产净值而言，在其集中率保持 1988 年水平不变的情况下，相对比重的大幅上升（由 40.59% 上升到 69.58%，见图 3－1），即结构性效应解释了总财富差距扩大幅度的 46.66%。在房产净值相对比重保持不变的情况下，房产净值自身差距的扩大即集中率的上升解释了农村家庭总财富差距扩大幅度的 41.08%，而二者的共同影响即综合效应解释了剩余的 29.34%。其次，金融资产对总财富差距的扩大效应主要来源于金融资产相对比重的上升，解释了总财富扩大幅度的 11.69%；金融财产的集中性效应和综合效应贡献相对较小，分别为 0.39% 和 0.61%。土地价值对中国农村家庭总财富差距扩大的影响为显著的负值，这主要是因为土地价值相对比重的下降，即结构性效应所致，这可以解释总财富差距扩大幅度的－44.79%。同时，土地价值的集中效应仍然为正，即对总财富

① 万广华：《中国农村区域间居民收入差异及其变化的实证分析》，《经济研究》1998 年第 5 期。

差距的扩大有正向影响，但这一贡献率较小，为7.92%。二者的综合影响效应为-5.40%。与土地价值分布存在一定相似性的是生产性固定资本，其集中率的上升解释了总财富差距扩大幅度的16.85%，但由于其结构性效应和综合效应为负，因而总体贡献率并不是很高。

不同期间（如1995—2002年、2002—2010年等）农村家庭财富差距变化的分解结果与总体1988—2014年间的分解结果基本一致。主要表现在房产净值主导了总财富差距的扩大幅度，金融财产也贡献了重要力量，而土地价值在缩小总财富差距扩大的过程中起到了重要作用。另一角度的分解表明分项财富的集中效应主导了总财富差距的扩大幅度；其次是综合效应的贡献；而财富构成的结构性效应由于土地价值的负向贡献使得在扩大总财富差距中的作用相对较小。另外，在基尼系数下降的两个时期内（1988—1995年和2010—2012年），起主导原因的仍然是分项财富集中效应的下降。

表3-6　**1988—2014年中国农村家庭财富差距变化的分解结果**　（单位：%）

年份	$\Delta S_k C_{kt}/\Delta G$	$\Delta C_k S_{kt}/\Delta G$	$\Delta C_k \Delta S_k/\Delta G$	合计（Σ）	$\Delta S_k C_{kt}/\Delta G$	$\Delta C_k S_{kt}/\Delta G$	$\Delta C_k \Delta S_k/\Delta G$	合计（Σ）
	1988—2014				1988—1995			
房产净值	46.66	41.08	29.34	117.09	82.74	24.86	-4.65	102.96
土地价值	-44.79	7.92	-5.40	-42.27	-4.97	81.75	0.912	77.70
耐用消费品	—	—	7.91	7.91	—	—	-31.87	-31.87
生产性固定资产	-5.88	16.85	-9.86	1.11	27.94	-20.60	8.46	15.80
金融资产	11.69	0.39	0.61	12.69	-84.77	6.57	10.95	-67.25
非住房负债	0.49	0.93	2.06	3.48	0.51	3.26	-1.11	2.66
合计（Σ）	8.18	67.17	24.65	100.00	21.46	95.84	-17.30	100.00
年份	1995—2002				2002—2010			
房产净值	34.49	37.58	4.82	76.88	58.85	31.59	22.82	113.26
土地价值	-52.49	12.68	-2.29	-42.10	-32.66	10.76	-6.00	-27.90
耐用消费品	13.02	8.55	4.41	25.99	-3.431	1.64	-0.47	-2.26
生产性固定资产	11.64	9.98	2.81	24.43	0.27	14.20	0.24	14.72
金融资产	6.04	2.11	0.14	8.28	-1.98	5.50	-0.46	3.06
非住房负债	-0.56	4.39	2.67	6.51	2.82	-0.12	-2.53	-0.89
合计（Σ）	12.14	75.30	12.56	100.00	23.87	62.52	13.62	100.00

续表

年份	$\Delta S_k C_{kt}/\Delta G$	$\Delta C_k S_{kt}/\Delta G$	$\Delta C_k \Delta S_k/\Delta G$	合计（Σ）	$\Delta S_k C_{kt}/\Delta G$	$\Delta C_k S_{kt}/\Delta G$	$\Delta C_k \Delta S_k/\Delta G$	合计（Σ）
	2010—2012				2012—2014			
房产净值	-113.00	136.14	2.85	26.00	48.44	92.28	5.78	146.49
土地价值	-72.40	-96.67	-8.25	-177.32	-29.72	-0.34	0.07	-30.00
耐用消费品	14.98	-45.37	2.50	-27.88	5.98	-8.13	-1.13	-3.28
生产性固定资产	80.65	-42.62	4.115	42.14	-46.11	-20.37	8.20	-58.28
金融资产	25.60	130.48	-4.46	151.61	1.48	14.07	0.24	15.80
非住房负债	-4.83	64.10	26.16	85.43	3.37	37.96	-12.07	29.27
合计（Σ）	-68.99	146.06	22.92	100.00	-16.56	115.46	1.10	100.00

五 农村家庭财富差距的区域差异

为了考察中国农村家庭财富差距的空间分布情况，我们可以采用对不平等指数进行组间分解（子群体分解）的方法进行分析，这一方法可以将不平等分解为地区内和地区间的差距。以往多数研究使用泰尔-L指数进行子群体分解，这是因为其他指标不满足部分可分解性的条件，从而不适合用来进行子群体分解。①

关于泰尔-L指数的子群体分解方法如下：假设集合 N 被分成 m 个组 $N_k(k=1,2,\cdots,m)$，每一组相应的财富向量为 y^k，财富均值为 μ_k，家庭数量为 n_k。其占总家庭（总样本）的比重为 $\nu_k=n_k/n$。令 $\bar{y}^k$ 为新的财富均值向量，即用 μ_k 代替 y^k 中的每一个分向量。则有：

$$
\begin{aligned}
E_0(y) &= E_0(y^1,y^2,\cdots,y^m) = \frac{1}{n}\sum_{k=1}^{m}\sum_{i\in N_k}\ln\frac{\mu}{y_i} \\
&= \sum_{k=1}^{m}\frac{n_k}{n}\frac{1}{n_k}\sum_{i\in N_k}\ln\frac{\mu_k}{y_i}+\frac{1}{n}\sum_{k=1}^{m}\sum_{i\in N_k}\ln\frac{\mu}{\mu_k} \qquad (3-5) \\
&= \sum_{k=1}^{m}\nu_k E_0(y^k)+\sum_{k=1}^{m}\nu_k\ln\frac{\mu}{\mu_k} = W+B
\end{aligned}
$$

① Shorrocks A. F. and Wan G., "Spatial Decomposition of Inequality", *Journal of Economic Geography*, Vol. 5, No. 1, 2005, pp. 59-82.

其中，

$$W = \sum_{k=1}^{m} \nu_k E_0(y^k) \tag{3-6a}$$

表示组内差距，

$$B = \sum_{k=1}^{m} \nu_k \ln \frac{\mu}{\mu_k} = E_0(\bar{y}^1, \bar{y}^2, \cdots, \bar{y}^m) \tag{3-6b}$$

则表示组间差距，其由每个家庭的财富换成相应子群体均值计算而得。因而，至少对于不平等指标 E_0 而言，中国农村家庭财富差距在直观上可以表示为地区内部的加权平均差距以及由地区之间平均财富水平不同而引起的差距之和。

对公式（3－5）进行适当变换，可以得到家庭财富差距组间和组内的贡献率，如下式：

$$1 = W/E_0 + B/E_0 \tag{3-7}$$

其中，W/E_0 表示组内贡献率，B/E_0 表示组间贡献率。关于子群体分解方法的更详细探讨可参见 Shorrocks 和 Wan 的文献。①

和多数研究一致，我们将中国划分为东部、东北、中部和西部四个地区。② 图 3－6 描绘了利用泰尔－L 指数进行的农村家庭财富差距的区域分解结果（数值结果见表 3－7）。由图 3－6、图 3－7 可以看出，（1）四大区域内部的财富差距是造成农村家庭财富差距的主要原因，其贡献率保持在 70% 以上；（2）1988—2014 年，四大区域内部的财富差距处于持续扩大状态，而区域之间的财富差距则呈缩小趋势。

以 2014 年为例，四大区域内部的财富差距的泰尔－L 指数绝对值高达 0.71，对财富总差距的贡献率为 98.24%；而区域之间的财富差距的泰尔－L 指数绝对值为 0.01，对财富总差距的贡献率只有 1.76%。对四大区域内部的财富差距而言，西部地区内部的财富差距最大，其泰尔－L 指数绝对值为 0.29，相应贡献率为 37.14%；其次是东部地区内部的财富差距，其泰尔－L 指数绝对值为 0.22，相应贡献率为 30.92%；再次是中部

① Shorrocks A. F. and Wan G.,"Spatial Decomposition of Inequality", *Journal of Economic Geography*, Vol. 5, No. 1, 2005, pp. 59－82.

② 其中，东部地区包括北京、天津、河北、上海、江苏、浙江、福建、山东、广东和海南；东北地区包括辽宁、吉林和黑龙江；中部地区包括山西、安徽、江西、河南、湖北和湖南；西部地区则包括余下的省份和直辖市。

地区内部的财富差距，其泰尔 - L 指数绝对值为 0.17，相应贡献率为 24.10%；东北地区内部的财富差距最小，其泰尔 - L 指数绝对值仅为 0.04，相应贡献率为 6.08%。

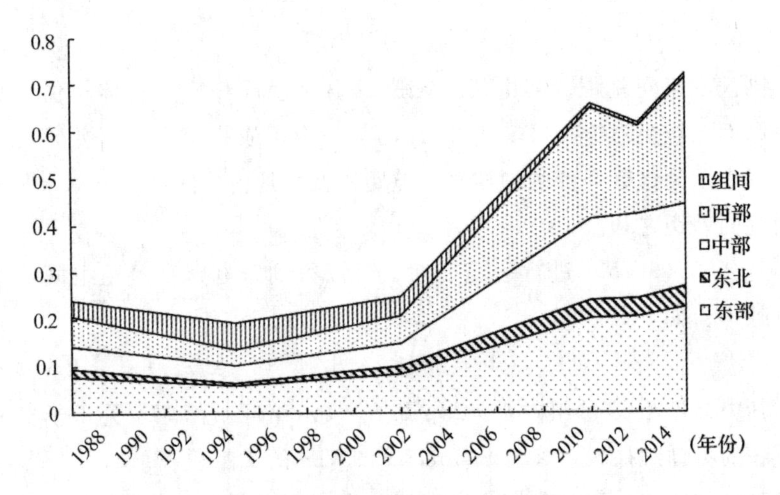

图 3 - 6 基于泰尔 - L 指数的农村家庭财富差距的四大区域分解（绝对值）

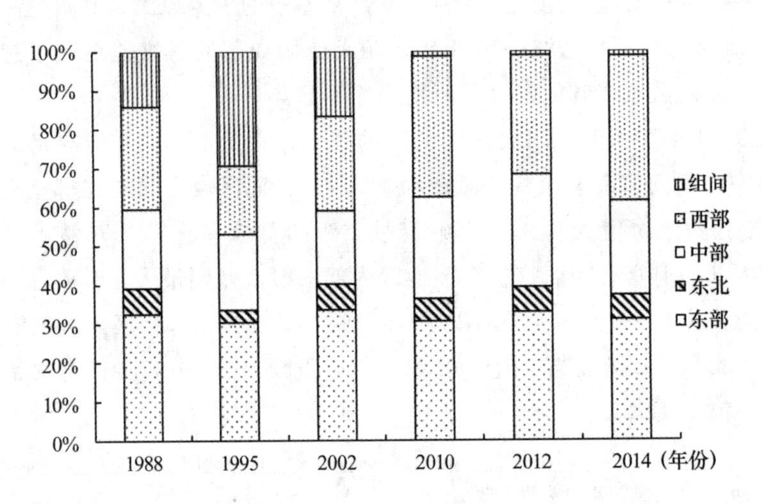

图 3 - 7 基于泰尔 - L 指数的农村家庭财富差距的四大区域分解（相对贡献率）

表3-7 农村家庭财富差距的四大区域分解结果（基于泰尔-L指数）

指标	分解	1988	1995	2002	2010	2012	2014
100×泰尔-L指数	东部	23.47	17.37	28.89	66.44	63.89	78.16
	东北	18.58	7.97	16.43	51.63	47.57	56.88
	中部	17.10	11.18	15.55	52.47	53.60	53.60
	西部	21.53	13.66	19.45	80.19	70.64	6.22
100×泰尔-L指数绝对值	东部	7.78	5.86	8.30	20.01	20.32	22.36
	东北	1.64	0.60	1.66	3.87	3.88	4.40
	中部	4.87	3.78	4.68	17.19	17.87	17.43
	西部	6.36	3.41	6.04	23.76	18.85	26.86
	组内合计	20.65	13.65	20.68	64.82	60.93	71.04
	组间	3.38	5.65	4.14	0.89	0.70	0.96
	总系数合计	24.06	19.30	24.88	65.75	61.63	72.31
泰尔-L相对贡献率（%）	东部	32.36	30.36	33.38	30.43	32.97	30.92
	东北	6.80	3.10	6.68	5.88	6.30	6.08
	中部	20.26	19.56	18.82	26.14	29.00	24.10
	西部	26.42	17.68	24.27	36.13	30.59	37.14
	组内合计	85.85	70.70	83.15	98.59	98.86	98.24
	组间	14.06	29.28	16.63	1.35	1.13	1.33

从变化趋势来看，最显著的变化是四大区域之间财富差距的缩小和西部地区内部财富差距的扩大。前者对财富总差距的贡献率由1988年的14.06%下降到2014年的1.33%；后者的贡献率则由1988年的26.42%上升到2014年的37.14%。其次，1988—2014年，中部地区内部的财富差距对财富总差距的贡献率有所上升，由1988年的20.26%上升到2014年的24.10%。而东部和东北地区内部的财富差距对财富总差距的贡献率则略有下降，前者由1988年的32.36%下降到2014年的30.92%；后者由1988年的6.80%下降到2014年的6.08%。

由于泰尔-L指数的构造形式［见公式（3-5），对数函数定义域不能为负数或零］，其不适用于测量包含非正数取值的变量，故前文的估计结果并不包含财富净值为负值或零值的家庭样本。使用基尼系数可以克服这一缺陷，但基尼系数的子群体分解存在自身的缺陷，即其不满足组（群体）一致性的性质。群体一致性指在保持地区财富均值和家庭规模不变的情况下，任何一个地区内部差距的扩大必将导致整体财富差距的扩大

（至少不会减少）。由于这一原因，基尼系数的分解不能依据公式（3－5）进行。但依然有研究者对基尼系数进行了分解尝试，如 Lambert 和 Aronson 的分解式[①]：

$$
\begin{aligned}
G &= G(y^{1},y^{2},\cdots,y^{m}) = \frac{2}{n^{2}\mu}\sum_{k=1}^{m}\sum_{i\in N_k} r_i(y_i-\mu) \\
&= \frac{2}{n^{2}\mu}\sum_{k=1}^{m}\left\{\sum_{i\in N_k} i(y_i-\mu_k)+\sum_{i\in N_k} i(\mu_k-\mu)+\sum_{i\in N_k}(r_i-i)y_i\right\} \\
&= W+B+R
\end{aligned}
\qquad (3-8)
$$

相比于公式（3.5），上式多出了一部分 R，其表示残差或“重叠效应”。当各地区的财富区间没有重叠时，R 将消失，此时上式（3－8）和公式（3－5）间存在一个明显的对应关系。而当地区财富区间存在重叠时，R 为正，情况则变得较为复杂。但 Shorrocks 和 Wan 认为，上式中的 B 部分可以用来表示地区间财富均值的差异对总财富差距的贡献度，[②] 基于这一认识，我们使用基尼系数的子群分解结果对前述泰尔－L 指数的子群分解结果进行了检验，检验结果表明，泰尔－L 指数的子群分解结果是较为稳健的。

图 3－8 和图 3－9 给出了基于基尼系数的农村家庭财富差距的区域分解结果（数值结果见表 3－8）。整体来看，分解结果与基于泰尔－L 指数的分解结果存在一致性。首先，从四大区域之间财富差距来看，除 1995 年外，其对财富总差距的贡献率都在 50% 以下，且其贡献率处于下降状态，由 1988 年的 37.15% 下降到 10.90%。如果按照 Shorrockes 和 Wan 的观点，暂时不考虑残差部分的贡献，则基于基尼系数分解的区域间财富差距的贡献虽然高于基于泰尔－L 指数的分解结果，但仍然与其结果一致。[③] 其次，从四大区域内部的财富差距来看，西部地区内部的财富差距扩大迅速，其对财富总差距的贡献率从 1988 年的 5.72% 迅速上升到 2014 年的 12.72%；1988—2014 年，中部地区内部的财富差距对财富总差距的贡献

① Lambert P. J. and Aronson J. R.，“Inequality Decomposition Analysis and the Gini Coefficient Revisited”，*Economic Journal*，Vol. 103，No. 42，1993，pp. 1221－1227.

② Shorrocks A. F. and Wan G.，“Spatial Decomposition of Inequality”，*Journal of Economic Geography*，Vol. 5，No. 1，2005，pp. 59－82.

③ Ibid..

率略有上升，由 1988 年的 6.10% 上升到 2014 年的 6.97%。而东部和东北地区内部的财富差距对财富总差距的贡献率则有所下降，前者由 1988 年的 14.21% 下降到 2014 年的 8.41%；后者由 1988 年的 0.84% 下降到 2014 年的 0.60%。这一结果与基于泰尔 – L 指数的分解结果基本一致。需要说明的是，基于基尼系数的子群分解结果的一个重要特点是重叠效应部分贡献率的增加。

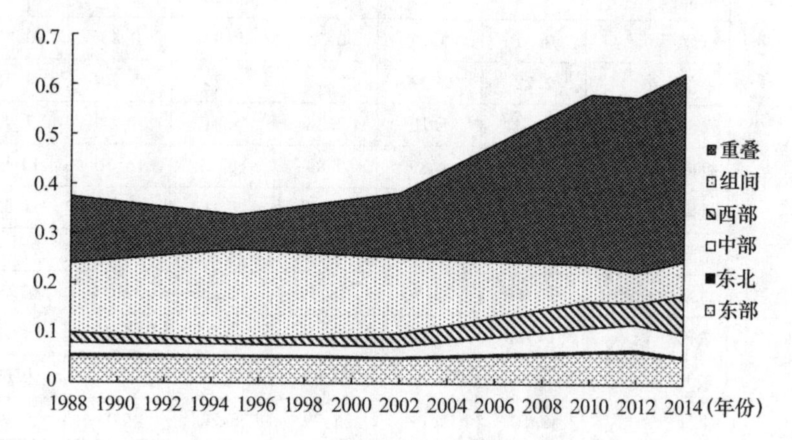

图 3 – 8　基于基尼系数的农村家庭财富差距的四大区域分解（绝对值）

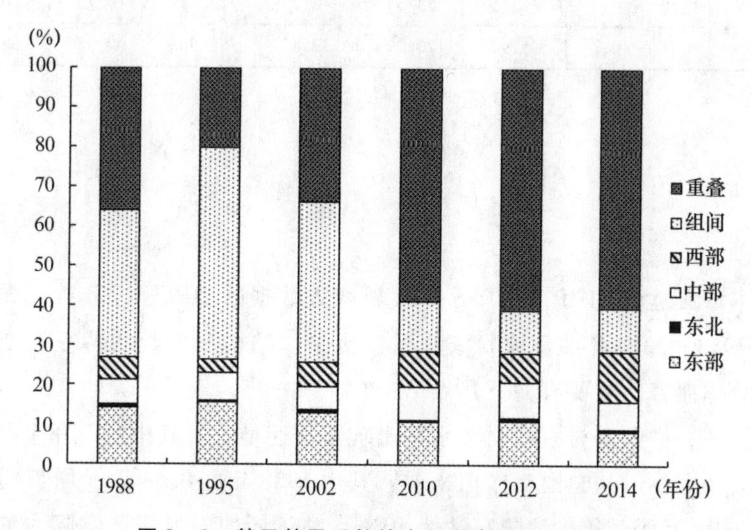

图 3 – 9　基于基尼系数的农村家庭财富差距的四大区域分解（相对贡献率）

表 3-8 农村家庭财富差距的四大区域分解结果（基于基尼系数）

指标	分解	1988	1995	2002	2010	2012	2014
100 × Gini 系数	东部	37.18	32.47	41.85	58.57	59.02	62.44
	东北	32.67	22.06	30.43	50.75	9.29	51.63
	中部	31.39	25.80	30.16	52.79	53.42	53.22
	西部	35.44	28.36	33.79	63.46	61.43	70.48
100 × Gini 系数绝对值	东部	5.32	5.25	4.98	6.28	6.41	5.26
	东北	0.31	0.15	0.35	0.32	0.43	0.37
	中部	2.28	2.39	2.22	4.79	5.20	4.36
	西部	2.14	1.10	2.38	5.31	4.27	7.96
	组内合计	10.05	8.89	9.94	16.71	16.30	17.96
	组间	13.90	17.98	15.45	7.31	6.18	6.82
	重叠部分	13.46	6.84	13.00	34.28	35.09	37.79
	总系数合计	37.41	33.70	38.39	58.29	57.57	62.56
Gini 相对贡献率（%）	东部	14.21	15.57	12.97	10.78	11.13	8.41
	东北	0.84	0.45	0.92	0.55	0.74	0.60
	中部	6.10	7.09	5.79	8.22	9.03	6.97
	西部	5.72	3.26	6.21	9.11	07.41	12.72
	组内合计	26.87	26.37	25.89	28.66	28.32	28.70
	组间	37.15	53.35	40.25	12.54	10.73	10.90
	重叠部分	35.97	20.29	33.87	58.80	60.95	60.40

六　小结

本章通过对 CHIP 和 CFPS 等微观调查数据的细致统计分析，详细刻画了 1988—2014 年我国农村家庭财富水平、结构和差距的特征和变化趋势，总体而言，主要有如下几点结论：

第一，中国农村家庭财富水平出现了高速增长，其中房产和金融资产表现尤为突出。从总财富净值来看，其由 1988 年的 0.84 万元增长到 2014 年的 7.05 万元，年均增速高达 8.50%，高于同期农村居民实际人均纯收入增速。从财富构成来看，房产净值、土地价值和金融资产是当下中国农村家庭最重要的三类财富来源。其中，房产和金融资产在1988—2014年年均增长率都高于总财富，因而二者在总财富中的份额不断上升，而土地价值所占份额的下降十分明显。

第二，1988—2014年中国农村家庭财富差距持续扩大，不平等程度逐步加深。从十等分组法来看，1988年至2014年，低财富组家庭的财富份额都有不同程度的下降，而高财富组家庭的财富份额都有不同程度的上升，尤其表现在顶端10%家庭的财富份额的快速增长。另外，基尼系数、阿特金森指数、泰尔指数和变异系数等不平等指标显示结果与十等分组法结果基本一致，即我国农村家庭财富差距起点虽然较低，但扩大速度非常快，且有进一步扩大趋势。

第三，从农村家庭财富差距的结构分解来看，房产净值和土地价值对总基尼系数的贡献率最大，二者合计贡献长期保持在八成左右。从集中率来看，房产净值对总财富差距具有扩大作用，而土地则对总财富差距具有缩小作用。从各类分项财富对总财富差距变化的总体贡献情况来看，房产净值主导了总财富差距的扩大幅度，金融财产也贡献了重要力量，而土地价值在缩小总财富差距扩大的过程中起到了重要作用。另一角度的分解表明分项财富的集中效应主导了总财富差距的扩大幅度；其次是综合效应的贡献；而财富构成的结构性效应由于土地价值的负向贡献使得其在扩大总财富差距中的作用相对较小。

第四，从农村家庭财富差距的区域差异来看，四大区域内部的财富差距是造成农村家庭财富差距的主要原因，其贡献率保持在70%以上。1988—2014年，四大区域内部的财富差距处于持续扩大状态，而区域之间的财富差距则呈缩小趋势。具体来看，西部地区内部差距的贡献率显著上升，中部地区内部差距的贡献率略有上升，而东部和东北地区内部的财富差距则有所下降。

第四章

家庭异质性与农村家庭财富分配

一　引言

1978年以来，始于农村的经济改革带来了中国农村经济的高速发展，农村居民的收入和财产水平持续稳定增长。但和城镇居民相比，无论是收入还是财产水平，农村居民都远远滞后且相对增长缓慢，“三农”问题依旧严峻和突出。对农村居民的收入问题已经探讨较多，[①] 但囿于数据获得不易等诸多原因，学界对农村居民的财产问题关注较少。[②] 与收入相比，财富是一个包含多种经济行为后果的概念，[③] 与消费、投资和储蓄等行为具有紧密联系，是重要的经济指标，可以更有效地衡量家庭经济状况和人们生活的富足程度。[④] 另外，在政策和市场的双重作用下，近年来收入差距有所收敛，并一定程度上呈现缩小趋势；[⑤] 而财产不平等在2002年后

---

① 许庆等：《农地制度、土地细碎化与农民收入不平等》，《经济研究》2008年第2期；赵剑治、陆铭：《关系对农村收入差距的贡献及其地区差异——一项基于回归的分解分析》，《经济学》（季刊）2010年第1期；刘长庚、王迎春：《我国农民收入差距变化趋势及其结构分解的实证研究》，《经济学家》2012年第1期；程名望等：《农户收入差距及其根源：模型与实证》，《管理世界》2015年第7期。

② 陈彦斌：《中国城乡财富分布的比较分析》，《金融研究》2008年第12期；罗楚亮：《收入增长、劳动力外出与农村居民财产分布——基于四省农村的住户调查分析》，《财经科学》2011年第10期。

③ ［美］郝令昕：《美国的财富分层研究——种族、移民与财富》，谢桂华译，中国人民大学出版社2013年版。

④ Keister L. A. and Moller S., “Wealth Inequality in the United States”, *Annual Review of Sociology*, Vol. 26, No. 26, 2000, pp. 63 – 81.

⑤ 李实、罗楚亮：《我国居民收入差距的短期变动与长期趋势》，《经济社会体制比较》2012年第4期。

开始超过收入不平等，并在进一步扩大中。[①]

学界对中国财产问题的关注并没有很长的历史，相关实证研究主要依赖于几个重要的有代表性的全国家户调查，李实和万海远围绕中国财产分配研究中的财产定义、数据来源、方法处理和财产分布及其演化等方面进行了精彩的总结工作。[②] 关于财产分布及其演化研究的基本共识是近年来中国家庭财产在不断增长，但全社会的财产不平等程度却处于不断扩大的状态之中，[③] 城乡差距和房价上升等是财产不平等上升的重要因素。[④] 李实和万海远的总结忽略了对财产差距决定因素的归纳，这可能与当下国内相关研究较为不充分有关。国外学者关于财产差距影响因素的研究很多，包括了代际转移（父母赠予、遗产继承等）、人力资本（教育、工作经验等）、收入（劳动收入、财产性收入等）、消费行为（生活必需、社交等）、储蓄行为（养老、子女教育等预防性储蓄）和投资组合（债券、股票等）等多种影响因素。[⑤] 近年来，国内学者也开始重视这一问题，研究了高房价、通货膨胀和金融市场等宏观影响因素对家庭财产差距的影响。[⑥]

---

① 李实、魏众、丁赛：《中国居民财产分布不均等及其原因的经验分析》，《经济研究》2005 年第 6 期；罗楚亮、李实、赵人伟：《我国居民的财产分布及其国际比较》，《经济学家》2009 年第 9 期。

② 李实、万海远：《中国居民财产差距研究的回顾与展望》，《劳动经济研究》2015 年第 5 期。

③ Meng X.，"Wealth Accumulation and Distribution in Urban China"，*Economic Development and Cultural Change*，Vol. 55，No. 4，2007，pp. 761 – 791；赵人伟：《我国居民收入分配和财产分布问题分析》，《当代财经》2007 年第 7 期；罗楚亮、李实、赵人伟：《我国居民的财产分布及其国际比较》，《经济学家》2009 年第 9 期。

④ 李实、魏众、丁赛：《中国居民财产分布不均等及其原因的经验分析》，《经济研究》2005 年第 6 期；Li S. and Zhao R.，"Changes in the Distribution of Wealth in China 1995 – 2002"，in James B. Davies，*Personal Wealth from a Global Perspective*，New York：Oxford University Press，2008，pp. 93 – 112.

⑤ Bourguignon F.，"Pareto Superiority of Unegalitarian Equilibria in Stigliz' Model of Wealth Distribution with Convex Saving Function"，*Econometrica*，Vol. 49，No. 6，1981，pp. 1469 – 1475；Shorrocks A. F.，"The Portfolio Composition of Asset Holdings in the United Kingdom"，*Economic Journal*，Vol. 92，No. 6，1982a，pp. 268 – 284；Keister L. A. and Moller S.，"Wealth Inequality in the United States"，*Annual Review of Sociology*，Vol. 26，No. 26，2000，pp. 63 – 81；Davies J. B. and Shorrocks A. F.，"The Distribution of Wealth"，in Anthony Atkinson and Francois Bourguignon，eds.，*Handbook of Income Distribution*，Vol. 1，Amsterdam：North Holland ELSEVIER，2000，pp. 605 – 675；Wolff E. N. and Gittleman M.，"Inheritances and the Distribution of Wealth Or Whatever Happened to the Great Inheritance Boom?"，*Journal of Economic Inequality*，Vol. 12，No. 4，2014，pp. 439 – 468.

⑥ 陈彦斌、邱哲圣：《高房价如何影响居民储蓄率和财产不平等》，《经济研究》2011 年第 10 期；陈彦斌等：《中国通货膨胀对财产不平等的影响》，《经济研究》2013 年第 8 期；尹志超、吴雨、甘犁：《金融可得性、金融市场参与和家庭资产选择》，《经济研究》2015 年第 3 期。

从微观角度来看，显著影响家庭财产差距的决定因素包括家庭成员的年龄、教育程度、党员身份、收入和外出决策等。[①] 另有研究发现影响家庭财产水平和分布的影响因素还包括户主的主观行为特征和关系等。[②]

回顾既有研究可以发现，囿于数据的可得性，目前国内关于家庭财产差距的研究大多采用截面数据，主要分析财产分布的影响因素和原因，鲜有文献考察家庭财产差距变动趋势及其背后原因。本章使用 1988—2014 年微观调查数据，首先，从家庭的异质性入手，考察农村家庭财富分配的微观决定因素。其次，从研究方法来看，既有研究主要采用传统的均值回归或均值分解，这一方法难以观察研究对象全分布的信息，尤其是两端（富人和穷人）的信息，而这往往是财富研究的重点所在[③]。在收入差距研究中，已有研究者意识到这一问题并进行了相关研究，通过引入面板数据的分位数回归方法，对农户收入差距的微观影响因素进行了研究[④]。本书借鉴相关研究成果，采用分位数回归模型以及基于回归的夏普里值分解等方法对农村家庭财富差距及其影响因素进行研究。再次，已有研究侧重于研究家庭总财富差距及其影响因素，而对家庭财富构成成分的差距及其影响因素的考察较少。本书从农村家庭财富构成及演变的视角，研究诸多因素对农村家庭财富差距的结构性影响及其作用路径。最后，已有研究多以户主特征作为家庭特征的代表，这可能会遗漏掉部分重要信息，因为财产以家庭为单元进行积累，家庭成员对财产积累都有贡献，如果只考虑户主信息势必会掩盖其他成员的贡献。因而，本书充分利用 CHIP 和 CFPS 数据提供的所有家庭成员信息，构建家庭层面的变量，如家庭人均年龄、

---

① 李实、魏众、［德］古斯塔夫森：《中国城镇居民的财产分配》，《经济研究》2000 年第 3 期；Meng X.，"Wealth Accumulation and Distribution in Urban China"，*Economic Development and Cultural Change*，Vol. 55，No. 4，2007，pp. 761 - 791；梁运文、霍震、刘凯：《中国城乡居民财产分布的实证研究》，《经济研究》2010 年第 10 期；罗楚亮：《收入增长、劳动力外出与农村居民财产分布——基于四省农村的住户调查分析》，《财经科学》2011 年第 10 期；靳永爱、谢宇：《中国城市家庭财富水平的影响因素研究》，《劳动经济研究》2015 年第 5 期。

② 肖争艳、刘凯：《中国城镇家庭财产水平研究：基于行为的视角》，《经济研究》2012 年第 4 期；何金财、王文春：《关系与中国家庭财产差距——基于回归的夏普里值分解分析》，《中国农村经济》2016 年第 5 期。

③ ［美］郝令昕、［美］奈曼：《分位数回归模型》，肖东亮译，格致出版社 2012 年版。

④ 高梦滔、姚洋：《农户收入差距的微观基础：物质资本还是人力资本?》，《经济研究》2006 年第 12 期；程名望等：《农户收入差距及其根源：模型与实证》，《管理世界》2015 年第 7 期。

人均受教育年限、人均收入等进行建模。

二　数据、方法和变量

（一）数据

本章使用中国居民收入调查（CHIP）和中国家庭追踪调查（CFPS）数据。该数据在第三章已经进行了较为详细的介绍，此处不再赘述。此处数据在第三章关于家庭财富信息的基础上，还涉及了家庭成员的年龄、教育、收入、职业等方面的信息，为家庭财富影响因素的研究提供了很好的微观数据基础。因新增变量的缺失等原因，样本量与第三章中的样本数略有差异，但整体差异不大，具体详见下文的相应分析之处。

（二）方法

本章对农村家庭财富差距影响因素的研究分为三个部分：（1）使用传统的多元线性回归研究各影响因素对农村家庭人均财富净值的影响，考察的是家庭财富水平或积累的决定因素。在此基础上，同时使用了Tobit回归模型和中位值回归模型对影响因素进行了稳健性检验。（2）采用分位数回归模型，用于估计诸因素对不同财富水平组农村家庭人均财富的边际贡献，如果某一因素对于高财富水平群体的家庭人均财富净值的边际贡献大于中等财富水平群体和低财富水平群体，则该因素具有扩大财富差距的作用，反之则是缩小财富差距。[①]（3）基于回归的夏普里（Shapley）值分解，旨在第一步家庭财富影响因素模型的基础上，将解释变量家庭人均财富净值间的差异分解为两部分，一部分是诸解释变量的贡献，另一部分则是不能解释的残差的贡献，前者则提供了考察各因素对总不平等贡献程度和相对重要程度的可能。

1. 多元线性回归

传统收入研究的处理方法是将收入进行对数转换，构建半对数回归模型。但财富净值与收入不同的是存在负值，常用的处理方式有如下三种：

---

① 高梦滔、姚洋：《农户收入差距的微观基础：物质资本还是人力资本?》，《经济研究》2006年第12期；程名望等：《农户收入差距及其根源：模型与实证》，《管理世界》2015年第7期。

一是将所有家庭财富加上一个固定的数值使得负债家庭的财富净值也变为正数，之后再进行对数转换；二是采用两步估计法，先估计自变量与二分变量是否持有正财富净值间的关系，接着再单独估计自变量与拥有不同正财富净值家庭的关系；三是反双曲正弦（Inverse Hyperbolic Sine）转换的方法，这一方法假设负债和财富净值受到自变量相同的影响。①

考虑到本书中家庭负债家庭仅占0.88%，故在本章模型中将这部分样本予以剔除，对结果影响不大。同时考虑到零值的存在，故将所选样本家庭的财富值加1后进行对数转换，可以构建如下基本的半对数多元线性回归模型：

$$\ln W = \beta_0 + \beta_1 X_1 + \beta_2 X_2 + \beta_3 X_3 + \beta_4 X_4 + \varepsilon \quad (4-1)$$

2. Tobit 回归

由于金融资产、生产性固定资产这些家庭财富构成成分包含较多的零值样本，从模型建构上不满足线性回归的假设，故笔者进一步采用了Tobit回归模型进行了估计。Tobit回归模型假设一个潜变量 y^* 服从具有线性条件均值的正态同方差分布，使用最大似然估计法进行估计，这样可以解决现实中被解释变量中存在左、右截尾的问题。②

3. 分位数回归

上述多元线性回归和Tobit回归模型本质上都是均值回归，这一方法难以观察研究对象完全分布的信息，尤其是两端（富人和穷人）的信息，而这往往是财富研究的重点所在。③ 对于这一问题，Koenker和Bassett提出的分位数回归④可以较为有效地解决。⑤ 这样，我们就可以考察影响因素在家庭财富分布的不同分位数上的不同影响，从而深化分析结果。具体分位数回归模型如下：

---

① Meng X.，"Wealth Accumulation and Distribution in Urban China"，*Economic Development and Cultural Change*，Vol. 55，No. 4，2007，pp. 761－791；梁运文、霍震、刘凯：《中国城乡居民财产分布的实证研究》，《经济研究》2010年第10期。

② Tobin J.，"Estimation of Relationships for Limited Dependent Variables"，*Econometrica*，Vol. 26，No. 1，1958，pp. 24－36；陈强：《高级计量经济学及stata应用（第二版）》，高等教育出版社2014年版。

③ ［美］郝令昕、［美］奈曼：《分位数回归模型》，肖东亮译，格致出版社2012年版。

④ 英文名称为Quantile Regression，简称为QR。

⑤ Koenker R. W. and Bassett G.，"Regression Quantile"，*Econometrica*，Vol. 46，No. 1，1978，pp. 33－50.

$$Quant_\theta(\ln W_i \mid X_*) = \beta_0^\theta + \beta_*^\theta X_* + \varepsilon^q \quad (4-2)$$

其中，$Quant_\theta(\ln W_i \mid X_*)$ 表示相应的条件分位数，分位点 $\theta \in (0,1)$，X_* 为解释变量，β_*^θ 为系数向量。同时，分位数回归系数 β_*^θ 的推断（标准误的估计）主要依赖于自举法（Bootstrap Method）技术，该技术对原始样本不断进行“有放回（With Replacement）”的抽样，然后对总体进行统计推断，具体过程和论证详见 Efron、Lamarche 等文献。[①]

4. *夏普里值分解*

这一方法融合了回归方程和夏普里值法二者的优势，前者可以建立各自变量如年龄、教育、收入等与因变量家庭财富间的数量关系，后者则建立在合作博弈论的基础上，获得各自变量对因变量的具体贡献大小。[②] 具体计算过程可通过 stata 程序实现。[③]

（三）变量

家庭财富是以家庭为基本单元进行积累的财产形式，家庭中每个有劳动能力的成员或者参与经济活动的人都会对财富的积累提供自己的贡献。如果考察家庭财富的影响因素必须考虑到每个家庭成员的信息，而既有研究中较多以户主的特征代表家庭特征，[④] 这样显然会遗漏掉部分重要信息。为了克服这一缺陷，笔者充分利用 CHIP 和 CFPS 数据收集了较为全面的家庭成员信息的优势，构建家庭层面的变量。例如家中 18 岁及以上成年人的人均年龄、家中小于 18 岁的未成年人比例等变量。

本部分的最主要被解释变量或者因变量是家庭人均财富净值的对

---

① Efron B.，“Bootstrap Methods：Another Look at the Jacknife”，*The Annals of Statistics*，No. 7，1979，pp. 1－26；Lamarche C.，“Robust Penalized Quantile Regression Estimation for Panel Data”，*Journal of Econometrics*，Vol. 157，No. 2，2010，pp. 396－408.

② Wan（2004）认为为获得单个自变量对总体不平等（差距）的贡献，可以通过剔除该变量后，比较总体不平等的变动进行计算，但由于剔除的方法或途径并不唯一，因而结果也并不唯一。针对这一问题，Shorrcoks（2013）借鉴合作博弈论中的 Shapley 值法，通过考虑剔除某一变量的所有可能途径，并以所有可能途径的边际效应的均值，作为该变量对相应不平等指标的贡献。

③ 该程序的实现主要依赖兼容 stata 软件的分配研究分析工具包（Distributive Analysis Stata Package，DASP）。该模块的详细说明可参见 http：//dasp. ecn. ulaval. ca/aboutdasp. htm，使用标注：Araar Abdelkrim & Jean-Yves Duclos. DASP：Distributive Analysis Stata Package. PEP，World Bank. UNDP and University of Laval，2007。

④ 李实、魏众、［德］古斯塔夫森：《中国城镇居民的财产分配》，《经济研究》2000 年第 3 期；巫锡炜：《中国城镇家庭户收入和财产不平等：1995—2002》，《人口研究》2011 年第 6 期。

数，即使用家庭总财富净值除以家庭中所有成员（包括未成年人和老年人），之后去除负值样本，再加上 1，最后进行对数转换。同时，为了更为深入地分析自变量对家庭财富影响的作用路径和机制，笔者进一步将家庭财富的构成成分——房产净值、土地价值、耐用消费品、生产性固定资产、金融资产和非住房负债六个部分分别作为因变量进行分析。处理方式同家庭总财富净值，即取家庭成员人均值，去除负值样本，并进行对数转换。

关于解释变量或自变量的选取，主要考虑家庭财富的生命周期理论、人力资本理论以及既有关于家庭财富或财产影响因素的研究，[①] 采用半对数模型，基于 6 期截面数据，扩展并建立了如下计量模型：

$$\ln W_{it} = \beta_0 + \beta_1 age_{it} + \beta_2 age_{it}^2 + \beta_3 edu_{it} + \beta_4 \ln inc_{it} + \beta_5 party_{it} + \beta_6 job_{it} + \beta_7 land_{it} + \beta_8 hhsize_{ti} + \beta_9 chirat_{it} + \beta_{10} oldrat_{it} + \beta_{11} gdp_{it} + \beta_{12} year_{it} + \varepsilon_{it} \tag{4-3}$$

在该模型中，因变量 $\ln W_{it}$ 是表示第 t 期第 i 个农村家庭的家庭人均财富净值对数。自变量主要包括：（1）人均年龄：家中 18 岁及以上成年人人均年龄；（2）年龄平方：家中 18 岁及以上成年人人均年龄的平方；（3）人均受教育年限：家中 18 岁及以上成年人人均受教育年限；（4）人均收入对数：用家庭人均净总收入除以家中 18 岁及以上成年人人口，然后做对数处理；（5）党员家庭：家中是否有成员是中共党员；（6）非农工作比例：家庭成员从事非农工作的比例；（7）人均承包地面积：家中所有成员人均承包地面积；（8）家庭规模：家中所有成员人数；（9）未成年人比例：家中 18 岁以下成员数与总人口之比；（10）老年人比例：家中 60 岁以上成员数与总人口之比；（11）省级人均 GDP 对数：进行了消费者价格指数调整，可以考察外部经济环境对非金融财产的影响；（12）时期虚拟变量：以 1988 年为参照组，与其他 5 期年份组成的一组

① 李实、魏众、丁赛：《中国居民财产分布不均等及其原因的经验分析》，《经济研究》2005 年第 6 期；梁运文、霍震、刘凯：《中国城乡居民财产分布的实证研究》，《经济研究》2010 年第 10 期；肖争艳、刘凯：《中国城镇家庭财产水平研究：基于行为的视角》，《经济研究》2012 年第 4 期；靳永爱、谢宇：《中国城市家庭财富水平的影响因素研究》，《劳动经济研究》2015 年第 5 期；韦宏耀、钟涨宝：《中国家庭非金融财产差距研究（1989—2011 年）——基于微观数据的回归分析》，《经济评论》2017 年第 1 期。

虚拟变量，引入时期虚拟变量一定程度上可以反映技术进步及改革等的影响。[①] 具体的变量设置、定义和描述性统计如表4－1所示。

同理，对于分位数回归模型，我们可以进一步拓展公式（4－3），得到如下公式：

$$\begin{aligned}\ln W_{it,q} &= \beta_0 + \beta_{1,q}age_{it,q} + \beta_{2,q}age_{it,q}^2 + \beta_{3,q}edu_{it,q} + \beta_{4,q}\ln inc_{it,q} \\ &+ \beta_{5,q}party_{it,q} + \beta_{6,q}job_{it,q} + \beta_{7,q}land_{it,q} + \beta_{8,q}hhsize_{ti,q} \\ &+ \beta_{9,q}chirat_{it,q} + \beta_{10,q}oldrat_{it,q} + \beta_{11,q}gdp_{it,q} + \beta_{12,q}year_{it,q} \\ &+ \varepsilon_{it,q}\end{aligned} \quad (4-4)$$

在该模型中，因变量 $\ln W_{it,q}$ 是表示第 t 期第 i 个农村家庭在 q 分位数上的家庭人均财富净值对数，自变量与公式（4－3）相同，不再赘述。

表4－1　**关键变量描述性统计**

变量名称	均值	标准差	极小值	极大值	说明
人均财富净值对数	9.66	1.05	0	15.45	家中所有成员的人均财富净值加1后取对数
人均年龄	41.87	10.56	16	110	家中18岁及以上成年人人均年龄
人均受教育年限	6.028	2.874	0	19	家中18岁及以上成年人人均受教育年限
人均收入对数	8.36	1.01	0	13.27	家中18岁及以上成年人的人均总收入加1后取对数
党员家庭	0.15	0.36	0	1	有成员是中共党员的家庭＝1；其他家庭＝0
非农工作比例	0.18	0.25	0	1	家庭成员从事非农工作的比例
人均承包地面积	1.91	4.68	0	242.5	家庭所有成员的人均承包地面积
家庭规模	4.36	1.64	1	26	家中所有成员数
未成年人比例	0.30	0.22	－1	1	家中18岁以下成员数与总人口之比
老年人比例	0.11	0.22	0	1	家中60岁以上成员数与总人口之比
省级人均GDP对数	9.37	0.94	7.768	11.56	经CPI调整后的历年省级人均GDP取对数
时期虚拟变量	—	—	—	—	除1988年外的5组调查年份虚拟变量

① 万广华、周章跃、陆迁：《中国农村收入不平等：运用农户数据的回归分解》，《中国农村经济》2005年第5期。

三 农村家庭财富水平、结构及其影响因素

首先，使用混合 OLS 回归对农村家庭总财富净值的影响因素进行分析，从而对之有一个总体的把握。其次，各影响因素对家庭财富的影响在不同地区间可能存在异质性，故参照既有研究，将样本分为东部、东北、中部和西部四个部分分别进行分析。再次，农村家庭财富包含房产净值、土地价值、耐用消费品、生产性固定资产、金融资产和非住房负债等多项财产内容，各类影响因素对之的影响也存在差异，故又分别考察了影响因素对各分项财富的不同影响。最后，随着时期的变迁，各影响因素对家庭财富的影响也会发生一定的变化，故将不同时期的数据分别进行了建模分析，考察了 1988 年、1995 年、2002 年、2010 年、2012 年和 2014 年 6 期农村家庭财富水平的影响因素。

（一）农村家庭财富水平影响因素及其地区差异的分析

表 4 - 2 给出了我国农村家庭财富水平影响因素及其地区差异的估计结果。由于该数据包含了 1988—2014 年的 6 期数据，故采用的是混合 OLS 回归，即使用时期虚拟变量将时间效应进行固定。从各回归模型的 R^2 值来看，五个模型的 R^2 值均在 0.35 以上，最高的达到了 0.48，表明模型都具有较好的解释力。其中，东部地区样本模型的 R^2 值最小，为 0.36，可见本书所建模型对东北老工业地区家庭财富水平的解释力相对最弱。另外，在回归分析中采用稳健标准误（Robust Standard Error），这样可以弱化异方差和序列相关等问题的影响。具体分析如下：

对于全国性总体样本模型 MM 而言，所有解释变量皆通过了 0.1% 统计水平的显著性检验。（1）人均年龄和人均年龄平方变量显示农村家庭人均财富净值随着家庭人均年龄的上升而呈现先增后降的“倒 U 形”变化趋势，这符合生命周期理论。经计算，峰值年龄为 50.4 岁，[①] 此时家庭人均财富净值最高。需要注意的是，如靳永爱所指出的，由于我国只是在 1978 年改革开放后才逐步出现了私人财富的积累，因而当下年龄较大者并没有从市场经济改革中获得充分的资产，那些中壮年者才有充分

① 年龄峰值的计算方法是年龄系数除以 2 倍的年龄平方系数，再取其负值。

的时间从市场经济中获得大量财富。[①] 同样，年轻人由于刚进入劳动力市场也并未积累多少财富。因此，此处家庭人均年龄的“倒U形”模式很可能只是反映了时期队列效应，并不足以验证财富积累的生命周期效应，至少这一结果中部分包含了时期队列效应。相关讨论还会在后文关于农村家庭财富影响因素的时期变化分析中继续。（2）家庭人均受教育年限每增加一年，农村家庭人均财富净值增加3.8%。（3）就人均收入对数变量而言，家庭人均收入每增加10%，农村家庭人均财富净值增加2.93%。因而，提高农民教育水平，促进农民增收，将有利于农村家庭财富水平的提高。（4）有家庭成员是党员的家庭比其他家庭的人均财富净值高出4.5%。（5）在控制其他变量不变的情况下，非农工作比例越高，家庭人均财富净值越低，这与我们的直觉存在差异，在下一节对不同类型家庭财富影响因素的分析中可以得到解释。主要原因是非农工作比例较高的家庭在土地价值和生产性固定资产上并不占优势，但这并不说明非农工作比例高的家庭处于不利位置，相反这类家庭在后文的模型中显示拥有更高价值的住房资产、耐用消费品以及更多的金融资产等更能反映生活品质的财产。（6）人均承包地面积每增加一个单位（亩），农村家庭人均财富净值增加0.8%。CHIP和CFPS数据显示，我国农村家庭人均承包地面积只有1.91亩，可见从目前的承包地面积角度增进农村家庭财富净值将是十分有限的。（7）家庭规模对农村家庭人均财富水平呈负向效应，家庭成员每增加一人，人均财富净值水平下降7.3%，这符合规模报酬递减规律。（8）未成年人和老年人比例都显著降低了农村家庭人均财富净值水平，且未成年人比例变量的回归系数绝对值更大，这主要因为老年人在生命早期阶段积累了一定的财富。（9）省级人均GDP对数每增加10%，农村家庭人均财富净值水平提高4.10%。（10）时间虚拟变量皆显著正向影响农村家庭的人均财富净值，可见，在控制其他变量的情况下，农村家庭的财富水平仍然随着时间的推移呈现增长趋势，且增长速度较快。

分地区来看（见M1a—M1d），东部、东北、中部和西部农村家庭人均财富水平决定因素的影响方向和大小基本一致。这说明我国农村家庭财富水平的地区差异可能并不是微观要素的回报差异所致，而是微观要素的

① 靳永爱：《中国家庭财富不平等的影响因素研究》，博士学位论文，中国人民大学，2015年。

构成差异以及其他宏观因素差异所致。以教育为例，各地区家庭人均财富净值的教育回报率差异不大，皆在3%左右；但各地区人均受教育年限存在较大差距，如CHIP和CFPS数据显示东北地区人均受教育年限为6.7年，西部地区只有5.3年。这些微观因素的地区构成差异以及部分如城镇化、产业差异等宏观原因造成了地区间财富水平的差异。当然，就各微观决定因素的影响而言，也存在一定的地区差异。例如经济发达地区的东部和东北地区家庭人均财富净值的年龄峰值（47岁和46岁）要低于经济欠发达的中西部地区（56岁和54岁）；人均受教育年限的回归系数也存在相似规律，即教育的财富回报率在中西部地区高于东部和东北地区。有意思的是，家庭是否有成员为党员变量对家庭人均财富净值的影响在欠发达的中西部地区显著，而在东部和东北等发达地区的影响却不显著，这可能部分地说明了政治因素在市场化相对薄弱的地区拥有更强的影响力。老年人比例对农村家庭人均财富净值水平的影响在中西部地区的作用更明显；而省级人均GDP对数对农村家庭人均财富净值水平的影响在东部和东北地区的影响大于在中西部地区的影响。由此可见，各微观因素对家庭人均财富净值的影响作用（回报率）在不同地区的表现与当地经济发展情况存在一定关联，这一关联的程度大小以及作用机制还需进一步研究，但已超出此处分析范围。

表4-2 **农村家庭财富水平影响因素及其地区差异的估计结果**

被解释变量	Log（农村家庭人均总财富净值）				
解释变量	全国 MM	东部 M1a	中部 M1c	西部 M1d	东北 M1b
人均年龄	0.037***	0.053***	0.026***	0.034***	0.034*
人均年龄平方	-0.000***	-0.000***	-0.000***	-0.000***	-0.000*
人均受教育年限	0.038***	0.029***	0.040***	0.044***	0.028***
人均收入对数	0.293***	0.292***	0.279***	0.322***	0.228***
有党员家庭	0.045***	0.023	0.045*	0.089***	-0.042
非农工作比例	-0.120***	0.012	-0.125**	-0.305***	-0.381***
人均承包地面积	0.008***	0.006*	0.020***	0.005**	0.008**

续表

被解释变量	Log（农村家庭人均总财富净值）				
解释变量	全国 MM	东部 M1a	中部 M1c	西部 M1d	东北 M1b
家庭规模	-0.073 ***	-0.068 ***	-0.085 ***	-0.066 ***	-0.087 ***
未成年人比例	-0.682 ***	-0.725 ***	-0.594 ***	-0.780 ***	-0.551 ***
老年人比例	-0.202 ***	-0.051	-0.333 ***	-0.255 **	-0.172
省级人均 GDP 对数	0.410 ***	0.321 ***	0.209 **	0.257 ***	0.270 ***
时期虚拟变量（1988 年为参照组）					
1995 年	0.455 ***	0.539 ***	0.450 ***	0.465 ***	0.700 ***
2002 年	0.292 ***	0.305 ***	0.439 ***	0.571 ***	0.523 ***
2010 年	0.141 ***	0.353 ***	0.501 ***	0.491 ***	0.212
2012 年	0.265 ***	0.406 ***	0.690 ***	0.694 ***	0.477 **
2014 年	0.349 ***	0.444 ***	0.899 ***	0.783 ***	0.391 *
常数项	2.596 ***	3.100 ***	4.643 ***	3.521 ***	4.545 ***
R-sq	0.4660	0.4222	0.4654	0.4864	0.3631
F 值	2225.08	638.68	645.68	749.16	143.31
N	40948	12950	12524	12274	3200

注：$^{+}$ $p<0.1$，* $p<0.05$，** $p<0.01$，*** $p<0.001$，且显著性水平来源于稳健标准误的估计。

（二）农村家庭财富不同结构成分影响因素的分析

前文分析了影响农村家庭人均财富水平的决定因素，而基于农村家庭财富结构分解的进一步分析，有助于探究影响因素对农村家庭财富水平的影响机理和作用路径。同时，在前文也发现了部分解释变量，例如非农工作比例对农村家庭人均财富净值的影响为负，这一与常识存在出入的结果，通过分析不同影响因素对财富的不同构成成分或不同类型财富内容的影响，可以进一步得到解释。

本部分采用与前述相同的模型结构，对农村家庭财富的 6 类主要构成：房产净值、土地价值、耐用消费品、生产性固定资产、金融资产和非住房负债分别进行建模（见表4－3模型M2a—M2f），表4－3给出了相关估计结果。从各回归模型的R^2值来看，不同财富构成成分模型的R^2值存在一定差异，金融资产模型（M2e）的R^2值最高，为0.33，即解释变量可以更好地解释金融资产的变异。但整体来看，除去R^2值较低的非住房负债模型，其余模型的R^2值皆在0.15以上，说明模型的解释力都不错。另外，同前述模型，采用的是混合OLS回归，且在回归分析中采用稳健标准误（Robust Standard Error），这样可以弱化异方差和序列相关等问题的影响。具体分析如下：

估计结果表明，部分解释变量在不同模型中的估计系数大小及其显著性并不一致，甚至系数方向不同。这表明同一影响因素对不同财富构成成分的影响存在显著差异，甚至在对某种类型财富有显著促进作用时，却可能对另一类型财富起到抑制作用。

（1）就人均年龄和年龄平方而言，其对家庭人均“房产净值”“土地价值”“耐用消费品”“生产性固定资产”“金融资产”和“非住房负债”皆有显著影响，且呈先升后降的“倒U形”变化趋势，但年龄峰值因各类型财富性质不同而呈现较大差异。例如非住房负债的家庭人均年龄峰值最为年轻，为28.0岁，依据生命周期理论，年轻人初入职场，且有较高的消费需求，因而往往是最易负债的群体。同样，青壮年更为追求生活的品质，从而会更多地购买部分耐用消费品，估计结果显示获得最高价值耐用消费品的家庭人均年龄也较为年轻，为33.6岁。其次，获得占财富份额最多的住房净值的家庭人均年龄峰值最高，为51.8岁；与之相近的是获得土地价值和金融资产的家庭人均年龄峰值，分别为46.3岁和46.6岁。

（2）就家庭人均受教育年限而言，其显著正向影响家庭人均“房产净值”“耐用消费品”“生产性固定资产”和“金融资产”，但对“土地价值”的影响不显著且系数为负，对“非住房负债”的影响不显著。可见，教育水平的提升可能促使农村居民从农业生产中转出，减少通过农业生产积累财富；但有利于其对其他所有类型财富的积累。

（3）就家庭人均收入对数而言，其显著正向影响除“非住房负债”外所有类型的家庭人均财富，对“非住房负债”则呈负向显著影响。尤其收入对金融资产影响的回归系数最大，为0.527，是其他类型财富回归系数的2倍以上。

（4）有家庭成员是党员的家庭显著正向影响家庭人均“房产净值”

“耐用消费品”“生产性固定资产”和“金融资产”，显著负向影响“生产性固定资产”，对“土地价值”和“非住房负债”没有显著影响。既有研究发现农村干部或党员因工资优势在家庭收入上存在优势，[①] 我们的研究则进一步发现，在控制收入变量的情况下，政治资本在获取除土地和与农业生产有关的资产外的各类型财富中仍然具有优势。

（5）就非农工作比例来看，其显著正向影响家庭人均“房产净值”“耐用消费品”和“金融资产”，这与当下农业生产领域相对弱势的现状比较一致。另外，非农工作比例显著负向影响“土地价值”和与农业生产有关的“生产性固定资产”，尤其是对土地价值影响回归系数为 -2.40，绝对值远远大于对其他类型财富影响的回归系数。也因此，非农工作比例对各类型财富的总体影响即对家庭人均总财富净值的影响为负便可以得到解释。

（6）家庭人均耕地面积显著正向影响家庭人均“土地价值”“耐用消费品”“生产性固定资产”和“非住房负债”，且对“土地价值”影响的回归系数相对较小。另外，家庭人均耕地面积对“金融资产”无显著影响，而对“房产净值”在5%的统计水平上有显著负向影响，但系数绝对值较小。这可能是因为人均耕地面积较大的家庭较多集中在农业相对发达地区，而这些地区的住房商品化、市场化的步伐往往较慢，从而房价较低。家庭人均耕地面积对各类型家庭财富影响的估计结果表明土地对农业生产具有重要价值，但通过土地获得可观收入以积累其他类型家庭财产没有显著优势。

（7）家庭规模显著负向影响家庭人均“房产净值”“耐用消费品”和“金融资产”，这符合规模递减规律。另外，家庭规模显著正向影响“土地价值”和“生产性固定资产”（在10%的统计水平上），这可能是因为农村家庭劳动力往往过剩，家庭规模越大，往往意味着这一过程程度越高，过剩的劳动力无法转移到其他报酬更高的行业，往往只能通过进一步增加对单位土地的人力投入，以释放这部分劳动力。从而造成家庭规模的增加促进“土地价值”的提升，而对其他类型财富的积累具有负向影响。

---

① Walder A. G.,“Markets and Income Inequality in Rural China: Political Advantage in an Expanding Economy”, *American Sociological Review*, Vol. 67, No. 2, 2002, pp. 231 - 253；程名望等：《市场化、政治身份及其收入效应——来自中国农户的证据》，《管理世界》2016年第3期。

表 4-3 农村家庭财富不同结构成分影响因素的估计结果（均值估计）

被解释变量	总财富净值	房产净值	土地价值	耐用消费品	生产性固定资产	金融资产	非住房负债
解释变量	MM	M2a	M2b	M2c	M2d	M2e	M2f
人均年龄	0.037***	0.107***	0.213***	0.024***	0.067***	0.060***	0.043***
人均年龄平方	-0.000***	-0.001***	-0.002***	-0.000***	-0.001***	-0.001***	-0.001***
人均受教育年限	0.038***	0.057***	-0.020***	0.087***	0.043***	0.106***	0.007
人均收入对数	0.293***	0.226***	0.272***	0.215***	0.140***	0.527***	-0.146***
有党员家庭	0.045***	0.097***	-0.022	0.181***	-0.119***	0.195***	-0.005
非农工作比例	-0.120***	0.119*	-2.402***	0.469***	-0.196**	0.914***	0.068
人均承包地面积	0.008***	-0.004*	0.058***	0.017***	0.035***	0.004	0.011**
家庭规模	-0.073***	-0.033***	0.030***	-0.066***	0.015+	-0.072***	0.016
未成年人比例	-0.682***	-0.623***	-1.110***	-0.462***	-0.475***	-0.832***	0.149+
老年人比例	-0.202***	-0.388***	-0.774***	-0.297***	-0.436***	0.226*	-0.329**
省级人均 GDP 对数	0.410***	0.650***	-0.396***	0.801***	-0.619***	0.417***	-0.362***
时期虚拟变量（1988 年为参照组）							
1995 年	0.455***	0.170***	1.067***	—	-0.251***	3.530***	0.162***
2002 年	0.292***	-0.164***	1.368***	0.196***	0.385***	2.930***	0.488***
2010 年	0.141***	-0.483***	-0.454***	-0.483***	-2.057***	1.042***	2.447***
2012 年	0.265***	-0.313***	0.743***	-0.621***	-2.278***	2.567***	2.743***
2014 年	0.349***	-0.172**	-0.234*	-0.226***	-1.752***	-0.078	2.334***
常数项	2.596***	-1.983***	4.868***	-3.371***	8.785***	-6.613***	4.476***
Pseudo R^2	0.4660	0.1537	0.2083	0.2289	0.2915	0.3284	0.0690
F 值	2225	623	494	471	978	1521	138
样本数（obs）	40948	41042	41309	31051	41309	41309	41309

注：+ $p<0.1$，* $p<0.05$，** $p<0.01$，*** $p<0.001$，且显著性水平来源于稳健标准误的估计。

（8）家中未成年人比例显著负向影响家庭人均“房产净值”“土地价值”“耐用消费品”“生产性固定资产”和“金融资产”等所有类型家庭人均财富净值水平。另外，对家庭人均“非住房负债”在10%的统计水平上负向影响显著，因负债为负资产，亦即未成年人比例对整体家庭人均财富的积累有负向影响。有意思的是，未成年人比例对“土地价值”影响的回归系数的绝对值非常大，这可能与我国农村20世纪90年代开始实施的“增人不增地、减人不减地”政策有关。基层实践并未完全依据国家政策严格执行，而是综合考虑当地风俗文化、城镇化进程等种种原因，在村集体内部进行土地的微调整。但即使这样，仍然造成了新出生的孩子短期内一般难以分得土地，因而未成年人比例高的家庭土地份额相对较少，其土地资产方面的劣势就十分明显。

（9）家中老年人比例除对家庭人均“金融资产”显著正向影响外，皆显著负向影响其他类型家庭人均财富净值水平。

（10）省级人均 GDP 对数变量显著正向影响家庭人均“房产净值”“耐用消费品”和“金融资产”；显著负向影响家庭人均“土地价值”和“生产性固定资产”。可见，经济发展并没有带来土地价值的有效上升。

（11）时间虚拟变量对家庭各分项财富水平虽然皆有显著影响，但系数方向和大小较为复杂。这也说明了在控制其他因素的情况下，时间效应的复杂性，因而有必要对各影响因素的时期变化进行进一步的分析，详见下一部分。

前文对各类财富构成成分的估计皆是采用的普通 OLS 回归，由于较多被解释变量，如生产性固定资产、金融资产等，存在较多负值或者零值的样本，故有必要采用其他估计方法考察回归模型的稳健性问题。在既有研究中，常采用 Tobit 模型或分位数回归等方法以应对被解释变量存在负值或零值的情况。由于下一节我们还将详细介绍分位数回归的估计结果，故此处的稳健性检验只选用了分位数回归中最具代表性的中位值估计结果，以及 Tobit 估计结果，具体结果可参见附录中的附表 A4-1 和附表 A4-2。

从表中可以发现，在 Tobit 模型的估计结果中，除了非住房负债模型的估计结果外，其余模型如家庭人均总财富净值模型、房产净值模型、土地价值模型、耐用消费品模型、生产性固定资产模型和金融资产模型的估计结果与 OLS 回归估计出的结果非常接近。可见，前文采用的 OLS 回归方法进行估计的结果是较为稳健的。对于非住房负债模型来说，由于拥有非住房负债的家庭比例较小，只占到所有家庭的 20.03%，其相应的左侧删剪观察值（以 0 为删剪值）非常多，因而其 Tobit 模型的估计结果与 OLS 估计结果存在较大差异。同时，由于非住房负债占家庭总财富净值也较小，且我们更关注家庭整体财富问题。故非住房负债影响因素的估计结果不够稳健并不是特别突出的问题。

从分位数回归中的中位值估计结果来看，多数类型财富构成成分影响因素的估计结果与前文 OLS 估计结果也基本一致。首先，同样由于非住房负债为正值的样本量较少，其中位值估计结果难以给出，故附表 A4－2 中并未给出相关估计结果。另外，生产性固定资产影响因素的估计结果与 OLS 的估计结果也存在较大的差异，这与生产性固定资产的厚尾分布有关，亦即生产性固定资产相对主要集中在少数农村家庭中。从而在中位值附近的变异较少，使得多数影响因素在中位值回归中的估计结果并不显著。其他类型财富影响因素的中位值估计结果则与 OLS 估计结果基本一致。

（三）农村家庭财富影响因素的时期变化分析

随着时间推移，个体、家庭的偏好、外部的宏观经济政策环境都会发生变化，这些变化都可能导致各影响因素对农村家庭财富的影响在不同时期表现出不同影响。前述混合 OLS 模型只能分析各影响因素对农村家庭财富在 1988—2014 年的综合影响，并不能反映不同时期影响的变化。基于此，将 6 期（1988 年、1995 年、2002 年、2010 年、2012 年和 2014 年）数据分别进行回归分析，以发现家庭财富决定机制的时期变化。

表 4－4 给出了各期家庭财富决定因素分析模型的估计结果。从 R^2 来看，模型可以更好地解释 1988 年、1995 年和 2002 年三期 CHIP 数据，而对 2010 年、2012 年和 2014 年三期 CFPS 数据的解释力相对较弱，且随着时间推移，解释力有下降趋势，R^2 从 2010 年的 0.23 逐渐减小到 2014 年的 0.14，这一方面说明近年来家庭财富的变异原因在发生变化，财富的来源更为多元化，另一方面也提示我们在后续研究中需要进一步拓进模型的解释力。

（1）就年龄变量而言，人均年龄平方在 1988 年和 1995 年两期中对农村家庭人均财富净值的影响并未通过显著性检验，而在其他四期中人均年龄和人均年龄平方皆通过了 0.1% 统计水平的显著性检验，且呈先上升后下降的“倒 U 形”变化趋势。经计算，家庭人均财富净值积累的峰值年龄在 1988 年和 1995 年较高，且不稳定，分别为 80.2 岁和 62.7 岁，这可能是其间市场化时间并不很长所致，因为并未通过相关显著性检验，故不做过多讨论。而 2002 年、2010 年、2012 年和 2014 年的年龄峰值相对较为稳定，皆在 50 岁上下，且略有年轻化的趋势，如 2002 年财富积累的年龄峰值为 53.9 岁，2014 年则下降为 51.0 岁。2002—2014 年家庭人均财富净值积累的年龄峰值较为稳定，至少说明我国农村家庭财富积累的生命周期效应正在形成，即使我们的估计可能包含了部分年龄队列的效应，这拓展了靳永爱和谢宇在中国城镇研究中发现的家庭财富积累的“倒 U 形”现象。①

（2）家庭人均受教育年限在 1988—2014 年 6 期数据中皆显著正向影响家庭人均财富净值，且随着时间推移，回归系数逐渐增大，即影响力逐步增加。例如 1988 年时，家庭人均受教育年限每增加一年，家庭人均财富净值约提高 1.8%，而 2014 年时已经提高到 6.1%。这一研究结果与多项对不同年份教育与家庭财产关系的研究结果一致。② 需要说明的是，李实等在对 1995 年中国城镇家庭财产的研究中发现在控制收入变量后，由于低教育水平家庭更高的边际储蓄率和更低的边际消费率，教育与财产间呈现负向关系。③ 而我们的研究发现，在 1995 年的农村即使控制了收入等变量后，教育对家庭财富的积累仍然有正向的溢出效应。

（3）家庭人均收入对数显著正向影响家庭人均财富净值，家庭人均收入每提高 10%，家庭人均财富净值将提高 1.3%—6.3%。这一结果既可以视为收入对财富净值的影响作用，也可解释为财富的增长促使收入增长，因为财产也可产生财产性收入。整体来看，随着时间推移，家庭人均收入对人均财富净值的影响力有下降趋势，这可能部分地说明了近年来家庭财富来源的多元化趋势，比如代际间日常生活的礼物馈赠、父代为子代购买婚房、置办嫁妆等，甚至包括近年来逐步出现的遗产继承等现象。

（4）家庭中是否有成员是党员变量对家庭人均财富净值的影响在多数年份并不显著，只在 1988 年、2012 年和 2014 年显著，尤其是 2014 年，其回归系数也较大。这说明近年来党员家庭的财富优势有所上升，因为这一结果是在控制收入、教育等变量情况下得到，因而党员身份这一政治资本的财富优势很可能与一些隐性因素有关，甚至牵扯到“灰色收入”等不正当收入，这是需要引起注意的。

（5）与党员身份作用的增强相反，非农工作比例对农村家庭人均财

---

① 靳永爱、谢宇：《中国城市家庭财富水平的影响因素研究》，《劳动经济研究》2015 年第 5 期。

② 李实、魏众、丁赛：《中国居民财产分布不均等及其原因的经验分析》，《经济研究》2005 年第 6 期；梁运文、霍震、刘凯：《中国城乡居民财产分布的实证研究》，《经济研究》2010 年第 10 期。

③ 李实、魏众、［德］古斯塔夫森：《中国城镇居民的财产分配》，《经济研究》2000 年第 3 期。

富净值的影响作用存在下降趋势，且在2014年由之前的负向影响转为正向影响。正如在前文中分析发现非农工作比例的负向影响缘于其对土地价值和生产性固定资产的负向影响，此处发现非农工作比例对家庭财富积累影响作用的下降进一步强化了通过农业生产积累财富的方式的弱化。

（6）就人均承包地面积而言，其与非农工作比例变量一样，随着时间推移，其对家庭人均财富净值的影响作用大小也有减小趋势。原因也基本一致，缘于农业生产在整体居民生产中的弱势地位。

表4-4 **不同时期（1988—2014年）农村家庭财富影响因素的估计结果**

总财富净值	1988—2014	1988	1995	2002	2010	2012	2014
解释变量	MM	M3a	M3b	M3c	M3d	M3e	M3f
人均年龄	0.037***	0.011*	0.011*	0.021***	0.027**	0.048***	0.071***
人均年龄平方	-0.000***	-0.000	-0.000	-0.000**	-0.000**	-0.000***	-0.001***
人均受教育年限	0.038***	0.018***	0.020***	0.022***	0.041***	0.065***	0.061***
人均收入对数	0.293***	0.633***	0.241***	0.521***	0.396***	0.129***	0.166***
有党员家庭	0.045***	0.039**	0.008	-0.000	-0.021	0.105+	0.169**
非农工作比例	-0.120***	-0.368***	-0.164***	-0.271***	0.057	-0.187**	0.161*
人均承包地面积	0.008***	0.001	0.063***	0.051***	0.017**	0.013***	0.0103*
家庭规模	-0.073***	-0.024***	-0.066***	-0.054***	-0.059***	-0.127***	-0.110***
未成年人比例	-0.682***	-1.198***	-0.606***	-0.955***	-1.085***	-0.283***	-0.167+
老年人比例	-0.202***	-0.208***	-0.140**	-0.129**	-0.290**	-0.096	-0.175
省级人均GDP对数	0.410***	0.272***	0.638***	0.240***	0.396***	0.439***	0.218***
时期虚拟变量（1988年为参照组）							
1995年	0.455***	—	—	—	—	—	—
2002年	0.292***	—	—	—	—	—	—
2010年	0.141***	—	—	—	—	—	—
2012年	0.265***	—	—	—	—	—	—
2014年	0.349***	—	—	—	—	—	—
常数项	2.596***	1.683***	1.997***	3.003***	2.179***	3.796***	5.109***
Pseudo R^2	0.4660	0.3929	0.4909	0.4545	0.2345	0.1548	0.1376
F值	2225	406	496	542	107	68	55
样本数（obs）	40948	10251	7996	9178	4810	4325	4388

注：+ $p<0.1$，* $p<0.05$，** $p<0.01$，*** $p<0.001$，且显著性水平来源于稳健标准误的估计。

（7）在1988—2014年，家庭规模对农村家庭人均财富净值皆呈显著负向影响，且影响力有增大趋势。例如 1988 年，家庭中每增加 1 人，家庭人均财富净值减小 2.4%；而 2014 年家庭人均财富净值将会减小 11.0%。从经济理性的角度，这可以成为近年来家庭规模的小型化趋势的一种动力，正是这种家庭规模扩大的财富边际损益使得家庭维持在一个较小规模水平更为理性。

（8）与家庭规模不同，另外两个反映家庭结构的变量——未成年人比例和老年人比例对家庭人均财富净值的影响力随着时间推移则有所下降。

（9）省级人均 GDP 变量在 1988—2014 年一直保持了对家庭人均财富净值的显著正向影响，且这一影响力大小一直处于较高水平。

四　基于分位数回归的农村家庭财富差距分析

前文分析了农村家庭财富水平、结构的影响因素，主要从微观的家庭异质性角度考察了家庭财富积累的决定因素。但这并不能给出家庭财富差距扩大或缩小的原因，至少并不十分明晰什么因素扩大了家庭财富差距，什么因素缩小了家庭财富差距。本部分则试图通过检验不同分位数回归模型估计出的回归系数差异，来考察各影响因素对家庭财富差距的影响作用。该方法的基本原理是先采用分位数回归估计诸因素对不同财富水平组农村家庭人均财富净值的边际贡献，如果某一因素对于高财富水平群体的家庭人均财富净值的边际贡献大于中等财富水平群体和低财富水平群体，则该因素具有扩大财富差距的作用，反之则是缩小财富差距。与上节相同，也分为三部分。首先，对农村家庭总财富净值差距进行分析；其次，对不同财富构成成分的差距进行分析；最后，考察不同决定因素对总财富差距影响的时期差异。

（一）基于分位数回归系数差异检验的农村家庭总财富净值差距分析

表 4－5 给出了农村家庭人均总财富净值影响因素的分位数回归估计结果，主要展示了十分位（模型 M4a）、二十五分位（模型 M4b）、五十分位（模型 M4c）、七十五分位（模型 M4d）和九十分位（模型 M4a）上的回归估计结果，同时加入了 OLS 均值回归（模型 MM）的估计结果作为参照。从 Pseudo R^2 来说，五组分位数模型皆有一定的解释力，且随着

分位点的上移，模型的解释力逐渐增加。

从回归系数显著性来看，无论是低财富组（模型 M4a、M4b）、中等财富组（模型 M4c），还是高财富组（模型 M4d、M4e），模型的主要解释变量总体上均显著。从回归系数随着分位点上移的变化规律而言，既有随着分位点上升，回归系数绝对值逐渐增大的影响因素，例如有党员家庭变量、人均承包地面积、未成年人比例、省级人均 GDP 对数和时期虚拟变量等；也有回归系数绝对值随着分位点上逐渐下降的影响因素，例如人均收入对数、非农工作比例和老年人比例等；同时，有随着分位点上升，回归系数绝对值没有明显变化的影响因素，例如人均受教育年限等。回归系数随分位点变化的这三种情况可能分别对应扩大、缩小和不影响财富差距的情况，但这一影响是否在统计上显著还需做进一步的统计学检验。

表 4－5　**农村家庭财富水平影响因素分位数回归估计结果**

被解释变量	Log（农村家庭人均总财富净值）					
解释变量	OLS MM	QR10 M4a	QR25 M4b	QR50 M4c	QR75 M4d	QR90 M4e
人均年龄	0.037***	0.061***	0.036***	0.023***	0.012***	0.008*
人均年龄平方	-0.000***	-0.001***	-0.000***	-0.000***	-0.000**	-0.000
人均受教育年限	0.038***	0.030***	0.030***	0.031***	0.031***	0.032***
人均收入对数	0.293***	0.432***	0.428***	0.386***	0.321***	0.268***
有党员家庭	0.045***	0.019	0.014	0.023*	0.043***	0.055***
非农工作比例	-0.120***	-0.418***	-0.332***	-0.202***	-0.108***	0.036
人均承包地面积	0.008***	0.007***	0.007***	0.011***	0.014***	0.016***
家庭规模	-0.073***	-0.051***	-0.055***	-0.062***	-0.074***	-0.078***
未成年人比例	-0.682***	-0.993***	-0.955***	-0.805***	-0.657***	-0.541***
老年人比例	-0.202***	-0.277***	-0.217***	-0.195***	-0.136***	-0.056
省级人均 GDP 对数	0.410***	0.279***	0.324***	0.390***	0.478***	0.574***
时期虚拟变量（1988 年为参照组）						
1995 年	0.455***	0.677***	0.565***	0.412***	0.306***	0.206***
2002 年	0.292***	0.483***	0.398***	0.279***	0.185***	0.0701***

续表

被解释变量	Log（农村家庭人均总财富净值）					
解释变量	OLS MM	QR10 M4a	QR25 M4b	QR50 M4c	QR75 M4d	QR90 M4e
2010 年	0.141***	-0.227***	-0.0153	0.122***	0.221***	0.264***
2012 年	0.265***	-0.177***	0.104***	0.234***	0.346***	0.417***
2014 年	0.349***	-0.130*	0.176***	0.338***	0.449***	0.556***
常数项	2.596***	1.441***	2.021***	2.398***	2.741***	2.720***
Pseudo R^2	0.4660	0.2451	0.2947	0.3387	0.3788	0.4032
F 值	2225.08	—	—	—	—	—
样本数（obs）	40948					

注：$^{+}p<0.1$，$^{*}p<0.05$，$^{**}p<0.01$，$^{***}p<0.001$。

对不同水平财富组而言，上述诸因素的影响方向或影响程度并不完全一致。本部分选用了二十五分位、五十分位和七十五分位三个分位点的回归系数，使用 F 值检验了三者的系数差异，检验结果如表 4-6 所示。系数差异反映了解释变量对不同家庭财富净值分位上的边际回报的差值，其显著性水平则表明了这一差值的显著性水平。因为皆是用高分位的回归系数减去低分位的回归系数，故当系数差异值为正时表明该解释变量扩大了农村家庭财富差距；反之则起到了缩小财富差距的作用。具体分析如下：

（1）就年龄和年龄平方变量而言，其揭示了农村家庭人均财富净值积累随着年龄增长呈现“倒 U 形”变化规律，这符合一般生命周期积累理论。经计算，低、中、高财富组[①]的年龄峰值分别为 49.2 岁、53.0 岁和 62.4 岁。由此可见，一定程度上的年龄增长对高财富组家庭的人均财富积累更有利，可以说年龄一定程度上扩大了家庭人均财富差距。在不考虑遗产机制的生命周期模型中，家庭财富差距被完全归因于生命周期的积累，即使除了年龄外各方面都完全平等，临近退休者（最富裕的人群）和刚入职者（最贫穷的人群）间也存在巨大的财富差距，因而年龄差异

① 此处低、中、高财富组家庭分别只选用了二十五、五十和七十五三个分位点的回归模型估计结果作为代表。

本身在很大程度上成了财富不平等的原因。[①]

（2）家庭人均受教育年限“系数差”并没有通过相应显著性水平的检验，这说明教育对农村家庭人均财富差距的形成呈现中性作用。这与多数收入不平等研究中发现技术进步导致高收入群体教育的边际收益率提高，最终导致收入不平等上升的现象存在差异。[②] 可能因为教育水平较高群体往往拥有更高且稳定的收入，从而对未来风险预期更低，有着更高比例的消费支出和相对较低的储蓄率，这些综合作用使得教育在家庭财富差距的形成中呈现中性作用。

（3）就家庭人均收入对数变量而言，其“系数差”显著且为负，表明收入水平的提高有利于缩小农村家庭人均财富差距。高财富组的家庭可以依赖收入外的途径，如父辈的经济转移、更高的储蓄率[③]等方式积累更多的家庭财富；而低财富组的家庭财富积累途径相对单一。因此，促进农民收入持续增长有利于缩小财富差距。

（4）有家庭成员是党员的家庭变量的“系数差”在部分分位数间（Q75 - Q25 和 Q75 - Q50）5%统计水平上显著且为正，表明其一定程度上具有扩大家庭人均财富差距的作用。可见，政治资本在高财富组家庭可以发挥更大经济作用。而对于低财富组家庭不但缺少这些政治资本，而且政治资本的回报也要低于高财富组家庭，二者的合力会进一步加深贫富差距，构建牢固的阶层壁垒。

（5）就非农工作比例变量而言，其“系数差”显著且为正，表明非农工作比例的提高会扩大农村家庭人均财富的差距。这一定程度上再次说明了农业和其他产业如工业、服务业间的劳动报酬差距。那些非农工作比例高的家庭从其他行业中获得更高的报酬，而农业生产的弱势使得那些非农工作比例低的家庭的财富难以得到有效积累。如果说农业效益相对其他行业效益的下降是技术进步和经济发展的必然规律，那么转移农业人口则是解决这一问题的有效手段。同时，由于从事农业人口的减少，其相对收

① Davies J. B. and Shorrocks A. F., “The Distribution of Wealth”, in Anthony Atkinson and Francois Bourguignon, eds., *Handbook of Income Distribution*, Vol. 1, Amsterdam: North Holland ELSEVIER, 2000, pp. 605 - 675.

② 高梦滔、姚洋：《农户收入差距的微观基础：物质资本还是人力资本?》，《经济研究》2006 年第 12 期；徐舒：《技术进步、教育收益与收入不平等》，《经济研究》2010 年第 9 期。

③ 既有研究表明财富积累具有代际传递性，即富裕者的子女也更为富裕；同时富人的储蓄率也高于穷人。

入也会提升。这样，既可以增加农业人口的家庭财富，也可以缩小社会整体的财富差距。

（6）就人均承包地面积而言，其“系数差”显著且为正，表明家庭人均承包地面积的增加会扩大农村家庭人均财富差距。

（7）家庭规模变量“系数差”显著且为负，表明适当增加家庭规模有助于缩小农村家庭人均财富差距。CFPS 和 CHIP 数据显示，高财富组的家庭规模要明显小于低财富组，如最富裕的 1/10 人口的家庭规模只有 3.1 人，而最贫穷的 1/10 人口的家庭规模则高达 4.4 人。可见，从缩小家庭人均财富差距来说，贫穷家庭选择更大的家庭规模是理性选择的结果。

（8）未成年人比例“系数差”显著且为正，表明家庭未成年人比例的增加会扩大农村家庭人均财富差距。即富裕家庭因为未成年人比例增长而损失更多的边际财富，这与现实中富裕家庭剩余更少的小孩存在一定的关联性。可能的原因是富裕家庭更追求孩子培养的质量，投入更多的资源所致。

（9）老年人比例的“系数差”在部分分位数间（Q75 - Q25 和 Q75 - Q50）5%统计水平上显著且为正，表明老年人比例的增加会一定程度上扩大农村家庭人均财富差距，但其影响效应明显小于未成年人比例的增长。这可能与老年人曾经积累过一定的财富有关。

（10）省级人均 GDP 对数变量的“系数差”显著且为正，可见省级 GDP 的增长一定程度上会扩大农村家庭人均财富差距。这也从侧面反映出高人均 GDP 地区与低人均 GDP 地区间的家庭财富差距可能会随着经济的增长进一步拉大。

（11）时期虚拟变量“系数差”皆显著，1995 年和 2002 年为负，而 2010 年、2012 年和 2014 年为正，这表明时期效应在前两期具有缩小农村家庭人均财富差距的作用，而在后三期则呈现扩大农村家庭人均财富差距的作用。由于时间虚拟变量一定程度上反映了技术进步和改革的后果，因而可以认为，技术进步、一系列农村改革在促进农户整体财产增长的同时，既可能缩小农村家庭间的财富差距，也可能拉大农村家庭间的财富差距，而近年来则主要表现为拉大农村家庭间的财富差距，这急需引起我们的高度重视。

表 4-6 **分位数回归系数差异检验结果（家庭总财富净值）**

解释变量	Q75 - Q25		Q75 - Q50		Q50 - Q25	
	系数差	F 值	系数差	F 值	系数差	F 值
人均年龄	-0.0234***	43.62	-0.0110***	14.20	-0.0124***	13.20
人均年龄平方	0.0003***	39.22	0.0003***	12.24	0.0003***	13.51
人均受教育年限	0.0008	0.16	-0.0003	0.02	0.0011	0.43
人均收入对数	-0.1070***	135.39	-0.0650***	110.21	-0.0420***	42.35
有党员家庭	0.0294*	4.85	0.0201*	4.74	0.0093	0.99
非农工作比例	0.2240***	72.39	0.0940***	28.92	0.1300***	54.01
人均承包地面积	0.0070***	47.48	0.0035*	4.95	0.0035+	3.45
家庭规模	-0.0189***	26.83	-0.0115***	22.65	-0.0074*	5.52
未成年人比例	0.2980***	108.45	0.1480***	57.73	0.1500***	32.94
老年人比例	0.0810*	4.78	0.0590*	5.92	0.0220	0.39
省级人均 GDP 对数	0.1540***	123.02	0.0880***	116.72	0.0660***	47.11
时期虚拟变量（1988 年为参照组）						
1995 年	-0.2590***	650.21	-0.1060***	172.96	-0.1530***	309.45
2002 年	-0.2130***	186.67	-0.0940***	71.83	-0.1190***	89.11
2010 年	0.2363***	46.03	0.0990***	18.06	0.1373***	20.16
2012 年	0.2420***	55.08	0.1120***	16.55	0.1300***	43.62
2014 年	0.2730***	69.58	0.1110***	13.04	0.1620***	87.13

注：显著性水平：+ $p<0.1$，* $p<0.05$，** $p<0.01$，*** $p<0.001$。

前文分位数回归的分析仅是选择了 Q25、Q50 和 Q75 三个代表性分位点上的估计结果，一定程度上这三者较好地代表了低、中、高财富组的家庭人均财富净值水平。但为了更全面地体现所有分位点上各自变量对因变量的全方位影响，笔者利用 stata 软件绘制了图 4-1。像人均收入对数、非农工作比例、人均承包面积、家庭规模、未成年人比例、省级人均 GDP 对数和时期虚拟变量等这些变量的全分位回归系数图都表现出明显的上升、下降或波动较大等特征，这类变量的系数差异的显著性在前文（表 4-6）中表现为显著。而像人均受教育年限这些变量的全分位回归系数图则表现相对平稳，这类变量的系数差异的显著性在前文（表 4-6）中表现为不显著。由此可见，表 4-6 的估计结果在全分位回归系数变化图中基本得到了体现，对于 Q25、Q50 和 Q75 三个代表性分位点的选择是较为适宜的，主要研究结论也是较为稳健和可信的。

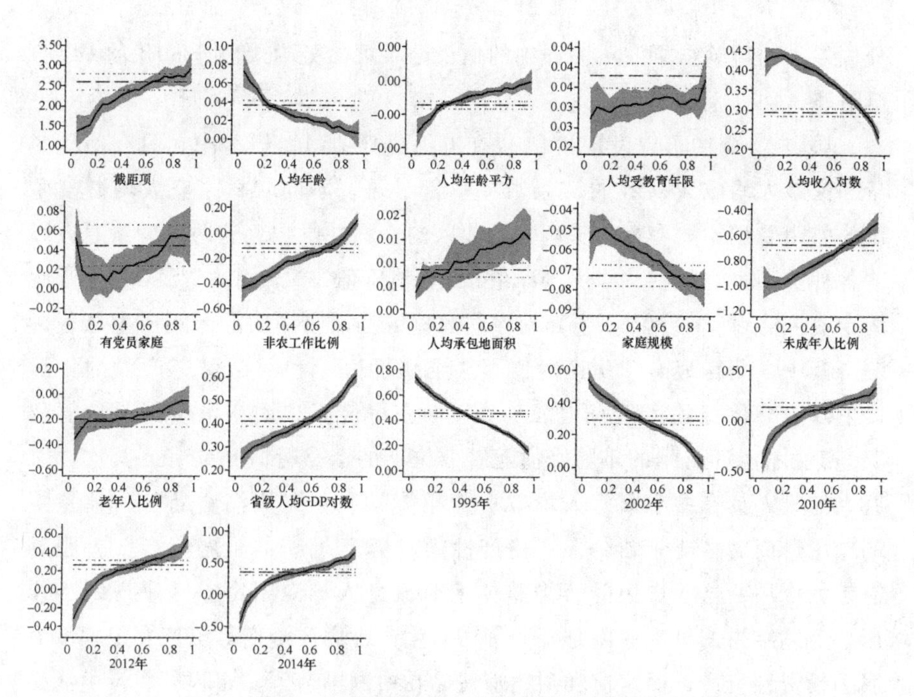

图 4－1　解释变量全分位回归系数变化

注：(1) 实线是分位数回归估计系数，阴影部分是其置信区间（置信度为 0.95）；较粗虚线是 OLS 估计值，其上下两条细虚线所围区域为其置信区间（置信度为 0.95）；(2) 横轴表示农村家庭财产水平的不同分位点，纵轴表示回归系数值。

（二）基于农村家庭财富结构分解的进一步分析

家庭财富包含了多种财富内容，这些财富的获得途径和激励并不完全相同。前述对农村家庭总财富净值的分析只是一种综合分析，本部分则采用与前文相同的模型结构，对农村家庭人均财富的 5 类主要构成：房产净值、土地价值、耐用消费品、生产性固定资产和金融资产分别进行建模。① 限于篇幅，关于各分项财富的分位数回归结果以及 Q75－Q50 和 Q50－Q25 分位差异检验结果不再呈现和汇报，只报告 Q75－Q25 的分位数回归系数差异检验结果（见表 4－7）。其中，生产性固定资产为零的农村家庭较多，难以估计其低分位的回归结果，故表中呈现的是 Q75－Q50

① 由于拥有非住房负债的农村家庭较少，无法使用分位数回归单独对其进行建模。同时，其占总体非金融财产份额也较少。因而，在对农村家庭人均财富差距的结构分解中没有进一步分析非住房负债。

分位差异的检验结果。更为详细的估计结果可参见附录部分的附表 A4 - 3 至附表 A4 - 7。

从表 4 - 7 中可以发现：(1) 在五组各分项财富模型中，只有年龄变量和家庭人均收入对数的“系数差”都显著，不同农村家庭人均财富净值的差距受到年龄变量和家庭人均收入的全面性影响，这两类变量通过影响各种类型家庭财富（“房产净值”“土地价值”“耐用消费品”“生产性固定资产”和“金融资产”）对农村家庭人均财富净值的差距产生显著影响。其中，获得最高“房产净值”“土地价值”和“金融资产”的年龄峰值随着分位点的上移有增加趋势，而获得最高“耐用消费品”价值和“生产性固定资产”的年龄峰值随着分位点的上移有减小趋势。其次，家庭人均收入具有缩小家庭人均“房产净值”和“耐用消费品”价值差距的作用，而对“土地价值”“生产性固定资产”和“金融资产”差距具有扩大作用，这些作用的合力整体上对家庭人均总财富差距呈现缩小作用。上述结果的可能原因是金融资产、生产性固定资产等资产一定程度上属于投资性资产，而房产和耐用消费品在中国国情下一定程度属于生活必需品。收入较低家庭会通过减小消费增加储蓄等各种方式获得生活必需品，从而收入的增加会缩小房产、耐用消费品等生活必需品的家庭差距。而属于投资品的资产则会经由资产的自我放大作用进一步拉大财富差距。

(2) 除年龄变量和人均收入对数外，其余各解释变量对农村家庭人均财富差距的影响是结构性的。表现为各解释变量的“系数差”均仅在部分模型中显著，其仅仅通过影响部分财富的构成成分对农村家庭人均财富差距产生影响。例如家中是否有党员变量只会扩大“土地价值”和“金融资产”的差距。家庭人均承包地面积主要通过对“房产净值”和“金融资产”的作用而扩大农村家庭人均总财富净值的差距。老年人比例则通过对“房产”“土地”和“金融资产”的作用而影响农村家庭人均总财富净值的差距。

(3) 进一步分析可以发现，部分解释变量的“系数差”在四组模型中的方向并不一致，即该变量对某种类型财富差距具有缩小作用时，却可能对另一类型财富差距起到扩大作用。例如：前文分析的家庭人均收入对数变量；又例如人均受教育年限扩大了家庭间“土地价值”“生产性固定资产”和“金融资产”的差距，而缩小了家庭间“耐用消费品”的差距，而对“房产净值”差距的作用则不显著。未成年人比例对于“房产净值”

和“土地价值”有扩大差距的作用，却对“生产性固定资产”和“金融资产”起到了缩小差距的作用。可见，不同类型的财富内容所受到的影响因素不同，而这些不同影响因素对农村家庭财富差距的影响路径也不同。

表4-7　农村家庭财富构成成分的分位数回归系数差异检验结果

解释变量	系数差（Q75-Q25）					
	人均总财富	房产净值	土地价值	耐用消费品	生产性固定资产	金融资产
人均年龄	-0.0234***	-0.0436***	-0.2411***	-0.0289**	0.0822***	0.0594***
人均年龄平方	0.0003***	0.0005***	0.0028***	0.0004***	-0.0011***	-0.0006***
人均受教育年限	0.0008	0.0008	0.0089+	-0.0320***	0.0226***	0.0825***
人均收入对数	-0.1070***	-0.0868***	0.0581***	-0.1032***	0.1290***	0.5525***
有党员家庭	0.0294*	0.0056	0.0336*	-0.0272	0.0132	0.1686***
非农工作比例	0.2240***	0.1054*	1.4135***	0.0829+	0.0401	0.4627***
人均承包地面积	0.0070***	0.0140***	0.0042	0.0019	-0.0061	0.0064*
家庭规模	-0.0189***	-0.0365***	-0.0549***	-0.0114	-0.0329***	-0.1034***
未成年人比例	0.2980***	0.2612***	0.1924***	0.0188	-0.3511***	-0.8710***
老年人比例	0.0810*	0.1926**	0.7533***	-0.1283	0.1635	0.1660+
省级人均GDP对数	0.1540***	0.0280	0.2858***	-0.0346+	0.1083**	0.6930***
时期虚拟变量（1988年为参照组）						
1995年	-0.2590***	-0.3456***	-0.4760***	—	0.2006***	-3.6966***
2002年	-0.2130***	0.1698***	-0.6990***	0.3471***	0.0435	-4.2553***
2010年	0.2363***	0.7305***	0.9598***	0.9075***	4.4560***	0.7581***
2012年	0.2420***	0.7047***	-0.0492	0.7859***	4.1842***	-4.2303***
2014年	0.2730***	0.5924***	1.9372***	0.6699***	4.4694***	0.8829***

注：（1）显著性水平：$^{+}p<0.1$，$^{*}p<0.05$，$^{**}p<0.01$，$^{***}p<0.001$；（2）其中，生产性固定资产比较的是Q75-Q50的系数差。

（三）不同决定因素对农村家庭总财富差距影响的时期差异分析

前文基于农村家庭人均财富结构分解的进一步分析，有助于探究影响因素对农村家庭人均财富净值差距的影响机理和作用路径。农村家庭财富差距在不同时期受到各影响因素的影响也可能不同。于是，笔者将6期（1988年、1995年、2002年、2010年、2012年和2014年）数据分别进行分析，以发现家庭财富差距影响因素的时期变化。同上一节相同，笔者只报告Q75 - Q25的分位数回归系数差异检验结果（见表4 - 8），更为详细的估计结果可参见附录部分附表A4 - 8至附表A4 - 13。

从表4 - 8中可以发现：(1) 所有的解释变量的"系数差"并没有在每一时期都显著，但显著时，"系数差"的方向是基本一致的，这表明各解释变量对农村家庭人均财富差距的影响虽然在不同时期存在差异，但在扩大差距还是缩小差距的作用方向上各时期是基本一致的。例如人均收入对数对农村家庭财富差距的影响在2012年不显著，但在其他所有年份皆具有缩小家庭财富差距的作用。其他如有党员家庭变量、非农工作比例、家庭规模、未成年人比例、老年人比例、省级人均GDP对数等变量皆具有相似作用。(2) 只有人均受教育年限和人均承包地面积两个变量在部分年份表现出扩大家庭人均财富差距的作用，又在其他年份中表现出缩小家庭人均财富差距的作用。

表4 - 8 **不同时期（1988—2014年）农村家庭财富分位数回归系数差异检验结果**

解释变量	系数差（Q75 - Q25）						
	1988年—2014年	1988年	1995年	2002年	2010年	2012年	2014年
人均年龄	-0.0234***	-0.0249***	0.0128	0.0005	-0.0052	-0.0597**	-0.0609***
人均年龄平方	0.0003***	0.0003**	-0.0002	-0.0000	0.0001	0.0006**	0.0006***
人均受教育年限	0.0008	-0.0033	0.0106**	-0.0114**	0.0022	0.0070	-0.0152*
人均收入对数	-0.1070***	-0.1010***	-0.0831***	-0.0850***	-0.1411***	0.0333	-0.0592*
有党员家庭	0.0294*	-0.0207	0.0331	0.0192	0.0500	0.1914*	0.0677
非农工作比例	0.2240***	0.2025***	0.1788***	0.1353***	0.3898***	-0.0221	0.1993
人均承包地面积	0.0070***	0.0002	0.0350***	-0.0236***	-0.0116*	0.0011	-0.0044
家庭规模	-0.0189***	-0.0076+	-0.0128	-0.0296***	-0.0512***	-0.0337*	-0.0594**
未成年人比例	0.2980***	0.2183***	0.2582***	0.2620***	0.6570***	0.0514	0.1850+

续表

解释变量	系数差（Q75 - Q25）						
	1988 年—2014 年	1988 年	1995 年	2002 年	2010 年	2012 年	2014 年
老年人比例	0.0810*	0.0022	0.1304*	0.0003	0.3884**	0.0119	0.2704+
省级人均 GDP 对数	0.1540***	0.0861***	0.1258***	0.2324***	0.0511	-0.0770	0.0510
时期虚拟变量（1988 年为参照组）							
1995 年	-0.2590***	—	—	—	—	—	—
2002 年	-0.2130***	—	—	—	—	—	—
2010 年	0.2363***	—	—	—	—	—	—
2012 年	0.2420***	—	—	—	—	—	—
2014 年	0.2730***	—	—	—	—	—	—

注：+ $p<0.1$，* $p<0.05$，** $p<0.01$，*** $p<0.001$。

五　基于夏普里值分解法的农村家庭财富差距分析

前文只是探讨了农村家庭人均财富净值的影响因素以及这些影响因素在财富差距的形成中的作用方向，并没有提供影响因素在农村家庭财富差距形成过程中的具体贡献和相对大小。本部分则在前文一般 OLS 回归模型的分析基础上，使用夏普里值分解方法，估算出诸影响因素的具体贡献大小（具体分解方法详见前文研究方法部分的论述）。

分解基于表 4-4 中 7 个模型的回归结果，对每个模型被解释变量（家庭人均总财富净值）差距的基尼系数进行分解，分解结果如表 4-9 所示。整体来看，对于 1988—2014 年整体样本来说，实证模型解释了 69.2% 的家庭人均财富的差距。而对分期样本（共 6 期）来说，实证模型解释了 38.7%—70.6% 的家庭人均财富的差距。

首先，在 1988—2014 年整体样本模型中，省级人均 GDP 对数和人均收入对数对家庭人均财富差距的影响最大，百分比贡献率分别为 21.88% 和 15.90%。家庭人均年龄变量、时期变量、家庭规模、未成年人比例和人均受教育年限等变量也对家庭人均财富差距影响较大，这些变量的百分比贡献率在3.25%—8.86%。而有党员家庭、非农工作比例、人均承包地面积和老年人比例等变量对家庭人均财富差距的影响较小，百分比贡献率皆在1%以下。

其次，从各时期的分解模型来看，农村家庭财富差距决定因素的百分比贡献率随着时间推移有升有降。其中，人均年龄、人均受教育年限和家庭规模等变量对农村家庭人均财富差距的百分比贡献率随着时间推移有所上升。例如人均受教育年限对农村家庭人均财富差距的百分比贡献率由1988年的2.20%上升到2002年的2.45%，再上升到2014年的8.29%，这与前文的估计结果存在一致性，即教育在增加家庭财富积累的同时也扩大了财富差距，且这一作用在强化。又例如家庭人均年龄对农村家庭人均财富差距的百分比贡献率由1988年的2.54%上升到2002年的5.67%，又迅速上升到2014年的10.91%。由于年龄对于个体或者家庭的整个生命历程来说只是不同阶段的差异而已，其对家庭财富差距的作用很大程度上可以认为是中性的，从这个角度来说，其贡献率的上升在社会公平意义上是积极的。但由于我国改革开放至2014年仅30余年，其间积累了大量财富的个体仍然在世，他们的财富如何分配，即遗产继承问题，将会对整个社会的经济不平等问题带来极大的不确定性。

当然，也有解释变量对农村家庭人均财富差距的百分比贡献率随着时间推移有所下降，例如人均收入对数、未成年人比例和省级人均GDP对数等变量。以人均收入对数为例，在1988年时，人均收入对数对农村家庭人均财富差距的百分比贡献率约为34.72%，之后下降到2010年的18.46%，又迅速下降到2014年的7.74%。这可能部分地说明了家庭财富积累的多元化趋势，即家庭财富的积累除依赖于收入外，其他如礼物馈赠、代际转移、遗产继承等形式逐步突出。

表4-9 **农村家庭财富差距的分解结果：基于回归分析的基尼系数的分解** （单位:%）

解释变量	总体样本	1988年	1995年	2002年	2010年	2012年	2014年
人均年龄	8.86	2.54	3.17	5.67	6.05	9.30	10.91
人均受教育年限	3.25	2.20	2.53	2.45	5.39	9.60	8.29
人均收入对数	15.90	34.72	15.33	32.77	18.46	5.47	7.74
有党员家庭	0.21	0.36	0.07	-0.00	0.00	0.46	0.70

续表

解释变量	总体样本	1988 年	1995 年	2002 年	2010 年	2012 年	2014 年
非农工作比例	-0.22	-0.33	-0.19	0.36	0.37	-0.07	1.50
人均承包地面积	0.25	0.08	3.85	3.56	0.95	0.94	0.50
家庭规模	5.29	1.99	6.09	4.30	3.10	7.65	5.65
未成年人比例	5.05	12.96	8.03	10.54	8.71	1.92	0.77
老年人比例	0.18	0.32	0.29	0.28	1.18	0.46	1.14
省级人均 GDP 对数	21.88	7.34	31.46	8.20	5.40	4.73	1.52
时期变量	8.58	—	—	—	—	—	—
残差	30.78	37.83	29.37	31.88	50.38	59.54	61.28
100 × Gini	58.87	37.41	33.70	38.39	57.52	57.15	59.47

六　小结

本章使用 CHIP 1988、CHIP 1995、CHIP 2002 年和 CFPS 2010、CFPS 2012、CFPS 2014 共 6 期中国农村地区调查数据，从家庭异质性角度出发，考察了以家庭各项特征为主的诸微观因素对中国农村家庭财富水平、结构和差距的影响。综合前述研究结果，可以得出如下几个主要研究结论：

第一，从农村家庭财富水平来看，其影响因素多元且复杂，既有教育、收入、职业、党员身份等人力资本影响因素，也有家庭人均年龄、规模大小、未成年人比例、老年人比例等家庭结构影响因素，还受到省级人均 GDP、时期虚拟变量（反映技术进步及改革等）等外部宏观因素的影响。（1）从地区差异来看，我国农村家庭财富水平的地区差异可能并不是微观要素的回报差异所致，而是微观要素的构成差异以及其他宏观因素差异所致；各微观因素对家庭人均财富净值的影响作用（回报率）在不同地区的表现与当地经济发展情况存在一定关联。（2）从财富构成成分来看，不同类型的家庭财富所受到的影响因素不同，而不同影响因素对农村家庭财富水平的影响路径也存在差异。其中，人均年龄和人均年龄平方（生命周期效应）、人均收入对数、未成年人比例、老年人比例、省级人均 GDP 等变量对农村家庭人均财富水平的影响是全面性的，其通过各种类型财富（房产净值、土地价值、耐用消费品、生产性固定资产、金融资产和非住房负债）对农村家庭财富水平产生显著影响；其余变量（如人均受教育年限、是否有家庭成员是党员和人均承包地面积等）对农村家庭财富水平的影响是结构性的，其仅仅通过影响家庭财富中的部分类型财富对农村家庭财富水平产生影响。（3）从时期变化来看，随着财富来源的多元化，现有模型的整体解释力有下降趋势。各影响因素对农村家庭财富水平的影响在1988—2014年的不同时期存在一定差异，既有影响力上升的因素，如人均受教育年限、有党员家庭变量和家庭规模等变量；有影响力下降的因素，如人均收入对数、非农工作比例和人均承包地面积等变量；也有因素的影响力基本保持不变，例如家庭人均峰值年龄和省级人均GDP对数等变量。

第二，从农村家庭财富差距来看，其决定因素与影响家庭财富水平或积累的因素基本一致。（1）其中，年龄、有党员家庭、非农工作比例和省级人均GDP等多数因素扩大了农村家庭人均财富差距；而人均收入和家庭规模等变量具有缩小农村家庭人均财富差距的作用。而时期变量在部分年份扩大财富差距，部分年份则缩小财富差距。（2）进一步基于财富结构分解的结果表明，不同类型的财富差距所受到的影响因素不同，而不同影响因素对农村家庭财富差距的影响路径也不同。其中，只有年龄变量和家庭人均收入对数对农村家庭人均财富净值的差距的影响是全面性的，其通过影响各种类型家庭财富（“房产净值”“土地价值”“耐用消费品”“生产性固定资产”和“金融资产”）对农村家庭人均财富净值的差距产生显著影响。其余多数变量（如有党员家庭、人均承包地面积和老年人比例等）对农村家庭人均财富差距的影响是结构性的，其仅仅通过影响部分财富的构成成分对农村家庭人均财富差距产生影响。（3）从时期变化来看，各因素对农村家庭人均财富差距的影响虽然在不同时期存在差异，但在扩大差距还是缩小差距的作用方向上在各时期是基本一致的。只有人均受教育年限和人均承包地面积两个变量在部分年份表现出扩大家庭人均财富差距的作用，又在其他年份中表现出缩小家庭人均财富差距的作用。

第三，从影响因素的贡献率来看，省级人均GDP对数和人均收入对数对家庭人均财富差距的贡献率最大，其他贡献率较大的影响因素还包括人均年龄变量、时期变量、家庭规模、未成年人比例和人均受教育年限等。分时期来看，农村家庭财富差距决定因素的百分比贡献率随着时间推移有升有降。其中，人均年龄、人均受教育年限和家庭规模等变量对农村家庭人均财富差距的百分比贡献率随着时间推移有所上升。也有解释变量对农村家庭人均财富差距的百分比贡献率随着时间推移有所下降，例如人均收入对数、未成年人比例和省级人均 GDP 对数等变量。

第五章

市场、政治因素与农村家庭财富分配

一 引言

有关中国经济转型对社会经济不平等影响的研究，形成了两派针锋相对的观点。一方是以倪志伟为代表的“市场转型论”，它强调新兴市场经济的重要性。市场经济的兴起催生新的资源分配机制，继而挑战并弱化社会主义国家再分配体制，表现为人力资本回报提升和政治资本回报下降。[①] 另一方发现拥有政治资本的个体在抓住新经济机会方面更有优势，如昔日官员和国有企业经理能够迅速将自己的政治特权转变成经济优势，成为企业家或上市公司的董事；[②] 干部可以从土地、厂房等公共资产的再分配中寻租，获得额外的经济收益，[③] 其亲属、子女也更易获得高薪职业，[④] 可以将这一派观点总结为“权力维继论”，它强调政治精英在经济改革中保持了自身社会经济地位的优势。也有研究试图整合二者关系，如

---

① Nee V.，“A Theory of Market Transition: From Redistribution to Markets in State Socialism”，*American Sociological Review*，Vol. 54，No. 5，1989，pp. 663 - 681；Nee V.，“The Emergence of a Market Society: Changing Mechanisms of Stratification in China”，*American Journal of Sociology*，Vol. 101，No. 4，1996，pp. 908 - 949.

② Bian Y. and Logan J. R.，“Market Transition and the Persistence of Power: The Changing Stratification System in Urban China”，*American Sociological Review*，Vol. 61，No. 5，1996，pp. 739 - 758；吴晓刚：《“下海”：中国城乡劳动力市场转型中的自雇活动与社会分层（1978—1996）》，《社会学研究》2006 年第 6 期。

③ Walder A. G.，“The Decline of Communist Power: Elements of a Theory of Institutional Change”，*Theory and Society*，Vol. 23，No. 2，1994，pp. 297 - 323.

④ Walder A. G.，“Markets and Income Inequality in Rural China: Political Advantage in an Expanding Economy”，*American Sociological Review*，Vol. 67，No. 2，2002，pp. 231 - 253.

周雪光提出的"政治市场共同演化论"[①]、边燕杰和张展新提出的"市场—国家互动论"[②]，都强调了政治和市场相互影响并制约和改变着对方。

以上理论虽然皆是在阐释经济改革与经济不平等的关系，但都以收入为主要因变量。而财富作为经济活动后果的一项重要指标，却鲜有提及。经济改革中，哪些人积累了更多财富？市场和政治因素在其中又会分别起到怎样的作用？这些影响是否存在地区和财富水平的异质性？都还是有待解答的问题。借鉴收入不平等研究的常用分析思路，我们提出了关于家庭财富研究的分析框架（见图5－1）。首先，市场因素和政治因素可以通过影响家庭收入间接影响家庭财富的积累，也可以直接影响家庭财富的获得。其次，市场和政治因素对家庭财富的影响可能因财富类型不同（如非金融财产、金融财产等）、地区不同和财富水平的不同而存在异质性。

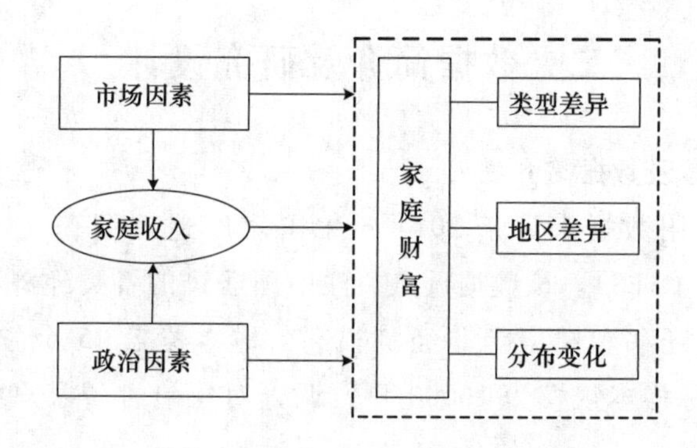

图5－1　分析框架

就市场因素而言，既有研究较多使用教育回报反映市场效率。[③] 一般认为，随着市场经济的发展，教育对经济地位获得的影响作用将会上升。[④] 教

① Zhou X. G., "Economic Transformation and Income Inequality in Urban China: Evidence from Panel Data", *American Journal of Sociology*, Vol. 105, No. 4, 2000, pp. 1135－1174.

② Bian Y. and Zhang Z., "Marketization and Income Distribution in Urban China, 1988 and 1995", *Research in Social Stratification and Mobility*, No. 19, 2002, pp. 377－415.

③ Zhou X. G., "Economic Transformation and Income Inequality in Urban China: Evidence from Panel Data", *American Journal of Sociology*, Vol. 105, No. 4, 2000, pp. 1135－1174.

④ Nee V., "A Theory of Market Transition: From Redistribution to Markets in State Socialism", *American Sociological Review*, Vol. 54, No. 5, 1989, pp. 663－681.

育在中国家庭财富积累中的作用还存在争议，如梁运文等发现农村家庭财富与户主受教育程度无关，[①] 这与人力资本理论不一致。他们认为这是因为在农村以体力劳动为主的模式中，人力资本难以直接转化为较高的劳动生产率，继而难以转化为收入和财富。但该研究结果是基于2005年和2007年的数据，近年来农村经济的快速发展可能已经改变这一现状。另外家庭中是否有成员经营个体、私营企业或者自主创业更是市场因素的直接测量，市场化会增加对企业家的回报。[②]

就政治因素而言，既有研究较多以党员身份和干部身份测量。[③] 在城市中，拥有政治资本的家庭从住房私有化的改革中受益更大，[④] 且能从体制内获得各项福利从而减小支出。[⑤] 而在农村，政治资本对经济生活的直接干预和影响远不如城市，但有政治资本的家庭在收入上仍然存在优势，[⑥] 因而政治因素对家庭财富的影响仍需进一步研究。

二 数据简介及研究设计

（一）样本及数据简介

本研究所用数据来源于2014年中国家庭追踪调查（China Family Panel Studies，CFPS）。该数据重点关注中国居民的各类经济活动以及家庭关系、人口迁移和健康等非经济福利，样本覆盖25个省（自治区、直辖市），目标样本规模为16000户，调查对象包含了家户中的所有家

① 梁运文、霍震、刘凯：《中国城乡居民财产分布的实证研究》，《经济研究》2010年第10期。

② Walder A. G.，"Markets and Income Inequality in Rural China: Political Advantage in an Expanding Economy"，*American Sociological Review*，Vol. 67，No. 2，2002，pp. 231－253.

③ Nee V.，"A Theory of Market Transition: From Redistribution to Markets in State Socialism"，*American Sociological Review*，Vol. 54，No. 5，1989，pp. 663－681；Xie Y. and Hannum E.，"Regional Variation in Earnings Inequality in Reform-era Urban China"，*American Journal of Sociology*，Vol. 101，No. 4，1996，pp. 950－992.

④ Walder A. G. and He X.，"Public Housing into Private Assets: Wealth Creation in Urban China"，*Social Science Research*，No. 46，2014，pp. 85－99.

⑤ 靳永爱、谢宇：《中国城市家庭财富水平的影响因素研究》，《劳动经济研究》2015年第5期。

⑥ Walder A. G.，"Markets and Income Inequality in Rural China: Political Advantage in an Expanding Economy"，*American Sociological Review*，Vol. 67，No. 2，2002，pp. 231－253.

庭成员。[①] 就本研究的对象而言，CFPS2014 数据包含了我国居民家庭详细的各项金融、非金融资产等信息，因而其对研究我国家庭财富问题具有重要价值。

在既有研究中，家庭财富一般操作化为家庭总资产净值，由总资产减去总债务获得。[②] 参照既有研究和 CFPS 调查所能提供的信息，我们将总资产分为非金融资产和金融资产。其中，非金融资产包括房产净值、土地价值、[③] 耐用消费品和生产性固定资产等项。金融资产则包括现金和存款总值、股票、基金和别人欠自己家的钱等项。同时，考虑到房产在家庭财富中的重要作用以及家庭收入与家庭财富间的密切关系，我们也对自有住房资产净值和家庭总收入（包括过去一年各项财产性收入、转移性收入、劳动收入和其他收入）进行考察。考虑到儿童一般没有收入来源和财富积累能力，我们在后文模型中使用的资产和收入皆是除以家中 16 岁及以上成年人数后得到的均值。另外，在数据处理中，对于部分缺失较大的重要变量我们选用的是经多重插补后的数值，并剔除了部分数据不全和数值异常的样本。同时，由于我国特有的城乡二元结构，城市和农村家庭财富积累方式存在巨大差异，不适合将二者放在同一个模型中进行研究。因而，根据研究需要，我们只选择了农村样本，最后得到了 4388 个有效样本。

表 5 -1 给出了关键变量的描述性统计结果。数据显示，农村家庭人均总资产净值为 9. 52 万元，最高值为 511. 41 万元；其中，人均非金融资产净值与人均金融资产净值均值分别为 9. 37 万元和 0. 85 万元。农村家庭人均住房资产净值为 6. 68 万元。农村家庭人均收入为 1. 47 万元，人均受教育年限为 5. 30 年。家中有成员经营个体或私营企业、创业的家庭占所有家庭的 15. 3% ，拥有党员的家庭占比 11. 2% ，干部家庭占到 3. 0% 。一般家庭规模为 4. 21 人，而抚养系数比为 0. 43。

---

① 关于 CFPS 调查抽样方法和数据收集等更为详细的信息可参见其官网：http：//www. iss s. edu. cn/cfps/。

② Davies J. B. and Shorrocks A. F. , "The Distribution of Wealth", in Anthony Atkinson and Francois Bourguignon, eds. , *Handbook of Income Distribution*, Vol. 1, Amsterdam：North Holland ELSEVIER, 2000, pp. 605 -675.

③ 土地价值是按照 McKinley 和 Grifffin Mckinley T. （"The Distribution of Wealth in Rural China", in Griffin, K. and Zhao R. , eds. *The Distribution of Income in China*, London：Macmillan Press, 1993）提出的测算方法，假定家庭农业经营毛收入的 25% 来源于土地，而土地的收益率为 8% 。从而估算出土地价值。

表 5－1　　关键变量描述性统计

变量名称	均值	标准差	说明
人均总资产净值（万元/人）	9.519	0.233	总资产与总负债之差，然后除以家中 16 岁及以上人口数
人均非金融资产净值（万元/人）	9.368	0.225	处理方式同上
人均金融资产净值（万元/人）	0.848	0.034	处理方式同上
人均自有住房资产净值（万元/人）	6.679	0.193	处理方式同人均总资产净值
人均收入（万元/人）	1.469	0.023	家中 16 岁及以上人口的收入均值
人均受教育年限（年）	5.296	0.053	家中 16 岁及以上人口的平均受教育年限
企业家家庭	0.153	0.005	有家庭成员经营个体或私营企业、自主创业 =1；其他家庭 =0
党员家庭	0.112	0.005	有家庭成员是中共党员 =1；其他家庭 =0
干部家庭	0.030	0.002	有家庭成员在国家机关、企事业单位任负责人（含村干部）=1；其他家庭 =0
平均年龄（周岁）	45.674	0.196	家中 16 岁及以上人口的平均年龄
家庭规模（人）	4.212	0.030	家中所有成员数
抚养系数	0.429	0.005	非劳动年龄人口数（年龄 16 岁以下和 60 岁以上）与家庭人口数之比

注：表中结果进行过加权。

（二）模型设定与说明

收入研究的一般处理方式是将其进行对数转换，构建半对数回归模型。与收入不同，资产净值是一个包含负值的连续变量，不能直接进行对数转换。我们的处理方式是将负债家庭的资产变为零，然后将所有样本的家庭净资产加 1，之后进行对数转换，[①] 构建如下半对数回归模型：

$$\ln W_i = \beta_0 + \beta_1 edu_i + \beta_2 entrep_i + \beta_3 party_i + \beta_4 cadre_i + \beta_5 \ln inc_i + \beta_6 other'_i + \varepsilon_i \quad (5-1)$$

其中，W_i 表示家庭 i 的人均总资产净值；$educ_i$、$entrep_i$、$party_i$、$cadre_i$ 和 $\ln inc_i$ 分别表示家庭 i 的人均受教育年限、企业家家庭、党员家庭、干

① 这样处理的原因是样本中负债家庭的比例只占 3.21%，使用这种常见的对数转换对结果影响不大。

部家庭和家庭人均收入对数；$other'_i$ 是一组控制变量，包括人均年龄、人均年龄平方、家庭规模、抚养系数和省人均 GDP 对数。

这样，家庭财富就是一个以零为左截尾的连续变量，可以使用 Tobit 模型进行建模分析。Tobit 模型假设一个潜变量 y^* 服从具有线性条件均值的正态同方差分布，使用最大似然估计法（MLE）进行估计。[①]

另外，考虑到 Tobit 模型实际上是均值回归，而这种条件均值模型并不能轻易地扩展到非中心位置，而非中心位置往往是不平等研究（如穷人和富人分布在财富的两端）的关注点所在。[②] 为此，我们采用 Koenker 和 Bassett 提出的分位数回归（Quantile Regression，QR）解决这一问题。[③] 分位数回归采用残差绝对值的加权平均作为最小化的目标函数，从而不易受极端值影响；更重要的是其能够提供关于条件分布 $y \mid x$ 的全面信息。[④] 这样，我们就可以考察影响因素对家庭财富分布不同分位点上的不同影响，从而深化分析结果。具体分位数回归模型如下：

$$Quant_\theta(\ln W_i \mid X_*) = \beta_0^\theta + \beta_*^\theta X_* + \varepsilon^q \qquad (5-2)$$

其中，$Quant_\theta(\ln W_i \mid X_*)$ 表示相应的条件分位数，分位点 $\theta \in (0,1)$，X_* 为解释变量，β_*^θ 为系数向量。本书采用 Efron 引入的自举法（Bootstrap Method）估计分位数回归系数 β_*^θ，该方法通过不断进行有放回的抽样方法进行估计。[⑤]

三　实证结果及分析

（一）描述性结果分析

表 5－2 和图 5－2 描述了市场因素、政治因素与家庭人均总资产净值间的关系。就市场因素而言，人均教育水平在高中及以上的家庭人均总资产净值比其他家庭高出 136.8%；企业家家庭人均总资产净值比非企业家

① Tobin J.，"Estimation of Relationships for Limited Dependent Variables"，*Econometrica*，Vol. 26，No. 1，1958，pp. 24－36.

② ［美］郝令昕、［美］奈曼：《分位数回归模型》，肖东亮译，格致出版社 2012 年版。

③ Koenker R. W. and Bassett G.，"Regression Quantile"，*Econometrica*，Vol. 46，No. 1，1978，pp. 33－50.

④ 陈强：《高级计量经济学及 stata 应用（第二版）》，高等教育出版社 2014 年版。

⑤ Efron B.，"Bootstrap Methods：Another Look at the Jacknife"，*The Annals of Statistics*，No. 7，1979，pp. 1－26.

家庭高出62.2%（见表5－2）。百分位数分布图则显示出二者的差异，教育水平间较为明显的差异始于p＝0.8处，而企业家家庭与非企业家家庭的较为明显的差异在p＝0.6处就已开始（见图5－2）。可见，因教育水平不同而形成的家庭财富差异更多存在于拥有较多财产的家庭之间。在p＝0.95之后（最富裕的家庭），高中及以上学历家庭的资产急剧上升，而高中以下学历家庭的资产上升相对较慢，从而两者间的差距进一步拉大；而在企业家家庭与非企业家家庭间这一差距要小很多。

表5－2　**市场、政治因素与家庭人均总资产净值间的关系**

	人均总资产净值（万元）		
	否	是	高出比例（%）
是否是高中及以上	8.403	19.901	136.8
是否企业家家庭	8.691	14.097	62.2
是否党员家庭	9.240	11.747	27.1
是否干部家庭	9.330	15.537	66.5

注：表中结果进行过加权。

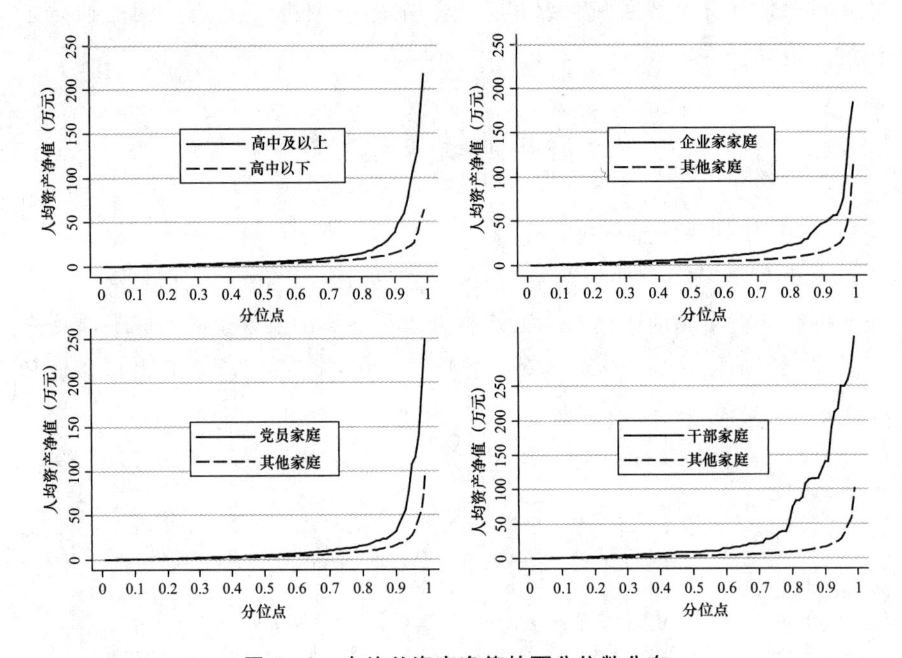

图5－2　人均总资产净值的百分位数分布

就政治因素而言，党员家庭比非党员家庭的人均总资产净值高出27.1%；干部家庭比非干部家庭的人均总资产净值高出66.5%（见表5－2）。百分位数分布图也表现出这一规律，党员与非党员家庭间的财富差距要小于干部与非干部家庭间的财富差距。整体来看，干部家庭的财富优势最大，其次是企业家和党员家庭。但这些结果的获得并没有通过控制其他变量，要得到更为稳健和可靠的结果还需后文的回归分析。

（二）市场、政治因素对家庭财富水平影响的回归分析

考虑到市场和政治因素等变量间可能存在内部相关，在进行回归分析前，我们先对各自变量进行多重共线性诊断。估计结果表明，[①] 人均受教育年限、企业家家庭、党员家庭和干部家庭四个变量的方差膨胀因子（VIF）分别是1.42、1.09、1.11和1.09，均小于经验法则所推荐的10。因此，自变量的共线相关程度在合理的区间内。

表5－3给出了市场、政治因素等变量对农村家庭财富/收入水平影响的估计结果。模型M1a—模型M1f是通过控制不同解释变量对家庭人均总资产净值进行回归分析，而模型M1g是对家庭人均收入的估计结果。就市场因素而言，在加入政治因素和家庭人均收入对数变量后，其对家庭人均总资产净值仍有显著的正向影响。具体而言，在加入家庭人均收入变量后，人均受教育年限的回归系数减小比较明显，而企业家家庭变量的回归系数则反而有所增加（见模型M1e和模型M1f），这说明收入可以解释教育对财富积累的部分影响，但对企业家家庭的财富积累却是负向影响。这一发现可以在模型M1g中得到验证，人均受教育年限的增加显著提高家庭人均收入，企业家家庭变量却显著负向影响家庭人均收入，这可能与企业家家庭拥有更多的生产性固定资产有关，其家庭财富的积累依赖于各类资产间的转换，而不仅仅是通过收入进行储蓄。就政治因素而言，在未加入市场因素和人均收入对数变量前，党员家庭比非党员家庭的人均总资产净值高出29.5%；而干部家庭比非干部家庭的人均总资产净值更是高出51.6%（见模型M1c）。加入人均收入对数和市场因素等变量后，这些优势下降且不再显著（见模型M1f）。可见，政治资本主要通过影响收入等因素间接影响家庭财富水平，直接影响并不显著，模型M1g支持这一假

---

① 估计模型采用的是OLS模型，包含了所有的自变量和控制变量。

说。党员家庭比非党员家庭的人均收入高出 16.4%；干部家庭比非干部家庭的人均收入更高出 40.2%。

总体而言，市场因素在农村家庭财富积累中具有十分重要的作用；而政治资本并没有直接的显著作用，政治资本更多通过收入回报和教育回报等间接影响家庭财富的积累。关于政治资本的这一研究结果与靳永爱和谢宇在城市中的发现存在较大不同，他们发现政治资本在城市家庭的财富积累中具有重要作用，这一优势部分直接来源于住房私有化改革中的收益，也部分间接来源于家庭开支因体制内福利而减少。[①] 市场因素和政治因素影响的城乡差异在以往关于收入不平等的研究中也有体现，如 Nee 最早关于“市场转型论”的数据支持都是来源于农村；[②] 而后来很多支持政治资本优势的研究来源于城市数据。[③] 我们认为，在农村，政治的直接干预和参与要远小于城市，市场因素得以发挥更为积极主动的作用。虽然前文描述性分析中拥有政治资本优势的家庭在财富积累中具有优势，但这种优势的部分原因是拥有政治资本优势的家庭往往也具有人力资本优势，因而这一优势很大程度上也是通过市场因素获得。因此，在农村，市场因素对家庭财富积累的影响大于政治因素的影响。

就控制变量而言，年龄对人均总资产净值的影响呈“倒 U 形”，峰值年龄为 43.4 岁，这比梁运文等人的估计结果年轻几岁。[④] 可能是因为农村体力劳动居多，收入可能更早地随着体力的下降而下降，从而导致财富存量的下降时间较早。家庭规模与人均总资产净值呈显著负向关系，可能是因为规模较大的家庭中不参加劳动的人口也更多，家庭财富均分到每个人就相对减少。抚养系数与人均总资产净值呈显著正向关系，这似乎与我

---

① 靳永爱、谢宇：《中国城市家庭财富水平的影响因素研究》，《劳动经济研究》2015 年第 5 期。

② Nee V., "A Theory of Market Transition: From Redistribution to Markets in State Socialism", *American Sociological Review*, Vol. 54, No. 5, 1989, pp. 663 – 681; Nee V., "The Emergence of a Market Society: Changing Mechanisms of Stratification in China", *American Journal of Sociology*, Vol. 101, No. 4, 1996, pp. 908 – 949.

③ Xie Y. and Hannum E., "Regional Variation in Earnings Inequality in Reform-era Urban China", *American Journal of Sociology*, Vol. 101, No. 4, 1996, pp. 950 – 992; Zhou X. G., "Economic Transformation and Income Inequality in Urban China: Evidence from Panel Data", *American Journal of Sociology*, Vol. 105, No. 4, 2000, pp. 1135 – 1174.

④ 梁运文、霍震、刘凯：《中国城乡居民财产分布的实证研究》，《经济研究》2010 年第 10 期。

们的直觉相反。可能是因为抚养系数高的家庭为了孩子未来的教育或者老年人的养老而增加储蓄和减少消费；同时老年人积累的较多财富被均分给了家中的每个人。省人均 GDP 对数变量对家庭人均资产净值没有显著影响，但对人均收入有显著的正向影响。同时，此处采用省人均 GDP 对数作为控制变量的另一重要作用是将其作为地区虚拟变量的替代。

表 5－3　**市场、政治因素对家庭财富/收入水平影响的估计结果**

因变量	人均总资产净值						人均收入
自变量	M1a	M1b	M1c	M1d	M1e	M1f	M1g
人均受教育年限	0.076***	0.060***	—	—	0.071***	0.057***	0.066***
企业家家庭	0.374***	0.461***	—	—	0.358***	0.449***	-0.420***
党员家庭	—	—	0.295**	0.229*	0.150	0.110	0.164*
干部家庭	—	—	0.516**	0.413*	0.256	0.169	0.402**
年龄	.053***	0.051***	0.040**	0.040**	0.052***	0.050***	0.008
年龄的平方	-0.001***	-0.000***	-0.001***	-0.000***	-0.001***	-0.000***	-0.000*
家庭规模	-0.070***	-0.063**	-0.065**	-0.055**	-0.072***	-0.065***	-0.030
抚养系数	0.511**	0.446**	0.390*	0.339*	0.528***	0.459**	0.331*
人均收入对数	—	0.218***	—	0.224***	—	0.215***	—
省人均 GDP 对数	0.132	0.046	0.244*	0.131	0.148	0.059	0.371***
常数项	8.097***	7.022***	7.839***	6.843***	7.984***	6.957***	5.224***
Sigma	1.217	1.191	1.243	1.215	1.215	1.190	1.136

注：（1）回归结果进行过加权；（2）+ $p<0.1$，* $p<0.05$，** $p<0.01$，*** $p<0.001$，且显著性水平来源于稳健标准误的估计。

（三）市场、政治因素对不同类型家庭财富水平影响的分析

考虑到家庭财富中不同类型的财产受到市场、政治因素的影响可能不同，我们分别将人均非金融资产净值、人均住房资产净值和人均金融资产净值作为因变量进行分析，表 5－4 给出了相关估计结果。

整体来看，市场和政治因素对不同类型家庭财富水平的影响与其对家庭人均总资产净值的影响基本相同，但也存在两方面差异。一是市场因素对人均金融资产净值的影响大于对人均非金融资产净值和人均住房资产净值的影响。人均受教育年限每增加一年，人均金融资产净值增加 32.7%，而人均非

金融资产净值和人均住房资产净值则只分别增加 5.2% 和 7.5% 。企业家家庭比非企业家家庭的人均金融资产净值要高出 206.8% ，而相应的人均非金融资产净值和人均住房资产净值则只分别高出 49.7% 和 14.4% 。造成这一差异的原因可能是相比于非金融资产和住房，金融资产的获得更需要参与到市场竞争，也因此需要更多信息，因而教育和是否参与个体经营等市场因素对金融资产获得的影响作用更大。二是政治因素对家庭人均金融资产净值有显著的正向影响，即干部家庭比非干部家庭在人均金融资产获得方面更有优势，高出 35.1% 。但政治资本对人均非金融资产净值和人均住房资产净值获得方面仍然没有显著影响。这可能是因为干部在未测量到的个人能力、社会资本等方面存在优势，而这种优势对市场竞争更为激励的金融财富的获得影响更大；同时，干部的储蓄、投资理念的不同也可能造成这一差异。

表 5－4　　市场、政治因素对不同类型家庭财富水平影响的估计结果

因变量	人均非金融资产净值		人均住房资产净值		人均金融资产净值	
自变量	M2a	M2b	M2c	M2d	M2e	M2f
人均受教育年限	0.063 ***	0.052 ***	0.082 *	0.075 *	0.398 ***	0.327 ***
企业家家庭	0.426 ***	0.497 ***	0.0976	0.144	1.573 **	2.068 ***
党员家庭	0.100	0.071	−0.064	−0.084	0.184	−0.037
干部家庭	0.281 +	0.211	0.607 *	0.562	0.807 **	0.351 *
年龄	0.070 ***	0.069 ***	0.196 ***	0.195 ***	−0.005	−0.008
年龄的平方	−0.001 ***	−0.001 ***	−0.002 ***	−0.002 ***	−0.001	−0.000
家庭规模	−0.057 **	−0.052 **	0.171 ***	0.175 ***	−0.246 *	−0.209 *
抚养系数	0.627 ***	0.570 ***	0.796 *	0.759 *	0.500	0.168
人均收入对数	—	0.174 ***	—	0.114 *	—	1.110 ***
省人均 GDP 对数	0.095 *	0.030	−0.300 *	−0.342 *	−0.143	−0.563 *
常数项	8.062 ***	7.157 ***	6.485 *	5.896 *	3.527	−2.347
Sigma	1.170	1.153	3.189	3.186	7.658	7.563

注：（1）回归结果进行过加权；（2）+ $p<0.1$，* $p<0.05$，** $p<0.01$，*** $p<0.001$，且显著性水平来源于稳健标准误的估计。

（四）市场、政治因素对家庭财富水平影响的地区差异分析

中国地区经济差距极大，这不仅缘于各地自然资源和人力资源的差异，

也与中国的经济改革分地区进行有关。因此，市场和政治因素对不同地区的农村家庭财富水平存在完全不同的影响。与多数其他研究一样，我们将中国划分为东、中、西部三个地区，[①] 三地的人均总资产净值分别是10.8万元、9.3万元和7.7万元，可见各地区家庭财富的差距较大。表5－5给出了市场、政治因素对不同地区农村家庭财富水平影响的估计结果。

估计结果表明，市场因素对家庭人均总资产净值的影响在各地区间存在一定差异，市场因素对东部和西部地区人均家庭资产净值的影响要略大于中部地区。这与一般认为的经济发展水平越高，教育回报越高的常识并不完全一致。可能与地区间特殊的区域经济和自然资源条件有关，比如全国优等地主要集中在湖北、湖南等中部省份，而劣等地主要分布在甘肃、陕西等西部省份，[②] 中部地区的自然资源优势等原因可能造成教育与财富获得间的关系并不那么紧密。当然，教育回报的地区差异有着更为复杂的原因，这还有待后续研究的进一步完善。政治因素对东部地区家庭人均总资产净值有显著正向影响，但在中西部地区则没有显著影响。另外，为检验市场和政治因素对家庭财富水平的影响是否会随着地区间经济发展水平不同而存在差异，我们分别将各项市场和政治因素与省人均GDP的交互项放入模型进行分析。估计结果表明，这四组交互项皆没有通过5%统计水平的显著性检验。可见，市场和政治因素对家庭财富水平影响的地区差异并不是简单的经济发展水平所致，其背后还有更为复杂的原因。

表5－5　**市场、政治因素对不同地区农村家庭财富水平影响的估计结果**

因变量	人均总资产净值			
自变量	东部地区（M3a）	中部地区（M3b）	西部地区（M3c）	交互项系数
人均受教育年限	0.080***	0.036**	0.062*	0.006
企业家家庭	0.474*	0.291**	0.517*	0.083
党员家庭	0.202*	－0.033	0.156	0.067
干部家庭	0.499*	0.322+	－0.249	0.186

① 东部地区包括北京、天津、河北、辽宁、上海、江苏、浙江、福建、山东、广东、海南；中部包括山西、吉林、黑龙江、安徽、江西、河南、湖北、湖南；西部则包括余下省（自治区、直辖市）。

② 程锋、王洪波、郧文聚：《中国耕地质量等级调查与评定》，《中国土地科学》2014年第2期。

续表

因变量	人均总资产净值			
自变量	东部地区（M3a）	中部地区（M3b）	西部地区（M3c）	交互项系数
年龄	0.040 *	0.034 *	0.101 **	
年龄的平方	-0.000 *	-0.000 **	-0.001 **	
家庭规模	0.011	-0.090 ***	-0.163 ***	
抚养系数	0.540 *	0.428 *	0.330 *	
人均收入对数	0.153 **	0.288 ***	0.176 ***	
省人均 GDP 对数	0.233 *	-0.634 *	-0.467 *	
常数项	5.283 *	14.290 **	11.930 ***	
样本数	1417	1601	1370	
Sigma	1.276	1.122	1.118	

注：（1）回归结果进行过加权；（2）$^{+}p<0.1$，$^{*}p<0.05$，$^{**}p<0.01$，$^{***}p<0.001$，且显著性水平来源于稳健标准误的估计；（3）表中给出的交互项系数是分别加入市场和政治因素与省人均 GDP 交互项的估计结果，包含控制变量但表中未给出相关估计系数。

（五）分位数回归结果分析

分位数回归结果显示，人均受教育年限每增加一年，人均总资产净值增长5.0%—6.4%，波动不大（见表5-6）。而市场因素的另一个测量指标，是否是企业家家庭在各分位点都显著正向影响农村家庭人均资产净值水平，且随着分位数的上升，这一影响呈现增长趋势，尤其在80%分位点以后，企业家家庭财富积累的优势上升明显。

在 Tobit 均值回归中，政治因素对家庭总资产净值没有显著影响，但在分位数回归中情况不同。首先，在低分位时，党员家庭的人均总资产净值显著高于非党员家庭，而在50%分位点以上时则不再显著。其次，在50%分位点以上时，干部家庭的人均总资产净值在5%的统计水平上显著高于非干部家庭。且回归系数的大小皆随着分位数的上升而增大（见图5-3）。

基于上述分析，我们可以发现，富裕与贫穷家庭在财富积累方式方面存在差异。贫穷家庭财富积累主要受市场因素的影响；而中产及富裕家庭的财富积累不仅仅依赖于市场，也受到政治资本的影响。另外，家庭人均收入对数变量显示，随着家庭财富水平的上升，收入对财富积累的影响越来越小。

表 5-6　市场、政治因素对农村家庭财富水平影响的分位数回归结果

因变量	人均总资产净值				
自变量	Q10	Q25	Q50	Q75	Q90
人均受教育年限	0.063 ***	0.064 ***	0.053 ***	0.052 ***	0.050 ***
企业家家庭	0.276 **	0.358 ***	0.402 ***	0.490 ***	0.632 ***
党员家庭	0.103 *	0.084 *	0.059	0.034	-0.053
干部家庭	0.249 +	0.203	0.272 *	0.574 ***	0.736 ***
年龄	0.163 ***	0.128 ***	0.076 ***	0.044 ***	0.026 *
年龄的平方	-0.002 ***	-0.001 ***	-0.001 ***	-0.000 ***	-0.000 **
家庭规模	-0.074 **	-0.083 ***	-0.112 ***	-0.124 ***	-0.114 ***
抚养系数	0.772 **	0.588 ***	0.682 ***	0.761 ***	0.881 ***
人均收入对数	0.218 ***	0.258 ***	0.243 ***	0.191 ***	0.167 ***
省人均 GDP 对数	0.146 *	0.156 *	0.167 ***	0.182 **	0.301 ***
常数项	2.169 *	3.294 **	5.370 ***	6.904 ***	6.786 ***
Pseudo R^2	0.079	0.090	0.092	0.098	0.108

注：（1）分位数回归无法对抽样权数进行加权，使用自举法对数据重复抽样 400 次以估计出标准误；（2）$^{+}p<0.1$，$^{*}p<0.05$，$^{**}p<0.01$，$^{***}p<0.001$。

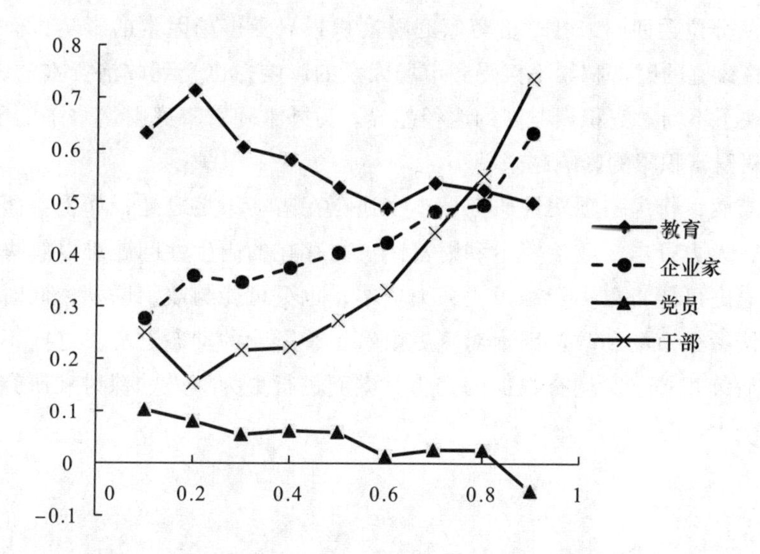

图 5-3　市场和政治因素在各个分位点上的回归系数

注：横坐标为分位数点，纵坐标为回归系数，其中，受教育年限的回归系数值是真实值的 10 倍。

四 小结

本章使用2014年中国家庭追踪调查数据（CFPS2014），分析了市场因素和政治因素在中国农村家庭财富积累过程中的作用。得到如下主要结论：(1）总体而言，市场因素和政治因素都显著影响农村家庭财富的积累，但前者的影响大于后者。具体来看，在控制其他变量的情况下，市场因素仍然显著影响家庭总资产以及住房、非金融和金融等各分项资产的积累；而政治因素只显著影响家庭金融资产的积累，对家庭总资产、住房和非金融资产积累的影响不显著。这可能与税费改革后，政府从农村的“撤离”弱化了政治因素在农村的影响有关。相比于城市，农村更少受到政府的直接控制，政治权力可能更少地直接参与到财产分配之中，比如住房私有化过程主要发生在城市，再比如农村土地分配过程主要取决于地理区域和人口结构等因素。可见，市场转型理论可能更适于解释中国农村家庭财富的积累。(2）分地区来看，市场因素对东部农村家庭财富水平的影响整体大于对中西部农村的影响。另外，市场和政治因素对家庭财富水平影响的地区差异并不是简单的经济发展水平所致，其背后还有更为复杂的原因。(3）从分位数回归来看，贫穷家庭财富积累只受市场因素的影响；而中产及富裕家庭的财富积累不仅受到市场因素的影响，也受到政治资本的影响，这反映了不同家庭积累财富的途径差异。另外，随着家庭财富水平的上升，收入对财富积累的影响越来越小。

当然，作为一项实证研究，本书还存在诸多不足之处，如受截面数据限制，人力资本、政治资本和财富间可能存在的内生性问题难以解决，即富裕家庭可能将更多资源投入人力资本，也更可能与政治联姻；同时我们也无法考察市场和政治因素对家庭财富水平影响的动态过程。这些不足都有待后续相关追踪调查数据的完善，继而进行更为深入的探讨和研究。

第六章

代际支持、遗产继承与家庭财富分配

代际财富转移一直是影响家庭财富分配的重要影响因素，本章拟首先分析我国农村居民的代际支持及其变化情况，并从经济增长和代际分工两个维度解释这一变化趋势。其次，重点分析我国家庭遗产继承现状及其对家庭财富分配的总体影响。

一　现代化、家庭策略与代际关系

在人口老龄化的背景下，农村居民代际关系格外引人关注。中国社会科学院“流动背景下的农村家庭代际关系与养老问题”课题组发现，农村家庭养老制度正在从以亲情和道德约束为主的模式转变为以外部机制约束为主的模式，赡养的社会认同水平和界定标准大幅下降，农村老年人的社会地位全面边缘化。[①] 贺雪峰等人在全国多地的调研中也发现，农村老年人处境堪忧，部分地区甚至出现老年人自杀现象，这与农村代际关系失衡（子女不孝普遍且严重发生，而父母依然为子女婚配耗尽心血）有密切关系。[②] 但是，也有研究指出，农村地区成年子女与父母之间不仅保持了密切的代际互动，且代际支持资源大多仍然是从子女流向父母。[③] 这一

---

① 流动背景下的农村家庭代际关系与养老问题课题组：《农村养老中的家庭代际关系和妇女角色的变化》，2007 年 2 月 15 日，http：//theory. people. com. cn/GB/40557/49139/49143/5401576 . html。

② 贺雪峰：《农村家庭代际关系的变动及其影响》，《江海学刊》2008 年第 4 期；陈柏峰：《代际关系变动与老年人自杀——对湖北京山农村的实证研究》，《社会学研究》2009 年第 4 期。

③ 郭志刚、陈功：《老年人与子女之间的代际经济流量的分析》，《人口研究》1998 年第 1 期；徐勤：《农村老年人家庭代际交往调查》，《南京人口管理干部学院学报》2011 年第 1 期。

状况同样存在于儒家文化圈下的中国台湾地区和东亚诸国。[①]

上述现象嵌入在中国农村经济增长和社会转型的大背景之下。一方面，在经济快速增长的同时，农村居民生活普遍得到了改善，这有助于增强代际经济独立性。以本书研究所关注的2006—2012年为例，在这一时期，中国GDP实际增长77.8%，农村居民人均纯收入实际增长75.5%。[②] 在发展相对薄弱的社会保障领域，从2009年8月新型农村社会养老保险制度开始试点实施至2011年底，全国的参保人数已达3.26亿人；国家新型农村合作医疗支出由2007年的220亿元增加到2012年的1717亿元。[③] 可见，中国经济增长在促进农村居民收入增长的同时，也使民生保障有了长足发展，这为代际经济依赖的下降提供了必要的基础。另一方面，转型社会的结构性压力转嫁于家庭，家庭成员不得不合作以应对"转型之痛"。中国农村劳动力大规模流出促成了家庭生产领域"半工半耕"代际分工模式的形成，即青壮年家庭成员外出务工，老年人留守务农和照顾孙子女。[④] 同时，中国男性比例偏高这一失衡的性别结构造成了对适龄男性的"婚姻挤压"，这一现象在贫困落后的农村地区尤其严重，[⑤] 而父母往往是子女婚姻的主要操办者，"婚姻挤压"造成的高昂结婚成本自然地主要转嫁给了父母。代际分工和"婚姻挤压"等在很大程度上重新形塑了子代与父代间的代际关系，父代在这一过程中往往整体利益受损，但父代的"牺牲"也可能转化为子代道义上的亏欠和未来经济上的反哺，代际功能性联系的增多则可能促进子代与父代间情感联系继而增进代际团结。以上发现反映了研究者对中国农

---

① Yi C. C., et al., "Grandparents, Adolescents, and Parents Intergenerational Relations of Taiwanese Youth", *Journal of Family Issues*, Vol. 27, No. 8, 2006, pp. 1042 - 1067；杨菊华、李路路：《代际互动与家庭凝聚力——东亚国家和地区比较研究》，《社会学研究》2009年第3期。

② 参见中华人民共和国国家统计局《中华人民共和国2013年国民经济和社会发展统计公报》，中国统计出版社2013年版。

③ 同上。

④ 黄宗智：《制度化了的"半工半耕"过密型农业（上）》，《读书》2006年第2期；黄宗智：《制度化了的"半工半耕"过密型农业（下）》，《读书》2006年第3期；杨华：《中国农村的"半工半耕"结构》，《农业经济问题》2015年第9期。

⑤ 郭秋菊、靳小怡：《婚姻挤压下父母生活满意度分析——基于安徽省乙县农村地区的调查》，《中国农村观察》2012年第6期；姜全保等：《中国婚姻挤压问题研究》，《中国人口科学》2013年第5期。

村代际关系的双重印象：一面是代际失衡、关系恶化，另一面又是联系紧密、风雨同舟；一面是经济增长可能削弱代际联系，另一面却又是社会转型的结构性压力重新凝聚代际关系。

以古德和帕森斯为代表的家庭现代化理论预言：在现代化进程中，不同类型的扩大家庭将趋向于向夫妇式核心家庭转变，这一转变既满足了个体对平等和个人主义最大限度的追求，又与工业化所要求的经济发展和技术进步相适应，这些变化必然导致代际关系的松散和凝聚力的下降。[①] 其后，这一理论受到了来自各方的批评和挑战，有关质疑集中体现在该理论过于强调一元化和单线演进的家庭变迁以及对传统的否定等方面。[②] 但是，家庭现代化理论在经历不断被批评、被修正和被发展的过程后，仍然保持了旺盛生命力，尤其是在解释家庭变迁（或代际关系变迁）方面至今仍具有不可替代的权威性。[③]

与此同时，一些新的家庭研究理论也应运而生，例如交换理论、生命历程理论、家庭危机理论和象征互动理论等，这些理论从不同方面涉及家庭策略。家庭策略指家庭及其成员的决策过程和时机，例如何时控制家庭规模、何时更换住所、家庭成员如何进行劳动分工等。家庭策略研究提供了一个将宏观社会变迁与家庭成员互动结合起来进行考察的视角和机会。[④]

无论是家庭现代化理论还是家庭策略研究，都在中国农村家庭代际关系的研究中得到了不同程度的应用和检验。诸多研究发现，在中国，核心家庭已日益取代扩大家庭而成为目前最主要的家庭形式；[⑤] 同时，考虑到目前农村人口流动使亲子距离拉大、[⑥] 社会福利对代际支持具有

---

① ［美］马克·赫特尔：《变动中的家庭——跨文化的透视》，宋践等译，浙江人民出版社1988年版。

② 谢立中：《现代化理论的过去与现在》，《社会科学研究》1998年第1期。

③ 唐灿：《家庭现代化理论及其发展的回顾与评述》，《社会学研究》2010年第3期。

④ 樊欢欢：《家庭策略研究的方法论——中国城乡家庭的一个分析框架》，《社会学研究》2000年第5期。

⑤ 杨善华：《经济体制改革和中国农村的婚姻和家庭》，北京大学出版社1995年版；李银河、郑宏霞：《一爷之孙——中国家庭关系个案研究》，内蒙古大学出版社2003年版；［美］阎云翔：《私人生活的变革：一个中国村庄里的爱情、家庭与亲密关系：1949—1999》，龚小夏译，上海书店出版社2009年版。

⑥ 宋璐、李树茁：《劳动力外流下农村家庭代际支持性别分工研究》，《人口学刊》2008年第3期。

挤出效应[①]以及个体主义兴起[②]等原因，代际联系似乎会日益削弱，这与家庭现代化理论的观点相一致。但是，也有研究表明，中国的城市化、工业化进程并没有导致家庭功能的衰落或代际凝聚力的下降。[③] 例如，Guo 等人在对安徽农村家庭的考察中发现，亲代与外出务工子女之间存在一种“距离递增型”关系，即距离越远，两者之间的关系反而越亲密。[④] 刘汶蓉将代际关系的这种变迁归因于两代人应对外部压力的家庭策略。[⑤]

整体而言，既有研究较多关注家庭结构变迁或其他变迁因素对代际关系的影响，就代际关系变迁而言，这是一种间接研究。而对代际关系进行变量操作化的定量研究则集中于基于横向静态数据的研究，受数据限制等原因，从动态的时间维度量化考察代际关系的变迁及其发生原因的研究并不充分。仅见的杨菊华和李路路的一项跨文化比较研究，虽然是对东亚各国的代际互动进行横向比较，但因为东亚各国的现代化程度不同，相当于提供了纵向考察现代化影响代际关系变迁的可能。[⑥] 基于上述不足，本章前半部分使用 2006 年中国综合社会调查（CGSS 2006）数据和华中农业大学社会学系 2012 年和 2013 年全国五省社会调查数据，对代际支持进行量化操作，力图勾勒出这一时期中国农村居民代际支持的分布和变化情况，并试图从经济增长和代际分工两个维度捕捉农村居民代际支持的演变逻辑，以期为认识和理解农村居民代际关系及制定相关社会政策提供一定参考。

---

① 张航空、孙磊：《代际经济支持、养老金和挤出效应——以上海市为例》，《人口与发展》2011 年第 2 期。

② 孟宪范：《家庭：百年来的三次冲击及我们的选择》，《清华大学学报》（哲学社会科学版）2008 年第 3 期。

③ 杨菊华、李路路：《代际互动与家庭凝聚力——东亚国家和地区比较研究》，《社会学研究》2009 年第 3 期；刘汶蓉：《孝道衰落？成年子女支持父母的观念、行为及其影响因素》，《青年研究》2012 年第 2 期；Guo M. , Chi I. and Silverstein M. , “The Structure of Intergenerational Relations in Rural China: A Latent Class Analysis”, *Journal of Marriage & Family*, Vol. 74, No. 5, 2012, pp. 1114 - 1128.

④ Guo M. , Chi I. and Silverstein M. , “The Structure of Intergenerational Relations in Rural China: A Latent Class Analysis”, *Journal of Marriage & Family*, Vol. 74, No. 5, 2012, pp. 1114 - 1128.

⑤ 刘汶蓉：《孝道衰落？成年子女支持父母的观念、行为及其影响因素》，《青年研究》2012 年第 2 期。

⑥ 杨菊华、李路路：《代际互动与家庭凝聚力——东亚国家和地区比较研究》，《社会学研究》2009 年第 3 期。

二　农村居民代际支持：总貌和变化

（一）数据来源与样本描述

本书主要使用 2006 年中国综合社会调查（Chinese General Social Survey，CGSS）数据和华中农业大学“农村养老保障和社会管理研究”课题组[①]对全国五省农村地区的调查数据（为方便起见，后文将其分别简称为“CGSS 2006 数据”和“课题组 2012 数据”）。具体来说，CGSS 2006 数据是在中国人民大学社会学系与香港科技大学社会科学部对中国内陆 28 个省（区、市）（不包括青海省、西藏自治区和宁夏回族自治区）进行抽样调查的基础上构建起来的。抽样过程分为县（区）、镇（街道）、村（居委会）和居民（住户）四个层面。调查问卷分为城市卷、农村卷和家庭卷，样本总量为 10151 个。其中，城市和农村样本量分别为 6013 个和 4138 个；农村样本中，继续填答家庭卷的样本量为 1012 个。

课题组 2012 数据来源于华中农业大学“农村养老保障和社会管理研究”课题组于 2012 年 8 月至 2013 年 8 月在全国五省开展的问卷调查。在综合权衡经济成本和样本地区代表性后，课题组选取浙江省温州市、山东省德州市、江西省赣州市、湖北省随州市和四川省宜宾市作为一级抽样单位。[②] 在此基础上，课题组再以简单随机抽样方式在每个一级抽样单位随机选取 3—5 个乡镇、在每个乡镇随机选取 2—4 个行政村，进而在每个行政村采用系统随机抽样法随机选取 30 个样本进行调查。该项调查共获得了 22 个乡镇 58 个行政村的 1740 个样本，剔除非农业户口居民样本及部分问卷数据缺失较严重的样本，剩余有效样本 1599 个。

---

① 该课题组依托于华中农业大学社会学系，受国家社科基金重点项目“我国农村社会养老保障问题调查研究”（10ASH007）资助。

② 一级抽样单位的选取既需考虑调查成本问题，又需考虑样本地区的代表性。具体来说，从区域划分看，浙江省温州市和山东省德州市作为中国东部地区的代表，经济较为发达，2012 年人均地区生产总值在五省中较高，分别是 4.57 万元和 3.86 万元；江西省赣州市和湖北省随州市是中部地区的代表，四川省宜宾市是西部地区的代表，三地 2012 年人均地区生产总值分别为 1.63 万元、2.71 万元和 2.27 万元。另外，各地也分别具有自身地域的文化特殊性：山东省作为儒家文化的发源地，对孝道文化的重视程度可能高于其他地区，而代际关系明显与孝道文化密切相关；江西省宗族文化较为浓厚，而宗族文化对家庭代际关系也有较强的约束力；湖北省则是农村“原子化”较为严重的地区，代际关系也相对松散。综合来看，五省样本在全国农村具有一定的代表性。

CGSS 2006 数据和课题组 2012 数据都包含家庭代际关系方面的详细内容，尤其是在本书所关注的主要变量上存在很高的重合度，例如父母与子女之间的经济往来、日常照料等。因而，根据后文研究需要，本书将两组数据组合为混合横截面数据，这样做的好处是既能扩大样本量，获得更稳健的估计结果，又可以将时间变量引入模型中考察因变量如何随时间发生变化。

需要说明的是，虽然大部分代际关系相关研究主要关注成年子女与老年父母的关系，但代际支持还包含多代间的互动与交换，[①] 因而，在本书对农村居民代际支持的总貌和变化进行描述性分析时，分析对象既包括受访者（G2）与其父母（G1）之间的代际支持，也包括受访者（G2）与其成年子女（G3）之间的代际支持。不过，这两组代际支持中指涉的 G2 并非同一样本群体。前者只涉及父母至少一方仍然在世的受访者样本（年龄均值约为 40 岁，样本量为 1544 个）；而后者则只包含有年满 18 周岁成年子女的受访者样本（年龄均值为 55 岁，样本量为 1302 个）。而在回归分析中，研究对象只涉及成年子女与老年父母的关系，即 G2 和 G1 世代间的关系。

表 6－1 列出了样本的基本特征，该样本只包含父母至少一方仍然在世的受访者，CGSS 2006 数据的这一样本量是 630 个，课题组 2012 数据的这一样本量是 914 个。从表 6－1 可以看出，样本以 60 周岁以下的人群为主；受教育程度主要为初中及以下水平，课题组 2012 数据样本的平均受教育程度要略高于 CGSS 2006 数据样本；从收入水平来看，多数人（占 64.7%）的个人年收入[②]在 10000 元及以下，课题组 2012 数据样本的个人年收入要明显高于 CGSS 2006 数据样本，[③] 例如，两组数据中个人年收入在 20000 元以上的样本分别占 28.4% 和 8.4%；从样本的主要从业领域来看，多数样本（占 52.7%）从事农业生产，较之 CGSS 2006 数据，课题组 2012 数据中从事农业生产的样本所占比例有所减少，而从事非农工作的样本所占比例则

---

① Bengtson V. L.，“Beyond the Nuclear Family：The Increasing Importance of Multigenerational Bonds”，*Journal of Marriage & Family*，Vol. 63，No. 1，2001，pp. 1－16；伊庆春：《台湾地区家庭代间关系的持续与改变——资源与规范的交互作用》，《社会学研究》2014 年第 3 期。

② 本书中“个人年收入”是指受访者在过去一年的个人总收入。CGSS 2006 数据中的个人年收入指受访者 2005 年的个人总收入，而课题组 2012 数据中的个人年收入指受访者 2011 年的个人总收入。

③ 这一结果既有经济增长的原因，也与课题组 2012 数据中包含收入水平较高的温州地区的样本有关。

有所增加。总体来看，样本具有一定的代表性。

表6-1　**样本在各特征属性上的分布情况**　（单位:%）

类型	选项	CGSS 2006样本	课题组2012样本	总样本
年龄	40岁及以下	63.6	50.7	55.9
	41—60岁	33.3	45.7	40.7
	61岁及以上	3.1	3.6	3.4
受教育程度	小学及以下	42.7	29.3	34.8
	初中	44.4	47.9	46.5
	高中	11.0	17.0	14.5
	大专及以上	1.9	5.8	4.2
个人年收入	5000元及以下	64.9	31.7	45.3
	5001—10000元	17.9	20.5	19.4
	10001—20000元	8.7	19.4	15.0
	20001元及以上	8.4	28.4	20.3
主要从业领域	非农工作	25.9	40.8	34.7
	农业生产	62.4	46.0	52.7
	其他	11.8	13.2	12.6

（二）变量测量

1. 因变量

代际支持[①]是指成年子女与其父母之间相互的经济支持、劳务支持和情感支持。由于成年子女向父母提供代际支持这一维度在其中具有更为重要的作用，[②] 因而，后文回归分析将集中分析成年子女向父母提供的代际支持，即本书模型的因变量。具体在调查问卷中，对于该因变

① 相比于“代际关系”一词，“代际支持”是一个更具操作性的概念，按照Bengtson及其合作者创建的代际团结模型，经济、劳务和情感是测量代际支持的三个维度，也是测量代际关系的三个重要方面（Bengtson and Schrader，1982；Bengtson and Roberts，1991）。出于数据的可得性及测量的简便性，多数涉及代际关系的抽样调查也都只对前述三个维度进行测量。基于严谨性的考虑，本书在表述时只在引言和文献回顾等部分使用“代际关系”这一术语，在其他部分都使用“代际支持”这一术语。

② 伊庆春：《台湾地区家庭代间关系的持续与改变——资源与规范的交互作用》，《社会学研究》2014年第3期。

量，用“过去一年，您是否经常为自己父母提供以下帮助?”来提问，用“给钱”“帮助料理家务（例如打扫、准备晚餐、买东西、代办杂事）或照顾家人”“听对方的心事或想法”来测量其经济支持、劳务支持和情感支持情况，其下均设有“很经常”“经常”“有时”“很少”和“完全没有”5个选项。其中，由于选择“很经常”选项的样本量较少，为获得稳健的估计结果，本书在拟合模型时将“很经常”和“经常”选项合并处理。

2. 自变量

既有相关文献所涉及的影响代际支持的变量主要包括子女及其父母的个体特征例如性别、年龄、婚姻状况、收入和健康状况等，① 以及居住安排②、家庭资源③、代际交换资源④和孝道观念等家庭价值观⑤。根据研究需要，笔者选取了部分已被其他研究证实对代际支持具有显著影响的变量，同时结合两套数据所能提供的变量情况，不得不放弃了若干变量。例如，居住安排是影响代际支持的重要因素，但由于课题组2012数据中并不包含相关数据，故这一变量没能被纳入模型中进行分析。而其他如孝道观念和家庭资源等变量虽然在大样本数据的情况下对代际支持具有显著影响，但它们对代际支持变量的变异的解释力度并不大，如郝明松和于苓苓在加入孝道观念变量后，子女提供给父母的情感支持和劳务支持模型的伪 R^2 没有数值上的增加。⑥ 综合来看，因数据限制而无法选取的部分变量对模型的建立并不会造成严重影响。

---

① 李树茁、[美] 费尔德曼、靳小怡：《儿子与女儿：中国农村的婚姻形式和老年支持》，《人口研究》2003年第1期；张文娟、李树茁：《农村老年人家庭代际支持研究——运用指数混合模型验证合作群体理论》，《统计研究》2004年第5期；左冬梅、李树茁、吴正：《农村老年人家庭代际经济交换的年龄发展轨迹——成年子女角度的研究》，《当代经济科学》2012年第4期。

② 鄢盛明、陈皆明、杨善华：《居住安排对子女赡养行为的影响》，《中国社会科学》2001年第1期。

③ 狄金华、韦宏耀、钟涨宝：《农村子女的家庭禀赋与赡养行为研究——基于CGSS 2006数据资料的分析》，《南京农业大学学报》（社会科学版）2014年第2期。

④ 陈皆明：《投资与赡养——关于城市居民代际交换的因果分析》，《中国社会科学》1998年第6期。

⑤ 刘汶蓉：《孝道衰落？成年子女支持父母的观念、行为及其影响因素》，《青年研究》2012年第2期；郝明松、于苓苓：《双元孝道观念及其对家庭养老的影响——基于2006东亚社会调查的实证分析》，《青年研究》2015年第3期。

⑥ 郝明松、于苓苓：《双元孝道观念及其对家庭养老的影响——基于2006东亚社会调查的实证分析》，《青年研究》2015年第3期。

同时，本书试图从经济增长和代际分工两个维度分析农村居民代际支持变化的逻辑，因而选取了受访者个人年收入、父母近期的经济和劳务支持频度以及主要从业领域作为自变量。[①] 其中，经济增长对个人收入增长有直接作用；父母提供给子女的经济支持则既受父母个人收入的影响，也与经济增长有密切联系。因而，本书试图主要以个人年收入和父母近期的经济支持频度变量来考察经济增长对代际支持变化的可能影响。相比于报酬较低的农业生产，受访者在非农产业就业往往能获得更多经济回报，从而有能力为家庭成员带来更多经济支持，但也可能因此减少对家庭的劳务支持，因而，受访者的主要从业领域将通过影响其家庭劳动分工进而影响代际支持情况。同样，父母近期对子女劳务支持的多寡将影响子女自身需要付出的劳务的多寡，由此决定了受访者的家庭劳动分工情况。因而，父母近期的劳务支持频度和受访者的主要从业领域提供了从代际分工维度考察农村居民代际支持变化的可能。在控制变量方面，本书引入了常用的人口学变量，包括性别、年龄、受教育程度和婚姻状况。具体的变量说明和描述性统计分析结果如表 6－2 所示。

表 6－2　**变量说明与描述性统计分析**

变量名称	变量说明	均值		
		CGSS 2006 样本	课题组 2012 样本	总样本
经济支持	受访者过去一年为其父母提供经济支持的频繁程度。完全没有 =1；很少 =2；有时 =3；经常或很经常 =4	2.694	2.583	2.628
劳务支持	受访者过去一年为其父母提供劳务支持的频繁程度。完全没有 =1；很少 =2；有时 =3；经常或很经常 =4	2.784	2.775	2.778

① 在模型回归之前，考虑到父母近期的经济支持和劳务支持之间、受访者主要从业领域和个人年收入变量之间可能存在共线性问题，本书对自变量进行了多重共线性诊断。估计结果表明，前述 4 个变量的方差膨胀因子（VIF）分别是 1.37、1.51、3.33 和 1.43，均小于 10，表明这些变量间并不存在严重的共线性问题。同时，共线性问题的一种有效解决方法是增加样本量，而本书研究使用混合横截面数据的一个优势刚好就是样本量足够大。因而，整体来看，本书研究中变量间的共线性问题并不突出。

续表

变量名称	变量说明	均值		
		CGSS 2006样本	课题组 2012样本	总样本
情感支持	受访者过去一年为其父母提供情感支持的频繁程度。完全没有 =1；很少 =2；有时 =3；经常或很经常 =4	2.770	3.115	2.974
个人年收入	受访者在过去一年的个人总收入（万元）	0.548	1.654	1.210
父母近期的经济支持频度	受访者父母在过去一年为其提供经济支持的频繁程度。完全没有 =1；很少 =2；有时 =3；经常或很经常 =4	1.698	1.454	1.554
父母近期的劳务支持频度	受访者父母在过去一年为其提供经济支持的频繁程度。完全没有 =1；很少 =2；有时 =3；经常或很经常 =4	2.259	2.396	2.340
主要从业领域				
非农工作	非农工作 =1；其他 =0	0.259	0.408	0.347
农业生产	农业生产 =1；其他 =0	0.624	0.460	0.526
性别	女性 =1；男性 =0	0.513	0.420	0.458
年龄	受访者年龄（周岁）	38.714	41.497	40.361
受教育程度	受访者的受教育年限（年）	7.410	8.977	8.337
婚姻状况				
已婚有偶	已婚有偶 =1；其他 =0	0.882	0.932	0.912
单身	单身 =1；其他 =0	0.092	0.060	0.073
样本量	—	630	914	1544

注：个人年收入变量在“CGSS 2006”和“课题组 2012”两套数据中的样本量分别为 591 和 880，后文的分析中分别以两个子样本的收入均值代替相关缺失值。

（三）研究方法

由于本书模型因变量为定序变量，因此，本书采用定序 Logistic 回归模型来分析各个自变量和控制变量的影响。本书模型设定如下：

$$\ln\left(\frac{P(y_k \leqslant m)}{P(y_k > m)}\right) = \beta_0 - (\delta_0 y_{06} + \sum_{j=1}^{n} \beta_j x_{ij}) \qquad (6-1)$$

（6 - 1）式中，y_k（k 的取值为 1—3）依次代表成年子女向其父母提供支持的 3 种类型，即经济支持、劳务支持和情感支持；m 代表因变量的赋值，取值为1—4，分别代表“完全没有”“很少”“有时”“经常或很经常”；β_0 为常数项；δ_0 是时间虚拟变量的回归系数，反映因变量随时间的变化情况；y_{06} 为时间变量，用于考察因变量如何随时间发生变化；β_j 是其他自变量和控制变量的回归系数，反映其他自变量和控制变量影响因变量的方向和程度；x_{ij} 是前文所述的自变量和控制变量。当 $\beta_j > 0$ 时，$\exp(-\beta_j) < 1$，$Y_k > m$ 发生的可能性更大；当 $\beta_j < 0$ 时，$\exp(-\beta_j) > 1$，$Y_k \leqslant m$ 发生的可能性更大。

（四）农村居民代际支持的总体分布情况

从表6－3可以看出，总体上，中国农村居民代际互动依然紧密，存在实质性的相互支持。其中，中国农村居民代际情感互动最为频繁，其次是劳务支持和经济支持。具体而言，受访者向其父母提供各项代际支持的频度为“有时”及以上的样本比例从高到低依次是69.43%、60.95%和59.07%，分别对应情感支持、劳务支持和经济支持。从代际支持频度的均值来看，受访者向其父母提供情感支持、劳务支持和经济支持的频度均值分别是2.974、2.778和2.628（满分为4，见表6－2）。

为便于分析和表述，在这一部分，后文将“有时”“经常”和“很经常”合并为“提供代际支持”一项，将“完全没有”和“很少”两项合并为“未提供代际支持”一项。就代际支持的倾向性而言，成年子女仍然是代际支持的主要提供者，但情感支持已呈现出较为显著的双向性。首先，通过比较受访者与上一代父母间的相互支持行为，可以发现，受访者向其父母提供经济支持、劳务支持和情感支持的样本比例都普遍高于其父母向受访者提供相应支持的样本比例。其中，两代间在经济支持方面的比例差异最大，前者比后者高40.93个百分点；而两代间在情感支持方面的比例差异最小，[①] 前者比后者高10.62个百分点。其次，通过比较受访者与下一代成年子女间的相互支持行为，可以发现，在经济支持方面，下一代成年子女向受访者提供支持的样本比例高于受访者向子代提供支持的样本比例，高出21.42个百分点；而在劳务支持和情感支持方面，受访者向

① 从t检验的结果看（见表6－3），代际劳务支持方面的t值（11.96）小于代际情感支持方面的t值（12.88），从这个意义上说，情感支持方面的代际差异更显著；但从频次分布来看，则是提供劳务支持的样本比例间的差异（15.42个百分点）大于提供情感支持的样本比例间的差异（10.62个百分点）。

下一代成年子女提供支持的样本比例高于下一代子女向受访者提供支持的样本比例，分别高出5.68个和1.08个百分点，且在情感支持方面的这一差异在5%的统计水平上未通过显著性检验。另外，由于受访者更可能把自己置于“付出者”的角色，从而高估自己向子代提供的支持并低估子代向自己提供的支持，因此，受访者与其子女相互间在劳务支持和情感支持方面的实际差异可能会更小些，而在经济支持方面的实际差异则可能会更大些。

整体而言，中国农村地区不论是上一代父母与本代之间，还是本代与其下一代成年子女之间，相互间的支持还是以成年子女支持父母为主，这仍然符合代际关系的传统规范期待。但是，具体到代际支持的不同内容，则仍可看出代际支持发生的变化：（1）代际情感支持已经成为父母与子女间各项支持内容中存在最显著对等关系的双向交换内容，即情感支持的代际差异最小且相关性最强。G2与G1间和G2与G3间相互支持的样本比例的差异分别是10.62个和1.08个百分点；相应的相关系数分别是0.62和0.67，且都在1%的统计水平上显著（见表6-3）。（2）父母与成年子女之间劳务支持的对等趋势也很明显，而在经济支持程度方面的差异仍然较大。相比于劳务支持和情感支持，G2与G1间和G2与G3间相互经济支持的配对样本t检验的t绝对值最大，分别是28.95和10.29，且都在1%的统计水平上显著；其相应的相关性检验所得的相关系数的绝对值也最小，分别是-0.01和-0.12。这说明，在中国农村居民中，相比于劳务支持和情感支持，经济支持方面最大程度上保持了子女支持父母的传统规范期待。

表6-3　　**中国农村居民三代间代际支持的总体分布情况（2006—2012年）**

选项	经济支持		劳务支持		情感支持	
	G2 ⇒G1（%）	G1 ⇒G2（%）	G2 ⇒G1（%）	G1 ⇒G2（%）	G2 ⇒G1（%）	G1 ⇒G2（%）
很经常	4.02	1.30	6.67	6.15	4.86	4.08
经常	20.40	4.86	26.68	19.89	31.28	23.64
有时	34.65	11.98	27.60	19.49	33.29	31.09
很少	20.27	12.95	22.60	16.91	22.41	21.63
完全没有	20.66	68.91	16.45	37.56	8.16	19.56

续表

选项	经济支持		劳务支持		情感支持	
	G2 ⇒G1（%）	G1 ⇒G2（%）	G2 ⇒G1（%）	G1 ⇒G2（%）	G2 ⇒G1（%）	G1 ⇒G2（%）
样本量	1544	1544	1544	1544	1544	1544
相关性检验结果	-0.01		0.33 ***		0.62 ***	
t 检验结果	28.95 ***（G2→G1）		11.96 ***（G2→G1）		12.88 ***（G2→G1）	
选项	G2 ⇒G3（%）	G3 ⇒G2（%）	G2 ⇒G3（%）	G3 ⇒G2（%）	G2 ⇒G3（%）	G3 ⇒G2（%）
很经常	3.30	2.92	11.67	2.92	4.99	4.22
经常	10.68	16.90	25.19	19.28	32.26	29.65
有时	13.29	28.87	15.75	24.73	28.19	30.49
很少	14.06	16.82	17.90	27.19	20.04	24.81
完全没有	58.67	34.49	29.49	25.88	14.52	10.83
样本量	1302	1302	1302	1302	1302	1302
相关性检验结果	-0.12 ***		0.32 ***		0.67 ***	
t 检验结果	-10.29 ***（G2←G3）		6.09 ***（G2→G3）		0.62（G2→G3）	

注：*** 表示在 1% 的统计水平上显著；“⇒”表示代际资源流向；“→”表示代际资源净流向，例如，G2→G1 指受访者（G2）向其父母（G1）提供支持的样本比例高于父母向受访者提供支持的样本比例。

（五）农村居民代际支持的变化情况（2006—2012 年）

对代际支持变化情况的统计分析结果显示（见表 6-4），相比于 2006 年，2012 年中国农村居民三代间的情感支持上升，经济支持下降，而劳务支持有升有降（父母向成年子女提供的劳务支持增加，而成年子女向父母提供的劳务支持下降）。其中，情感支持的上升趋势最明显（四组代际支持的单因素方差分析结果都通过了 5% 统计水平的显著性检验），其次明显的是经济支持的下降趋势，而劳务支持的升降变化相对不显著。相比于 2006 年，2012 年亲代向子代提供劳务支持的样本比例在增加，而子代向亲代提供劳务支持的样本比例在下降（G1 ⇒G2 和 G2 ⇒G3 的样本比例分别上升了 6.13 个和 2.18 个百分点；相反方向的样本比例则分别下降了 1.62 个和 4.87 个百分点）。

比较代际支持的差异[1]在2006年和2012年的表现，可以发现，相比于2006年，代际经济支持的差异在2012年进一步增加，而劳务支持和情感支持的差异都有不同程度的减小，从而代际劳务支持和情感支持更具有双向性或对等性。具体而言，与2006年相比，提供代际经济支持的样本比例在2012年有所下降，且亲代向子代提供经济支持的样本比例下降得更快，因此，提供代际经济支持的样本比例的差异进一步增加（G2与G1间提供经济支持的样本比例差异由39.20个百分点增加到42.13个百分点，G2与G3间提供经济支持的样本比例差异由12.03个百分点增加到27.43个百分点）。

表6-4 **中国农村居民三代间代际支持的分布及变化情况（2006—2012年）** （单位:%）

	G2 ⇒G1			G1 ⇒G2		
	CGSS 2006样本	课题组2012样本	F值	CGSS 2006样本	课题组2012样本	F值
经济支持	60.79	57.88↓	3.33*	21.59	15.75↓	23.61***
劳务支持	61.90	60.28↓	0.08	41.90	48.03↑	5.87**
情感支持	63.65	73.41↑	52.28***	47.94	66.30↑	71.88***
	G2 ⇒G3			G3 ⇒G2		
	CGSS 2006样本	课题组2012样本	F值	CGSS 2006样本	课题组2012样本	F值
经济支持	40.24	18.99↓	108.93***	52.27	46.42↓	12.66***
劳务支持	51.28	53.46↑	1.12	49.90	45.03↓	6.35**
情感支持	60.95	68.30↑	22.49***	56.41	69.43↑	42.47***

注：数据以G2世代为受访样本，百分比数据为受访者选择“有时”“经常”和“很经常”选项的累积百分比；F值是单因素方差分析（ANOVA）结果；***、**和*分别表示在1%、5%和10%的统计水平上显著；“↑”和“↓”分别表示2012年农村居民提供相应代际支持的样本比例相比于2006年有所增长或有所下降。

① 指的是父母向成年子女提供的支持与成年子女向父母提供的支持之间的差值，即两个维度的差值。

三　农村居民代际支持影响因素的实证分析

（一）回归结果分析

表6－5给出了影响成年子女向父母提供经济支持、劳务支持和情感支持的因素的定序Logistic回归结果。

从影响成年子女向父母提供经济支持的因素看（结果见方程A1—A5），在方程A1中，年度变量的回归系数为负。这表明，相比于2006年，农村居民中成年子女向父母提供经济支持的频度在2012年有所下降，这一结果呼应了前文的描述性分析结果（见表6－4）。在方程A2和A3中，依次加入个人年收入和父母近期的经济支持频度变量后，年度变量回归系数的绝对值有一定程度的增加。这表明，在控制了个人年收入和父母近期的经济支持频度变量后，年度变量对成年子女向父母提供经济支持的频度影响更大。同时，受访者的个人年收入显著正向影响其向父母提供经济支持的频度。方程A4和A5继续引入父母近期的劳务支持频度和受访者主要从业领域变量后，年度变量回归系数的绝对值又有了一定程度的增加。同时，父母近期的劳务支持频度显著正向影响成年子女向父母提供经济支持的频度。直观来看，相比于2006年，2012年受访者个人年收入的均值增加了（见表6－1和表6－2），且其对受访者向父母提供经济支持的频度具有正向影响，那么，成年子女向父母提供经济支持的频度在2012年应该增加，即在个人年收入变量进入模型后，年度变量回归系数的绝对值应该减小，但估计结果却与之相反。这如何解释呢？父母近期的经济支持频度在10%的统计水平上显著负向影响子女向父母提供经济支持的频度提供了解释。即父母较经常向成年子女提供经济支持意味着其自身经济条件较好，经济较为独立，不需要子女提供经济支持，因而，成年子女向父母提供经济支持的频度下降。这一结果在一定程度上支持了“经济增长有利于提高个体的经济独立性，从而减弱代际经济依赖”这一解释路径。同理，受访者个人年收入增加也有利于提高其经济独立性，从而减弱其代际经济依赖。当然，成年子女向父母提供经济支持的频度下降可能还与其他诸多未知因素有关，例如独立观念、社会舆论等，而基于现有数据，这些问题还难以得到探讨。

从影响成年子女向父母提供劳务支持的因素看（结果见方程B1—B5），年度变量的回归系数显示，相比于2006年，2012年成年子女向父母提供劳务支持的频度在下降，这与前文的描述性分析结果（见表6－4）一致。有意思的是，年度变量是在方程中加入父母近期的劳务支持频度变量或者加入该变量和受访者主要从业领域两个变量后才显著的。同时，父母近期的经济支持频度和劳务支持频度都显著正向影响子女向父母提供劳务支持的频度。另外，非农工作变量显著且其系数为负，即主要从业领域为非农业的成年子女相比于其他从业领域的成年子女向父母提供劳务支持的频度更低。同时，课题组2012数据中从事非农工作的受访者比例高于CGSS 2006数据中的这一比例（见表6－1和表6－2），这可能直接导致受访者中成年子女减少了在代际支持中的劳务付出，而老年父母则在比较优势下在代际支持中增加了劳务付出。

从影响成年子女向父母提供情感支持的因素看（结果见方程C1—方程C5），年度变量的回归系数显示，相比于2006年，2012年成年子女向父母提供情感支持的频度显著增加，这与前文的描述性分析结果（见表6－4）相一致。需要说明的是，年度变量的回归系数在方程中加入个人年收入和父母近期的经济支持频度变量后有了一定程度的减小，但该变量依然显著；在继续加入父母近期的劳务支持频度和受访者主要从业领域变量后，其系数进一步减小。这说明，成年子女向父母提供情感支持的频度增加可以通过控制这些变量得到部分解释。同时，个人年收入（在方程中未加入主要从业领域变量时）、父母近期的劳务支持频度显著正向影响子女向父母提供情感支持的频度。因此，虽然成年子女向父母提供情感支持的频度增加与其他未知因素有关，但仍然能主要通过经济增长和代际分工的改变得到解释。

综合上述分析结果，可做进一步的讨论和拓展：2006—2012年，得益于经济稳定增长，中国农村居民个人收入明显增加，个体的经济独立性随之增强，表现在代际支持中即为代际经济支持频度下降。这与现代化理论关于现代性消解家庭团结的预言存在一致性。当然，本书研究在劳务支持和情感支持方面的有关发现还难以基于现代化理论得到较好的解释，还需要进一步深入结合中国农村社会转型的具体情境来理解。中国农村家庭目前普遍存在的“半工半耕”的代际分工模式使老年父母向成年子女提供更多的劳务支持。父母付出劳务支持及自身的经济独立性则在一定程度上赢得了成年子女的情感回馈，而缘于情感支持本身特有的双向性，父母向成年子女提供的情感支持也有所增强。总之，有理由认为，经济增长和新代际分工模式的形成对近年来农村居民代际支持的变化有重要影响，但它们是不是决定性因素，仍需以更多的经验研究来佐证。

表 6－5　**成年子女向父母提供代际支持影响因素的定序 Logistic 回归结果**

	方程 A1	方程 A2	方程 A3	方程 A4	方程 A5
年度（参照组：2006 年）	-0.491***	-0.520***	-0.510***	-0.600***	-0.612***
个人年收入	—	0.061***	0.061***	0.058***	0.042**
父母近期的经济支持频度（参照组：几乎没有）					
很少	—	—	0.103	0.031	0.026
有时	—	—	-0.049	-0.291*	-0.294*
经常或很经常	—	—	0.040	-0.279	-0.259
父母近期的劳务支持频度（参照组：几乎没有）					
很少	—	—	—	0.138	0.146
有时	—	—	—	0.459***	0.464***
经常或很经常	—	—	—	0.802***	0.783***
主要从业领域（参照组：其他）					
非农工作	—	—	—	—	0.344*
农业生产	—	—	—	—	0.104
Pseudo R^2	0.020	0.024	0.033	0.041	0.043
	方程 B1	方程 B2	方程 B3	方程 B4	方程 B5
年度（参照组：2006 年）	-0.089	-0.077	-0.015	-0.199*	-0.212*
个人年收入	—	-0.023	-0.016	-0.029	-0.014
父母近期的经济支持频度（参照组：几乎没有）					
很少	—	—	0.334**	0.165	0.166
有时	—	—	0.622***	0.165	0.166
经常或很经常	—	—	1.330***	0.764***	0.746***
父母近期的劳务支持频度（参照组：几乎没有）					
很少	—	—	—	0.530***	0.525***
有时	—	—	—	1.024***	1.023***
经常或很经常	—	—	—	1.715***	1.719***
主要从业领域（参照组：其他）					
非农工作	—	—	—	—	-0.306

续表

	方程 B1	方程 B2	方程 B3	方程 B4	方程 B5
农业生产	—	—	—	—	-0.249
Pseudo R^2	0.007	0.007	0.023	0.055	0.056
	方程 C1	方程 C2	方程 C3	方程 C4	方程 C5
年度（参照组：2006 年）	0.639 ***	0.614 ***	0.610 ***	0.531 ***	0.528 ***
个人年收入	—	0.041 **	0.046 **	0.041 **	0.025
父母近期的经济支持频度（参照组：几乎没有）					
很少	—	—	-0.059	-0.181	-0.186
有时	—	—	0.427 ***	0.089	0.083
经常或很经常	—	—	0.755 ***	0.324	0.349
父母近期的劳务支持频度（参照组：几乎没有）					
很少	—	—	—	0.291 **	0.299 **
有时	—	—	—	0.728 ***	0.737 ***
经常或很经常	—	—	—	1.155 ***	1.144 ***
主要从业领域（参照组：其他）					
非农工作	—	—	—	—	0.331 *
农业生产	—	—	—	—	0.100
Pseudo R^2	0.020	0.021	0.029	0.045	0.046

注：所有方程在拟合时皆引入了性别、年龄、婚姻状况这 3 个控制变量，出于简洁的考虑，这些控制变量的估计结果并未在表中给出；***、** 和 * 分别表示在 1%、5% 和 10% 的统计水平上显著。

（二）进一步讨论：多代联结的再兴起？

家庭是社会的细胞，代际支持则是家庭关系的一个重要维度，因而，考察代际支持的现状和变迁是家庭关系研究中极为重要的主题。理论上讲，现代化过程促进核心家庭发展，从而可能会弱化家庭内的代际关系。然而，社会转型过程中出现的种种结构性压力也可能会转嫁于居民家庭，从而使家庭成员重新走向团结以应对这些压力。基于对 2006 年中国综合社会调查数据和 2012 年全国五省农村地区调查数据的分析，得出了如下结论：第一，相比于 2006 年，2012 年中国农村居民保持了密切的代际互动，成年子女仍然是代际支持的主要提供者。从变化上看，相比于 2006 年，2012 年农村居民三代之间情感互动的频度上升，经济互动的频度下降，而劳务支持呈现向子代的倾斜（亲代向子代提供劳务支持的频度增加，而子代向亲代提供劳务支持的频度下降）。这些变化在回归分析中得到了验证。第二，农村居民代际支持的上述变化与经济增长和农村新代际分工模式的形成有重要关联：首先，在农村地区，经济增长使个人收入提高，可能减少农村居民因经济过度依赖导致的代际冲突；其次，农村“半工半耕”的新代际分工模式的形成导致老年父母在劳务支持上向成年子女倾斜，但这也换来了成年子女更经常的情感回馈；最后，代际情感支持频度的提高有力地说明了农村居民代际关系在走向团结，至少在短期看来是如此。

20 世纪的西方家庭在社会学家眼中经历了从“现代核心家庭的兴起”到“现代核心家庭的衰落”，再到“家庭形式异质性的增长”的变迁，这一时期的焦点无疑是核心家庭。Bengtson 认为，进入 21 世纪后，多代联结的重要性将会越来越突出，它在某些方面甚至会取代核心家庭中父母与子女间的联系。[①] 他做出这一判断的主要依据是：第一，代际共享生命历程的时间增多；第二，祖父母和其他亲属在家庭中的作用增强；第三，代际团结在过去表现出很强的韧性和适应性。而当下中国农村似乎正经历类似的过程。首先，第六次全国人口普查数据显示，2010 年中国人口平均预期寿命达到 74.83 岁，比 2000 年提高了 3.43 岁，且将继续提高。[②] 这表明，中国农村地区的老年人将有更长时间与其子女、亲属共享生命历程。其次，Chen 等人研究发现，在三代同住的中国家庭中，祖父母承担照料 0—6 岁孙辈的时间与母亲相当；即使不同住，也有 40% 的父母会委托孩子的祖辈帮助照料孩子。[③] 而在青壮年劳动力普遍外出务工的农村地区，祖辈照顾孙子孙女的现象更为普遍。这些现象的出现以及本书的研究发现是否意味着中国农村地区多代联结的现象会如 Bengtson 所预言的那样再兴起？[④] 但是，本书研究的部分发现（例如代际经济互动频度的下降）

---

① Bengtson V. L. , “Beyond the Nuclear Family: The Increasing Importance of Multigenerational Bonds”, *Journal of Marriage & Family*, Vol. 63, No. 1, 2001, pp. 1 - 16.

② 国务院第六次全国人口普查领导小组办公室：《全国人口普查公告：我国人口平均预期寿命达到 74.83 岁》，2012 年 9 月 21 日，国家统计局网站（http://www. st ats. gov. cn/tjsj/tjgb/rkpcgb/qgrkpcgb/201209/t20120921_ 30330. html）。

③ Chen F. , Liu G. and Christine A. , “Intergenerational Ties in Context: Grandparents Caring for Grandchildren in China”, *Social Forces*, Vol. 90, No. 2, 2011, pp. 571 - 594.

④ Bengtson V. L. , “Beyond the Nuclear Family: The Increasing Importance of Multigenerational Bonds”, *Journal of Marriage & Family*, Vol. 63, No. 1, 2001, pp. 1 - 16.

似乎又验证了家庭现代化理论在预言“家庭衰落”方面的有效性。这是否意味着中国农村地区当下的代际关系变迁只是社会转型中的昙花一现，待社会转型完成之后会重新走向家庭现代化理论的“魔咒”？抑或由于深受传统儒家文化的影响，中国居民家庭的代际关系有其特殊走向？这都有待后续研究做进一步检验。

作为一项经验研究，该部分研究还存在如下不足：一是概念的操作化问题。无论是代际关系还是代际支持，都是复杂而多元的概念，仅以经济支持、劳务支持和情感支持来反映代际支持，甚至以此来考察农村居民的代际关系很明显是不足的。二是样本的代表性问题。课题组 2012 年的数据只包含五省农村居民的样本，即使该数据有较好的样本代表性，也与全国的真实情况存在较大差异。这些方面还有待在后续研究中进一步完善。

四 遗产在家庭财富分配中的重要作用

遗产被广泛认为在财富差距的形成过程中发挥重要作用，尤其是在财富分布的顶端。在二战后的欧美地区，技术进步、经济增长和开放竞争降低了社会不同阶层的不平等程度，然而 20 世纪 80 年代后，财富不平等在部分国家有上升趋势。[①] 有意思的是，同时期每年遗产和赠予额占国民收入的比重也呈增长趋势，这说明部分欧美国家的遗产继承在财富积累过程中正变得越来越重要。[②]

然而，在中国，财产主要是在改革开放后才开始积累的。1995—2002 年我国居民人均总资产净值增加了 1.14 倍，年均增长率约为 11.5%，高于同期 GDP 和人均收入的增长。[③] 而 2000 年后房产价格的快速上升进一

① Davies J. B. and Shorrocks A. F., “The Distribution of Wealth”, in Anthony Atkinson and Francois Bourguignon, eds., *Handbook of Income Distribution*, Vol. 1, Amsterdam: North Holland ELSEVIER, 2000, pp. 605 - 675.

② Piketty T., “On the Long Run Evolution of Inheritance: France 1820 - 2050”, *The Quarterly Journal of Economics*, Vol. 126, No. 3, 2011, pp. 1071 - 1131; Ohlsson H., Roine J. and Waldenström D., “Inherited Wealth over the Path of Development: Sweden, 1810 - 2010”, *IFN Working Paper*, No. 1033, 2014, pp. 1 - 89.

③ 李实、魏众、丁赛：《中国居民财产分布不均等及其原因的经验分析》，《经济研究》2005 年第 6 期。

步加速了人均财富的增长，2010 年家庭人均财产现值超过 13.2 万元，是 2002 年的 4.1 倍，这期间家庭财富净值的年均增长率高达 19.0%。[①] 从时间上计算，这些积累了大量财富的个体仍然在世，因而当下遗产总额可能仍然相对较小。同时经济的快速增长使得个体可以在生命周期中积累大量财富，这可以有效地降低遗产的相对份额。因此，目前中国的遗产规模应该相对有限，但因为数据缺乏等原因，仍然很少见到相关的量化分析文献。

仅见詹鹏和吴珊珊利用 2010 年中国家庭追踪调查（CFPS）数据，使用蒙特卡洛模拟推算了一般性的遗产继承现象。[②] 研究发现，虽然子女继承人获得的遗产占其初始财富的 22%，但总遗产只占全社会总财富的 0.43%，远远低于欧美国家。虽然詹鹏和吴珊珊采用了高质量的数据和合适的研究方法，并进行了多方面的扩展比较，但因为没有遗产信息，只是根据微观个体的财富分布、家庭成员结构和死亡率信息进行了遗产分布的模拟，因而这一遗产分布情况很可能与现实情况存在一定程度的偏离。其次，关于遗产对财富差距的影响，从直观上看，遗产继承会扩大财富差距，然而国外诸多实证研究却提供了多种不同结论。詹鹏和吴珊珊的模拟结果表明遗产继承不一定能够引起财产不平等的上升，具体影响效果与穷人和富人的死亡率分布、家庭特征、家庭内财产分布等因素有关。[③]

基于此，本书使用 2013 年和 2014 年中国健康与养老追踪调查（CHARLS）数据，分析了我国居民家庭遗产继承的分布特征及其对家庭财富不平等的影响，并从多个角度验证了这一影响的稳健性。一方面，CHARLS 数据提供了主要受访者及其配偶过去一生中所有的遗产继承信息，主要包含遗产继承的次数、时间、数额、来源和形式等。使用这一数据既可以佐证和比较詹鹏和吴珊珊的模拟结果，也可以提供一些新的遗产分布特征。另一方面，笔者借鉴 Wolff 和 Gittleman 采用的策略，用包含遗产的家庭财富净值减去不同假设条件下的遗产价值（利用不同遗产储蓄模型和获得的遗产价值估算而得）得到不包含遗产的家庭财富净值，之

① 李实、万海远、谢宇：《中国居民财产差距的扩大趋势》，北京师范大学中国收入分配研究院工作论文，北京，2014 年。

② 詹鹏、吴珊珊：《我国遗产继承与财产不平等分析》，《经济评论》2015 年第 4 期。

③ 同上。

后比较包含和不包含遗产的家庭财富净值的分布情况，以考察遗产继承对财富差距的影响，[①] 具体的分析方法和分析结果详见本章第六节。需要说明的是，由于从长辈亲属处继承遗产的样本相对较少，如果单独分析农村样本可能对结果的稳健性造成影响，同时由于城乡差异本身也是相关研究极为有意思的部分，故本章的研究是对城乡所有样本的研究，而不仅仅只是农村样本。

五　遗产继承的描述性分析和群体结构

（一）样本及数据简介

本部分所用数据来源于中国健康与养老追踪调查（CHARLS）数据，该数据从2008年开始，收集了一套代表中国45岁及以上中老年人家庭和个人的微观数据，样本覆盖全国150个县级单位的450个村级单位。[②] 本书根据研究需要，选择了2013年全国追踪调查数据和2014年生命历程调查数据，前者提供了家庭财富的相关详细信息，后者则提供了相应家庭的详细遗产信息。

在既有研究中，家庭财富（Wealth）一般使用家庭总资产净值（Net Assets）进行测量，由总资产减去总债务获得。[③] 结合定义和数据提供的信息，本章所使用总资产概念包含如下6项：（1）房产和住房公积金；（2）土地；（3）家用设备、耐用消费品和其他贵重物品；（4）家庭生产性固定资产；（5）现金、存款、股票和基金等金融资产；（6）个人间借款。总债务包括如下4项：（1）购房、建房负债；（2）抵押贷款（除购房、建房等）；（3）个人间欠款；（4）信用卡欠款。

2014年生命历程调查数据提供了主要受访者及其配偶的遗产继承信息。数据的获得主要通过受访者的回忆，回忆自己过去所有遗产继承

---

① Wolff E. N. and Gittleman M., "Inheritances and the Distribution of Wealth or Whatever Happened to the Great Inheritance Boom?", *Journal of Economic Inequality*, Vol. 12, No. 4, 2014, pp. 439 - 468.

② 详细的原始问卷及数据说明请参见CHARLS官方网站：http：//charls. ccer. edu. cn/zh - CN。

③ Davies J. B. and Shorrocks A. F., "The Distribution of Wealth", in Anthony Atkinson and Francois Bourguignon, eds., *Handbook of Income Distribution*, Vol. 1, Amsterdam: North Holland ELSEVIER, 2000, pp. 605 - 675.

的时间、数额、形式和来源等。因家庭财富信息是2013年的数据，我们删除了受访者2014年获得的遗产，并根据历年消费者物价指数（CPI），以2013年价格为基期，对遗产数额进行了价格调整。经过数据处理并去除部分无效样本后，我们共得到9213户有效家庭样本，其中曾经继承过遗产的家庭1696户，占比18.41%。[①] 另外，为更准确地考察遗产继承的时间、来源和形式，表6－6中数据采用的是个体样本，共20148个，继承遗产的个体数是2091个，文中其他部分皆是前述以家户为单位的数据。

（二）遗产继承的时间、来源和形式

表6－6给出了受访者个人遗产继承的时间、来源和形式的分布情况。从遗产继承时间来看（A部分），各阶段遗产继承的发生频次基本相同，为20%左右。其中1984—1993年遗产继承的频次较高，达到了30%。整体来看，越早继承的遗产，价值越低。如2004—2013年继承的遗产每份价值约为3.53万元，而80年代及之前继承的遗产每份价值则不足1万元。

从遗产继承的来源看（B部分），父母提供了绝大多数遗产，无论频次还是价值皆远高于其他家庭成员。所有遗产中的81.3%由父母提供，价值更是占总价值的89.2%。其次，岳父母/公婆也是重要的遗产提供者，约占遗产提供频次的13.0%。不幸的是，部分早逝子女留给父母的遗产往往是债务。

遗产的形式是多选题（C部分），且没有提供每一项遗产形式的具体价值。但仍可以发现，房产是最重要的遗产形式，占比53.8%。根据房产在家庭财富中的重要地位，可以推测房产也会是各类遗产中价值最高的部分。债务形式的遗产占比高达18.6%，这些债务很大程度上来源于父代对子代的教育支出和婚姻支出，[②] 因而虽然是父代遗留给子代的债务，但很大程度上其实是子代自身的债务。土地也是遗产继承的重要形式，频次占比14.5%。而金融资产形式的遗产比例较低，只有4.5%。

---

① 为获得更为稳健的结果，样本筛选过程中对部分包含极端遗产价值和财富净值的样本进行了剔除处理，但这一剔除量非常小，只包含24个样本，占总样本量的0.26%。

② 王跃生：《中国家庭代际关系的理论分析》，《人口研究》2008年第4期。

表 6－6 遗产继承的时间、来源和形式的分布情况

变量	选项	频次	频次百分比（%）	总价值（万元）	价值百分比（%）	均值（万元）
A. 遗产继承的年份	2004—2013 年	380	18.18	1343.01	34.76	3.53
	1994—2003 年	422	20.18	460.50	11.92	1.09
	1984—1993 年	624	29.84	1522.95	39.41	2.44
	1974—1983 年	430	20.56	421.95	10.92	0.98
	1973 年及之前	235	11.24	115.46	2.99	0.49
	合计	2091	100.00	3863.87	100.00	1.85
B. 遗产的来源	父母	1678	81.30	3298.30	89.18	1.96
	岳父母/公婆	268	12.98	273.26	7.39	1.02
	配偶	44	2.13	52.15	1.42	1.18
	子女	6	0.29	－12.76	－0.35	－2.13
	亲戚	65	3.15	87.00	2.35	1.34
	其他	3	0.15	0.36	0.01	0.12
	合计	2064	100.00	3698.31	100.00	1.79
C. 遗产的形式	房产	1423	53.78	—	—	—
	土地	383	14.47	—	—	—
	金融资产	119	4.50	—	—	—
	债务	492	18.59	—	—	—
	耐用品	191	7.22	—	—	—
	其他	38	1.44	—	—	—
	合计	2646	100.00	—	—	—

注：（1）所用样本为个体样本，总量为 20148 户；不同于书中其他部分使用的家户样本。（2）遗产价值依据历年 CPI 进行过价格调整。

（三）遗产继承的群体结构

表 6－7 给出了遗产继承的群体结构分布情况。整体来看（第一行所有家庭），有 18.4% 的家庭过去曾继承过遗产，这一比例低于美国的 21%、英国的 27% 和瑞典的 34%。[①] 但美国和瑞士的数据包含礼物的馈赠，因而从

① Wolff E. N. and Gittleman M.，"Inheritances and the Distribution of Wealth Or Whatever Happened to the Great Inheritance Boom?"，*Journal of Economic Inequality*，Vol. 12，No. 4，2014，pp. 439－468；Karagiannaki E.，"The Impact of Inheritance on the Distribution of Wealth：Evidence from Great Britain"，*Review of Income and Wealth*，2015，pp. 1－15；Klevmarken N. A.，"On the Wealth Dynamics of Swedish Families：1984－1998"，*Review of Income and Wealth*，No. 50，2004，pp. 469－491.

继承遗产家庭的比例来看，中国和部分欧美国家并没有实质性差距。在曾经获得遗产的家庭中，每户继承的遗产均值约为1.05万元，而这只占到家庭净财富的4.8%。对于所有家庭来说，遗产价值更是只占家庭财富净值的0.87%，这一数字与发达国家20%—30%的数据相差十分巨大。[①] 可能有如下几个方面的原因：一是中国家庭财富积累主要发生在近20年，只有当下的中年人和老年人中较年轻者才通过市场经济改革和住房改革积累了大量财产，[②] 去世的老年人并没有积累多少财产，因而留下的遗产也很有限。二是中国父代的大量财富多以婚姻支出（如聘礼、彩礼、房车等）、日常礼物馈赠等形式在生前转移给子代，这一行为也促生了前文发现遗产中包含很高比例的债务。三是近年的经济增长和房价急剧上涨使得许多家庭通过市场行为积累了大量财富，从而降低了遗产所占比例。

不同户籍类型、年龄分组、受教育程度、家庭收入水平和家庭财富水平的受访家庭间在遗产继承的比例、遗产均值和遗产占家庭财富净值的百分比方面皆存在不同程度的差异。

从城乡户籍来看（A部分），农业户口类型的家庭（19.5%）获得遗产的比例要高于非农业（15.0%）和居民户口家庭（15.7%），约高4个百分点，这可能与农村更高的住房拥有率和存在土地继承有关。但无论在获得遗产的家庭还是所有家庭中，农业户口类型的家庭获得的遗产均值远低于非农业户口家庭，略低于居民户口家庭。例如在获得遗产的家庭中，非农业户口家庭获得的遗产均值（1.98万元）是农业户口家庭（0.83万元）的2.39倍。也因此，非农业户口类型家庭获得的遗产占家庭财富净值的比例高于农业户口家庭，例如在所有家庭中，非农业户口家庭获得的遗产占家庭财富净值的百分比（0.90%）是农业户口家庭（0.84%）的1.07倍。有意思的是，居民户口类型家庭获得的遗产占家庭财富净值的百分比是最低的（2.74%和0.44%），这可能与居民户口来源有关。居民户口来源于部分地区率先试行的户籍改革，这些地区较多位于城乡接合部。从遗产继承来看，它们接近农村；而从家庭财富来看，因为这些地区

---

① Wolff E. N. and Gittleman M., "Inheritances and the Distribution of Wealth or Whatever Happened to the Great Inheritance Boom?", *Journal of Economic Inequality*, Vol. 12, No. 4, 2014, pp. 439 – 468.

② 靳永爱、谢宇：《中国城市家庭财富水平的影响因素研究》，《劳动经济研究》2015年第5期。

快速城镇化促生的拆迁补偿、房价和工资上涨，导致家庭财富膨胀较快，从而遗产占家庭财富净值的比例较低。

从年龄分组来看（B 部分），随着年龄的增加，获得遗产的比例在逐渐下降。这是年龄世代效应（Cohort Effect）和生命周期效应（Life-cycle Effect）的综合效果，但世代效应的作用效果（因为中国市场经济发展的时间导致年龄越大个体的父代留下遗产的比例越低）要明显大于生命周期效应（年龄越大个体的父代更可能经历死亡风险而留下遗产）。遗产均值也存在相似规律，例如在获得遗产的家庭中，最高年龄组家庭获得的遗产均值（0.76 万元）只有 45—54 岁年龄组家庭获得的遗产均值（1.24 万元）的 61.3%。在获得遗产的家庭中，遗产占家庭财富净值的百分比与年龄间没有明显的线性关系，这是因为 65 岁及以上年龄组的家庭除了获得的遗产在减少外，家庭财富净值也在减少，因而遗产占家庭财富净值的百分比反而有所上升。但在所有家庭中，遗产占家庭财富净值的百分比与年龄间保持了负相关的关系。例如 45—54 岁年龄组家庭获得的遗产占家庭财富净值的百分比（0.99%）是 75 岁及以上年龄组家庭（0.48%）的 2.06 倍。

从受教育程度来看（C 部分），受教育程度高低与获得过遗产的家庭比例一定程度上呈现“倒 U 形”关系，即随着受教育程度的提高，继承过遗产的家庭占所有家庭的比例先上升再下降，这与预期不太一致（预期较高受教育程度家庭的父辈往往也更为富裕，从而更可能给子代留下遗产）。例如初中文化水平的家庭中，获得遗产的家庭比例是 21.3%，高于高中/中专（17.3%）和大专/本科及以上（15.2%）家庭的相应比例。而家庭所获得的遗产均值则随着受教育程度的增加而增加，尤其是大专/本科及以上受教育程度家庭获得的遗产均值存在一个跳跃性的增长。例如在获得遗产的家庭中，大专/本科及以上受教育程度家庭获得的遗产均值（3.22 万元）是小学及以下受教育程度家庭遗产均值（0.90 万元）的 3.58 倍。在获得遗产的家庭中，遗产占家庭财富净值的比例随着受教育程度的增加而呈上升趋势；而在所有家庭中，遗产占家庭财富净值的比例则随着受教育程度的增加而呈下降趋势，这缘于受教育程度高的家庭的财富净值更高且获得遗产的家庭比例更低所致。

从家庭收入水平来看（D 部分），获得遗产的家庭比例与家庭收入水平间的线性关系并不十分明显，但整体呈现先上升后下降的“倒 U 形”

关系。获得遗产的家庭比例的峰值出现在5001—10000元和10001—25000元，比例在19.5%—21.2%。获得的遗产均值整体上随着家庭收入水平的增加而增加，但在获得遗产的家庭中，5001—10000元收入水平的家庭获得的遗产均值较低，只有0.89万元。另外1000元及以下收入水平的家庭包含了负收入家庭，而负收入家庭主要源于过去一年失败的投资，他们并不是一般意义上的贫困家庭，反而更可能是富裕家庭，因而这一收入水平组家庭获得的遗产均值并不是各收入组中最低的。在获得遗产的家庭中，遗产占家庭财富净值的百分比与家庭水平间没有明显的线性关系；而在所有家庭中，遗产占家庭财富净值的百分比则随着家庭收入水平的增加而呈现减小趋势。虽然获得的遗产随着家庭收入水平的增加而增加，但由于家庭财富净值增加得更快，因而遗产占家庭财富净值的百分比则随着家庭收入水平的增加而呈现减小趋势。

表6－7 遗产继承的群体结构分布情况

群体结构	继承遗产的家庭比例（%）	继承遗产的家庭			所有家庭		
		遗产均值（万元）	遗产占净财富的百分比（%）	样本数（户）	遗产均值（万元）	遗产占净财富的百分比（%）	样本数（户）
所有家庭	18.41	1.05	4.82	1696	0.19	0.87	9213
A. 城乡户籍							
农业户口	19.49	0.83	4.38	1358	0.16	0.90	6969
非农业户口	15.02	1.98	6.05	319	0.30	0.84	2123
居民户口①	15.70	1.08	2.74	19	0.17	0.44	121
B. 年龄分组							
45—54岁	20.09	1.24	5.42	593	0.25	0.99	2952
55—64岁	20.03	0.97	4.18	660	0.20	0.85	3295
65—74岁	16.56	0.97	5.12	334	0.16	0.83	2017
75岁及以上	11.48	0.76	4.61	109	0.09	0.48	949
C. 受教育程度							
小学及以下	17.51	0.90	4.61	906	0.16	0.89	5175

① 居民户口指的是2013年某些地方率先实行户口制度改革后，不再区分农业与非农业户口，而统一为“居民户口”。

续表

群体结构	继承遗产的家庭比例（%）	继承遗产的家庭			所有家庭		
		遗产均值（万元）	遗产占净财富的百分比（%）	样本数（户）	遗产均值（万元）	遗产占净财富的百分比（%）	样本数（户）
初中	21.32	0.99	4.56	518	0.21	0.93	2430
高中/中专	17.27	1.41	5.30	230	0.24	0.79	1332
大专/本科及以上	15.22	3.22	6.47	42	0.49	0.73	276
D. 家庭收入水平							
1000元及以下	17.25	0.82	5.36	347	0.14	0.89	2012
1001—2500元	18.59	0.66	4.32	357	0.12	0.86	1920
2501—5000元	16.57	1.15	7.64	166	0.19	1.32	1002
5001—10000元	21.15	0.89	4.66	151	0.19	1.12	714
10001—25000元	19.48	1.25	5.02	293	0.24	1.04	1504
25001—50000元	19.39	1.28	5.01	261	0.25	0.81	1346
50001元及以上	16.92	1.99	3.45	121	0.34	0.55	715
E. 家庭财富水平							
25000元及以下	17.59	0.74	-60.76	307	0.13	-13.87	1745
25001—50000元	16.06	0.64	17.64	160	0.10	2.84	996
50001—100000元	19.64	1.06	14.71	259	0.21	2.86	1319
100001—250000元	19.39	0.92	5.60	501	0.18	1.08	2584
250001—500000元	19.13	1.10	3.09	299	0.21	0.60	1563
500001元及以上	16.90	2.30	2.43	170	0.39	0.40	1006

注：（1）遗产价值依据历年CPI进行过价格调整。（2）户籍分类依据主要受访者或其配偶的户籍属性，优先选取顺序是非农业户口、居民户口和农业户口；受教育程度则是选取主要受访者或其配偶中学历较高者；年龄是主要受访者及其配偶年龄的均值；收入和财富分别是家庭总收入和家庭总财富净值。

从家庭财富水平来看（E部分），获得遗产的家庭比例与家庭财富水平间呈现先上升后下降的“倒U形”关系。获得遗产的家庭比例的峰值出现在50001—100000元和100001—250000元，比例在19.4%—19.6%。获得的遗产均值整体上随着家庭财富水平的增加而增加，但在获得遗产的家庭中，100001—250000元财富水平的家庭获得的遗产均值较低，只有0.92万元。除去包含家庭财富净值为负值的25000元及以下的家庭财富分组后，无论在获得遗产的家庭中还是所有家庭中，遗产占家庭财富净值的百分比皆随着家庭财富水平的增加而减小。这是因为获得的遗产的增加速度低于家庭财富的增加速度所致。遗产占贫穷家庭的财富净值比例高于富裕家庭，一定程度上说明了遗产对于贫穷家庭更为重要。

整体来看，受教育程度、家庭收入水平和家庭财富水平经常作为家庭社会经济水平的测度，三者间存在显著的正相关性，三者在前述的群体分组结构中也因此存在巨大的相似性。具体来说，家庭社会经济地位越高（受教育程度、收入和财富越高）的家庭获得遗产均值越高，而遗产占家庭财富净值的百分比越小。某种意义上，遗产对于社会经济地位较低的家庭更为重要，从这种角度，遗产很可能有助于减小家庭财富的不平等，相关内容将在后文做进一步研究。另外，家庭社会经济地位（受教育程度、收入和财富）与获得遗产的家庭的比例间近似的“倒 U 形”关系也是一个十分有意思的结果。对于贫穷家庭，其获得遗产的比例较低是因为父代往往较为贫穷而难以为子代提供遗产；而富裕家庭获得遗产的比例也较低可能反映了那部分从市场改革中获益而实现阶层上升的群体，他们的父辈可能一无所有，[①] 无法留下任何遗产，从而这个阶层获得遗产的家庭比例略低于中间阶层。当然也可能与较高社会经济地位（教育、收入和财富）的家庭更可能低报自己的遗产继承有关，这个问题还有进一步分析的空间，但显然已经超越本书的研究范围。

（四）考虑资本回报情况下的遗产继承

前文的遗产价值只进行了价格调整，而没有考虑资本回报。表 6 - 8 给出了不同资本回报率情况下，遗产价值占家庭财富净值百分比的群体结构分布情况。由表 5 - 3 可知，当考虑资本回报率后，遗产价值占家庭财富净值百分比发生了明显变化。对于所有家庭而言，在不考虑资本回报率的情况下（$r=0$），遗产只占家庭财富净值的 0.87%，而当逐渐增加资本回报率后，遗产从占家庭财富净值的 1.36%（$r=0.02$）上升到 2.16%（$r=0.05$）。一般来说，收入或财富水平越高的家庭更易接触到金融信息、

---

① 较高社会经济地位家庭的父辈只是少数一无所有，大部分仍然拥有很充足的资源，但这些少数派无法给子女留下任何遗产，从而使得这一群体获得遗产的家庭比例略低于中间阶层家庭，但这一阶层获得遗产价值的均值仍然远远高于其他阶层。

更擅长理财，从而使资产增值，因而我们假设收入或财富水平越高的家庭，其资本回报率也越高。于是我们依据收入（财富）水平高低将所有家庭分成五组，从低到高分别将资本回报率设置为0.01至0.05五类。估计结果表明（见表6－8第六、七列），当依据收入水平划分资本回报率时，遗产占家庭财富净值的1.17%；而当依据财富水平划分资本回报率时，遗产占家庭财富净值的1.27%。

表6－8　　**遗产价值占家庭财富净值百分比的群体结构分布情况**　　（单位:%）

群体结构	r=0	r=0.02	r=0.03	r=0.04	基于收入的收益率	基于财富的收益率	N
所有家庭	0.87	1.36	1.74	2.16	1.17	1.27	9213
A. 城乡户籍							
农业户口	0.90	1.50	1.99	2.48	1.21	1.46	6969
非农业户口	0.84	1.16	1.39	1.70	1.13	1.00	2123
居民户口①	0.44	0.60	0.72	0.87	0.79	0.67	121
B. 年龄分组							
45—54岁	0.99	1.39	1.67	2.02	1.03	1.09	2952
55—64岁	0.85	1.35	1.74	2.12	1.14	1.26	3295
65—74岁	0.83	1.51	2.08	2.61	1.43	1.40	2017
75岁及以上	0.48	0.91	1.30	1.90	1.38	1.80	949
C. 受教育程度							
小学及以下	0.89	1.48	1.95	2.50	1.30	1.57	5175
初中	0.93	1.45	1.84	2.17	1.14	1.18	2430
高中/中专	0.79	1.10	1.33	1.63	1.27	1.14	1332
大专/本科及以上	0.73	1.06	1.29	1.60	0.41	0.40	276
D. 家庭收入水平							
1000元及以下	0.89	1.46	1.90	2.17	0.86	1.66	2012
1001—2500元	0.86	1.50	2.0	2.73	1.14	1.44	1920
2501—5000元	1.32	2.43	3.34	3.85	2.19	1.73	1002

① 居民户口指的是2013年某些地方率先实行户口制度改革后，不再区分农业与非农业户口，而统一为“居民户口”。

续表

群体结构	r = 0	r = 0.02	r = 0.03	r = 0.04	基于收入的收益率	基于财富的收益率	N
5001—10000 元	1.12	1.82	2.35	3.08	0.64	0.66	714
10001—25000 元	1.04	1.55	1.96	2.53	1.76	2.01	1504
25001—50000 元	0.81	1.18	1.46	1.83	1.26	0.94	1346
50001 元及以上	0.55	0.73	0.86	1.01	0.69	0.63	715
E. 家庭财富水平							
25000 元及以下	-13.87	-21.81	-27.96	-36.42	-16.67	-11.58	1745
25001—50000 元	2.84	4.57	5.92	7.76	4.47	3.44	996
50001—100000 元	2.86	4.60	5.94	6.62	3.79	3.68	1319
100001—250000 元	1.08	1.70	2.18	2.58	1.27	1.28	2584
250001—500000 元	0.60	0.99	1.30	1.75	1.10	1.33	1563
500001 元及以上	0.40	0.58	0.72	0.90	0.49	0.70	1006

注：（1）遗产价值依据历年 CPI 进行过价格调整。（2）户籍分类依据主要受访者或其配偶的户籍属性，优先选取顺序是非农业户口、居民户口和农业户口；受教育程度则是选取主要受访者或其配偶中学历较高者；年龄是主要受访者及其配偶年龄的均值；收入和财富分别是家庭总收入和家庭总财富净值。

从城乡户籍来看，遗产占家庭财富净值百分比在不同资本回报率情况下的群体结构分布情况基本相似，皆是农业户口大于非农和居民户口的家庭。从年龄分组来看，在考虑资本回报率后，高龄组的遗产占家庭财富净值的比例迅速上升，从而改变了群组结构分布，65—74 岁年龄组代替 45—54 岁年龄组成为遗产占家庭财富净值比例最高的群组。但依据财富水平设置资本回报率的情况下，75 岁及以上年龄组是遗产占家庭财富净值比例最高的群组。从受教育程度看，遗产占家庭财富净值百分比在不同资本回报率情况下的群体结构分布情况基本相似，皆随着受教育程度的增加而减小。从家庭收入水平来看，遗产占家庭财富净值百分比在考虑固定资本收益率与不考虑资本回报率情况下的群体结构分布情况基本相似，皆是“倒 U 形”关系，随着收入水平的增加而呈现先增加再减小的趋势，但在根据收入和财富水平设置不同资本收益率的情况下略有不同。从家庭财富水平来看，遗产占家庭财富净值百分比在不同资本回报率情况下的群体分布情况基本相同，即随着家庭财富水平的增加，遗产占家庭财富净值的百分比逐渐减小。

六　遗产继承对财富差距的影响

为了考察遗产继承对财富差距的影响，可以分别估计出不包含遗产的家庭财富的不平等指数和包含遗产的家庭财富的不平等指数，然后比较二者大小，如果前者小于后者，则说明遗产继承会扩大财富差距，反之则说明遗产可以缩小财富差距。显然，本书所用数据是包含遗产的家庭财富，而要想获得不包含遗产的家庭财富则需要进行模拟，这依赖于建立起可以完全描述实际观测到的储蓄和财富行为主要特征的模型。[①] 这类模型一般需要考虑遗产在多大程度上作为储蓄而成为家庭财富，我们在这里暂称之为遗产储蓄函数 S（y）。对于 S（y），需要考虑其是否存在阶层差异，即贫穷阶层可能更易于消费掉遗产，而富裕阶层则更可能进行储蓄。另外，无论是遗产的提供者还是接受者，当存在遗产预期后，其储蓄行为是否也会发生改变等。

基于上述考虑，我们借鉴 Wolff 和 Gittleman[②] 的分析策略，第一步，假设储蓄行为不受遗产的影响，遗产继承者将所有遗产储蓄成家庭财富的一部分，即 $S(y)=IW$，IW 为遗产继承者获得的遗产（Inherited Wealth，IW）。第二步，放松第一步的假设，假设遗产继承者会对遗产做出反应，即只会储蓄部分遗产，且假设储蓄率是固定不变的。此处，$S(y)=\gamma\times IW$，γ 为固定储蓄率。第三步，进一步放松约束，假设储蓄率是随家庭财富水平发生变化的。此处设定两个储蓄函数，一是线性函数，$S(y)=c\times NW\times IW$，即储蓄率随着财富水平的上升而呈线性增长；二是双曲线函数，$S(y)=1-1/(NW/50000)^{\alpha}\times IW$，即储蓄率随着财富水平的上升而增长，但增长速度呈下降趋势。其中，NW 为当下的家庭财富净值（Net Wealth，NW），c 和 α 皆为常数。

另外，我们使用不平等水平的要素分解法对家庭财富净值的基尼系数

---

① Davies J. B. and Shorrocks A. F.，"Assessing the Quantitative Importance of Inheritance in the Distribution of Wealth"，*Oxford Economic Papers*，Vol. 30，No. 1，1978，pp. 138 – 149.

② Wolff E. N. and Gittleman M.，"Inheritances and the Distribution of Wealth Or Whatever Happened to the Great Inheritance Boom?"，*Journal of Economic Inequality*，Vol. 12，No. 4，2014，pp. 439 – 468.

进行分解，该方法的基本思路是将某个总量 Y 的不平等分解到组成该总量的各个分项要素 Y_i 上去。[①] 运用到此处就是考察遗产和不包含遗产的家庭财富净值两个要素对家庭财富净值分布的影响，具体计算过程可由 stata 呈现实现。[②]

（一）完全储蓄条件下的遗产

首先，假设遗产继承者将获得的所有遗产进行储蓄，则不包含遗产的家庭财富净值由当下的家庭财富净值减去获得的遗产得到，具体的数学表达式为：

$$NIW = NW - IW$$

其中，NIW 为不包含遗产的家庭财富净值（Non-inherited Wealth，NIW），NW 为当下的家庭财富净值（Net Wealth，NW），IW 为遗产继承者获得的遗产（Inherited Wealth，IW）。为比较遗产对财富差距的影响，可以比较 NW 和 NIW 的分布情况（见表 6－9 的第二至六列）。我们依据家庭财富净值的高低将所有家庭等分成五组，可以发现顶端家庭占有了多数财富，如第五组即顶端 20% 的家庭占据所有财富的 63.45%，而底端 20% 的家庭拥有的则是债务，占 －0.67%。当扣除所有遗产后，家庭财富净值的分布情况发生了变化，主要表现为底端家庭（第一至三组）拥有的财富有不同程度的减小，而顶端家庭的（第四、五组）拥有的财富则有不同程度的上升。这说明，家庭财富在扣除遗产后，贫穷家庭相比于富裕家庭的财产份额有所下降。换句话说，遗产的获得增加了贫穷家庭在总财富中的财富份额。从这个角度来看，遗产有助于缩小财富差距。从基尼系数的角度来看（见表 6－9 第七列），不包含遗产的家庭财富净值的基尼系数是 0.6394，在加入遗产后，包含遗产的家庭财富净值的基尼系数减小，为 0.6344。可见，从基尼系数的角度来看，遗产也有助于缩小财富差距。正如前文表 6－7 中所呈现的，虽然富裕家庭相比于贫穷家庭确

---

① Shorrocks A. F.，"Inequality Decomposition by Factor Components"，*Econometrica*，Vol. 50，No. 1，1982b，pp. 193－211；万广华：《不平等的度量与分解》，《经济学》（季刊）2008 年第 1 期。

② 该程序的实现依赖于兼容 stata 软件的分配研究分析工具包（Distributive Analysis Stata Package，DASP），使用标注：Araar Abdelkrim & Jean-Yves Duclos（2007），"DASP：Distributive Analysis Stata Package"，PEP，World Bank，UNDP and University of Laval。

实获得更大规模的遗产，但是，遗产占家庭财富净值的比例却是贫穷家庭高于富裕家庭。这就是说，给予穷人的一个小礼物比给予富人一个大礼物更有价值和意义。从贡献率大小来看，不包含遗产的家庭财富净值提供了绝对多数的贡献，占比99.22%，而遗产对家庭财富净值差距的影响非常小，贡献率只有0.88%。

表6－9的第六至十行提供了不同资本回报率情况下，不包含遗产的家庭财富净值的分布情况。我们发现，随着资本回报率的上升（r＝0→r＝0.05），不包含遗产的家庭财富净值份额在底端家庭（第一至三组）中逐渐增加，而顶端家庭（第四、五组）的财富净值份额在逐渐减小。基尼系数则随着资本回报率的上升而逐渐增大。这些都说明，随着资本回报率的上升，遗产继承缩小财富差距的作用逐渐增加。从要素分解法提供的贡献率百分比来看，也存在相似规律，随着资本回报率的上升，遗产的贡献率从0.88%上升到1.74%。在根据收入和财富水平不同设置不同资本回报率的情况下，遗产仍然具有缩小财富差距的作用。

表6－9　　**不包含遗产的家庭财富分布情况（完全储蓄）**

完全储蓄条件	家庭财富净值份额的五等分组（从低到高）（%）					100 × Gini	贡献率（%）
	1	2	3	4	5		
NW	－0.67	4.62	11.08	21.52	63.45	63.44	—
NIW							
r＝0	－0.79	4.52	11.00	21.55	63.71	63.94	99.22
r＝0.03	－0.86	4.45	10.96	21.59	63.87	64.32	98.85
r＝0.04	－0.91	4.39	10.92	21.62	63.99	64.65	98.59
r＝0.05	－0.99	4.37	10.90	21.63	64.08	64.97	98.26
基于收入的收益率	－0.82	4.48	10.98	21.59	63.77	64.26	99.01
基于财富的收益率	－0.78	4.52	11.00	21.60	63.67	64.16	98.81

注：（1）遗产价值依据历年CPI进行过价格调整。（2）NW指包含遗产的家庭财富净值，NIW指不包含遗产的家庭财富净值，IW指继承的遗产净值，此处满足NIW＝NW－IW。

（二）固定储蓄率条件下的遗产

前文假设遗产继承者将获得的所有遗产进行了储蓄，但很明显，面对遗产预期或已获得的遗产，家庭往往会在储蓄行为上做出调整。设置一个

参数 γ，表示家庭将每元遗产转化成储蓄的比例，在这一情况下，不包含遗产的家庭财富净值的数学表达式为：

$$NIW = NW - \gamma \times IW$$

其中，设置 γ 为 0.25、0.50、0.75 和 1.00。估计出的相关结果如表 6-10 所示，当 γ 从 0.25 增加到 1.00 后，基尼系数则从 0.6355 上升到 0.6394，这些数值皆小于包含遗产的家庭财富净值的基尼系数 0.6344。可见，去除遗产后，家庭财富变得更不平等。也就是说，遗产具有缩小财富差距的作用。五等分组的家庭财富净值份额估计结果也支持这一结论（见表 6-10），随着 γ 的增加，顶端家庭（第四、五组）拥有的财富有不同程度的上升，但都大于包含遗产的家庭财富净值的相应份额分布；而底端家庭（第一至三组）拥有的财富则有不同程度的减小，但都小于包含遗产的家庭财富净值的相应份额分布。从贡献率大小来看，遗产的贡献仍然较小，在 0.21%—0.88%。

表 6-10　**不包含遗产的家庭财富分布情况（固定储蓄率）**

固定储蓄率条件	家庭财富净值份额的五等分组（从低到高）（%）					100 × Gini	贡献率（%）
	1	2	3	4	5		
NW	-0.67	4.62	11.08	21.52	63.45	63.44	—
NIW							
γ = 0.25	-0.70	4.59	11.06	21.53	63.52	63.55	99.79
γ = 0.50	-0.73	4.57	11.04	21.54	63.58	63.67	99.59
γ = 0.75	-0.76	4.54	11.03	21.54	63.65	63.80	99.40
γ = 1.00	-0.79	4.52	11.01	21.55	63.71	63.94	99.22

注：（1）遗产价值依据历年 CPI 进行过价格调整。（2）NW 指包含遗产的家庭财富净值，NIW 指不包含遗产的家庭财富净值，IW 指继承的遗产净值，此处满足 $NIW = NW - \gamma \times IW$，$\gamma = dW/dI$。

（三）可变储蓄率条件下的遗产

已有有关储蓄行为的研究表明，储蓄率和收入、财富呈现正相关关系。[①] 于是，我们假设富裕家庭会将更多份额的遗产用于储蓄，并考察这

① Dynan K. E., Skinner J. and Zeldes S. P., "Do the Rich Save More?", *Journal of Political Economy*, Vol. 112, No. 2, 2004, pp. 397-444.

种情况下遗产对财富差距的影响（见表6－11）。关于储蓄函数的设置采用两种不同的假设，两种假设下的储蓄率皆随着家庭财富的增加而增加，但第一种假设这种增速线性增加，而第二种假设这种增速逐渐减小。第一种情况的数学表达式如下：

$$NIW = NW - SAVING \times IW$$

$$SAVING = c \times NW,\ NW > =0,\ NW < =b$$

$$SAVING = 0,\ NW < 0$$

$$SAVING = 1,\ NW > b$$

其中，SAVING是遗产的可变储蓄率，储蓄率会随着家庭财富净值的增加而增加，但存在上界b，家庭财富超过上界b的家庭，其遗产储蓄率为1，而家庭财富净值为负的家庭的遗产储蓄率为0。我们选取四个不同的财富上界b：250000，500000，750000，1000000，斜率c的取值则是相应上界b的倒数，即c＝1/b。估计结果表明，随着斜率c的减小，不包含遗产的家庭财富净值（NIW）的基尼系数逐渐接近包含遗产的家庭财富净值（NW）的基尼系数。这也易于理解，因为当c无限接近0时，包含遗产和不包含遗产的家庭财富净值的分布将会是完全一样的。但也存在非常有意思的现象，当c等于0.0000010时，不包含遗产的家庭财富净值的基尼系数（0.6343）小于包含遗产的家庭财富净值的基尼系数(0.6344)，但差距非常小。这可以从五等分组的家庭财富净值份额中得到部分解释，顶端家庭（第五分组）的财富份额在不包含遗产的家庭财富净值中占63.43%，而在包含遗产的家庭财富净值中上升到63.45%。这是因为我们对遗产储蓄函数的假设使得最富裕家庭将更多份额的遗产进行了储蓄。但即使设置了这么极端的储蓄函数，遗产仍然在多数情况下具有缩小财富差距的作用，只在参数取一些特定值的情况下，遗产才会扩大财富差距。但这也说明在后续获得更好数据后，这一研究值得做进一步的讨论。

第二种假设的数学表达式如下：

$$NIW = NW - SAVING \times IW$$

$$SAVING = 1 - 1/\ (NW/50000)^{\alpha},\ NW > 50000$$

$$SAVING = 0,\ NW < =50000$$

上式储蓄函数SAVING的经济学意义在于随着家庭财富的增加，储蓄率逐渐增加，但增速逐渐减小，或者说此处的储蓄函数是凹函数。其中，参数α设置为1.0，0.75，0.50和0.25，α取值越大，则储蓄率增长越快。估计结果表明，在任一 α 取值的情况下，不包含遗产的家庭财富净值的基尼函数皆大于包含遗产的家庭财富净值的基尼系数，这说明，遗产在此处假设条件下具有缩小财富差距的作用。从五等分组的家庭财富净值份额来看，遗产的获得增加了中间阶层的财富份额，减小了顶端阶层的财富份额，这不完全等同于前文完全储蓄和不变储蓄率下的财富分布变化情况。比如 α=1 时，在加入遗产后，最顶端家庭（第五分组）拥有的财富份额从 63.51% 下降到 63.45%，而中间家庭（第三分组）拥有的财富份额从 11.04% 上升到 11.08%，而底端家庭的财富份额并没有变化。在完全储蓄和不变储蓄率的情况下，则是底端家庭财富份额增加和顶端家庭财富份额减小。从贡献率来看，遗产对缩小财富差距的作用仍然有限，在 0.29%—0.61%。

表 6-11　**不包含遗产的家庭财富分布情况（可变储蓄率）**

可变储蓄率条件	家庭财富净值份额的五等分组（从低到高）（%）					100 × Gini	贡献率（%）
	1	2	3	4	5		
NW	-0.67	4.62	11.08	21.52	63.45	63.44	—
NIW：Ⅰ线性函数[a]							
b=250000；c=0.0000040	-0.68	4.61	11.06	21.50	63.51	63.54	99.34
b=500000；c=0.0000020	-0.68	4.62	11.08	21.53	63.44	63.46	99.47
b=750000；c=0.0000013	-0.68	4.62	11.09	21.54	63.43	63.44	99.58
b=1000000；c=0.0000010	-0.68	4.62	11.09	21.54	63.43	63.43	99.65
Ⅱ双曲线函数[b]							
α=1.0	-0.68	4.62	11.04	21.51	63.51	63.53	99.39
α=0.75	-0.68	4.62	11.05	21.51	63.49	63.50	99.44
α=0.50	-0.68	4.62	11.06	21.52	63.48	63.48	99.54
α=0.25	-0.67	4.62	11.07	21.52	63.46	63.45	99.71

注：（1）遗产价值依据历年 CPI 进行过价格调整。（2）NW 指包含遗产的家庭财富净值，NIW 指不包含遗产的家庭财富净值，IW 指继承的遗产净值，此处满足：NIW = NW - SAVING × IW，其中，a. SAVING = c × NW，NW >= 0，NW <= b；SAVING = 0，NW < 0；SAVING = 1，NW > b；c = 1/b；b. SAVING = 1 - 1/（NW/50000）$^{\alpha}$，NW > 50000；SAVING = 0，NW <= 50000。

七 小结

本章首先利用2006年中国综合社会调查数据和2012年全国五省农村地区的调查数据，分析了这7年中国农村居民代际支持的变化情况，并从经济增长和代际分工两个维度捕捉农村居民代际支持的演变逻辑。其次，使用2013年和2014年中国健康与养老追踪调查（CHARLS）数据，分析了中国家庭遗产继承的特征和群体结构情况，以及遗产继承对家庭财富差距（不平等）的总体影响，并通过对遗产储蓄函数的不同假设检验了这一影响的稳健性。从前述分析结果中可以总结出如下主要发现：

第一，就代际支持而言，相比于2006年，2012年农村居民三代间的情感互动频度上升，经济互动频度下降，而劳务支持呈现向子代倾斜的趋势（亲代向子代提供劳务支持的频度增加，而子代向亲代提供劳务支持的频度下降）。

第二，经济增长和农村新代际分工的形成是农村居民代际支持呈现上述变化的重要原因。一是在农村地区，经济增长使个人收入提高，可能减少农村居民因经济过度依赖导致的代际冲突；二是农村“半工半耕”的新代际分工模式的形成导致老年父母在劳务支持上向成年子女倾斜，但这也换来了成年子女更经常的情感回馈；三是代际情感支持频度的提高有力地说明了农村居民代际关系在走向团结，至少在短期看来是如此。

第三，对遗产继承而言，各阶段个人遗产继承的发生频次基本相同，为20%左右；且越早继承的遗产，价值越低。从来源看，父母提供了绝大多数遗产，无论频次还是价值皆远高于其他家庭成员。从形式上看，房产是最重要的遗产形式，占比53.8%；债务形式的遗产占比高达18.6%；土地占比14.5%；而金融资产形式的遗产比例较低，只有4.5%。从家庭单位来看，我国获得遗产的家庭比例约为18.4%，与欧美国家基本接近。但遗产价值只占家庭财富净值的0.87%，远远低于欧美国家。这既缘于我国代际间大量财富转移行为多以婚姻支出、日常礼物赠予等形式在父代生前发生，也与那些在市场经济改革中积累大量财富的个体仍然在世有关。但随着这些积累了巨额财富的个体逐渐步入晚年，未来遗产规模很可能会迅速扩大。不同群体在遗产继承方面存在不同程度的差异。社会经济地位（受教育程度、收入和财富）高的家庭获得的遗产均值更高，但遗产占家庭财富净值的份额更小。农业户口家庭获得遗产的比例高于非农家庭，但获得的遗产规模较小。年龄分组的遗产继承分布情况则受到资本回报率的影响较大。

第四，虽然不同家庭的遗产继承存在巨大差距，富裕家庭获得的遗产规模远大于贫穷家庭，但遗产仍然具有缩小家庭财富差距的作用。这主要是因为贫穷家庭获得的遗产价值占家庭财富净值的比例高于富裕家庭，也就是说遗产对贫穷家庭财富的影响大于对富裕家庭财富的影响。但是，遗产对家庭财富差距的影响非常小，贡献率约为1%，与Karagiannaki在英国的发现存在一致性。[①] 这与我国当下遗产规模占家庭财富比例较低有关，但随着未来可能存在的遗产规模的膨胀，遗产对财富差距的贡献将会逐步增加。同时，我们在设置的一种较为极端的储蓄函数中发现，遗产扩大了财富差距，虽然影响非常小，但仍需引起重视。

① Karagiannaki E.，"The Impact of Inheritance on the Distribution of Wealth: Evidence from Great Britain"，*Review of Income and Wealth*，2015，pp. 1 - 15.

第七章

制度变革与农村家庭财富分配

西方发达国家一般拥有稳定的产权、成熟的市场和社会制度，理性人在这一特定外部条件下的财富积累动机以及财富积累行为往往并不同于生活在市场转型国家中的居民。转型国家居民的财富积累会时常遭受外部制度变革的冲击，中国的一个典型例子就是城镇住房改革对中国居民家庭财富的影响。多项研究发现，20 世纪 90 年代的城市住房改革允许家庭低价从单位购买现住房，这一过程实质上是一种将公共财产转化为私有财产的过程。那些具有“在职优势”（Incumbency Advantage）的人往往可以获得更大面积、质量更高、地理位置更为优越的住房，从而在住房财富方面拥有了相对优势。[①] 这一制度的后果是在短期内缩小了城镇内部家庭的财富差距，但在长期中不但扩大了城镇内部的财富差距，也更加大了城乡财富差距。[②] 因此，对中国财富不平等的研究既需要考虑传统财富分配分析框架，也不能脱离制度变迁对中国居民家庭财富分配的影响。

就目前对中国财富分配问题的研究而言，在对中国财富不平等形成机制的解释中既涉及了财富积累的一般性理论，也涉及了体制转型对财富不平等的影响。其中，前者主要以实证方法检验一些个体/家庭人口学特征、社会经济地位等微观变量对财富水平或差距的影响。[③] 本书的第四章和第

---

① Walder A. G. and He X. , “Public Housing into Private Assets: Wealth Creation in Urban China”, *Social Science Research*, No. 46, 2014, pp. 85 – 99.

② 李实、魏众、丁赛：《中国居民财产分布不均等及其原因的经验分析》，《经济研究》2005 年第 6 期。

③ 李实、魏众、丁赛：《中国居民财产分布不均等及其原因的经验分析》，《经济研究》2005 年第 6 期；梁运文、霍震、刘凯：《中国城乡居民财产分布的实证研究》，《经济研究》2010 年第 10 期；巫锡炜：《中国城镇家庭户收入和财产不平等：1995—2002》，《人口研究》2011 年第 6 期。

五章的分析比较接近于这一研究范式。然而，对于后者的讨论目前仍然以体制转型对收入不平等的影响为主，但也有研究开始尝试讨论体制转型与财富积累间的关系，例如 Xie 和 Jin 提出的中国财富积累的“混合路径”理论、[①] 何晓斌和夏凡从资产转换角度对城镇居民家庭财富分配差距的考察等。[②] 对于农村，这类讨论并不多见。

然而，中国的改革开放始于农村家庭联产承包责任制的实验和推广，诸多的制度改革、创新也都发端于农村，因此农村在整个宏观经济中经常充当制度供给者的角色。而这些制度变迁对中国农村经济的发展、农民收入的提高和分配都起到了举足轻重的作用。最早探讨中国市场转型对收入不平等影响研究的数据就来源于农村。[③] 因此，从制度变迁视角，分析制度如何影响农村家庭财富分配显得极为重要和有价值。基于此，本章首先简要回顾了改革开放以来中国农村主要经济制度的发展和变迁；其次分别基于宏观和微观数据较为系统地考察了各项经济制度变迁对中国农村家庭财富水平和差距的影响。

一　改革开放以来中国农村主要经济制度变迁回顾与分析

1978 年改革开放以来，涉及农村的重要经济社会制度变迁有几十项之多，本章不可能对它们一一进行细述。因而只能挑选一些重大的经济制度变革，且它们在学界被普遍认为对农村居民的收入获得和财富积累具有重要作用。当然，这些制度在发生重大变革时的时间也必须处于本书的关注时间之内，即 1988—2014 年。另外，这些制度变迁操作化的难易程度也是筛选因素之一。基于前述系列原因，本章选择了中国农村的农产品价格体制改革、税费改革、住房制度改革和社会保障制度变革四项制度改革。以下是对这四项经济社会制度改革的简要回顾和分析。

---

① Xie Y. and Jin Y., “Household Wealth in China”, *Chinese Sociological Review*, Vol. 47, No. 3, 2015, pp. 203 – 229.

② 何晓斌、夏凡：《中国体制转型与城镇居民家庭财富分配差距——一个资产转换的视角》，《经济研究》2012 年第 2 期。

③ Nee V., “A Theory of Market Transition: From Redistribution to Markets in State Socialism”, *American Sociological Review*, Vol. 54, No. 5, 1989, pp. 663 – 681.

（一）农产品价格体制改革

中国的经济改革始于农村，但开始仅限于农业生产方式由人民公社制向家庭联产承包责任制的转变。农村居民的生产积极性从这一转变中得到了很大提高，从而使得以粮食为代表的农产品产量急速增长。但此时的农产品仍然在国家统购统销的框架下进行，如果农产品的价格提不上去，农村居民并不能从农产品产量的增长中获得多少实质性收益。在这一背景下，1978—1984 年，国家有意识地提高了农产品的收购价格，以改善工农业产品间的巨大差价关系，成为促进农民增收、缩小城乡差距的重要政策性因素。1979 年国务院相继提高了小麦、谷物等多种重要农产品的统购价格，平均提价幅度达到了 24.8%。[①] 从农副产品收购价格指数[②]来看（见图 7－1），相比于 1978 年，1984 年农副产品收购价格提高了 53.7%，年均上升约 7.4%。而同期的农业生产资料价格指数增长相对较慢，1984 年农业生产资料价格比 1978 年只提高了 17.9%，年均上升约 2.8%，而这主要源于 1984 年 8.9% 的增长速度，其他年份农业生产资料价格的上升都较为缓慢。从这一差价中，农民获得了一定的收益。但值得注意的是，这一时期的农产品市场仍然局限在传统计划经济的范畴中，受到严格管制；同时出于政府财政能力有限、上行的通胀压力、城镇人口福利的保障等原因，通过政府提价让利给农民的行为并不具有可持续性。[③] 可以发现，1982—1984 年农副产品收购价格的提升幅度已经远低于 1979—1981 年的提升幅度。

1985—1991 年，国家开始逐步改革原有的农产品统购统销政策，逐步形成了指令性价格订购和市场决定价格议购的“双轨制”。这一时期的农产品价格也在早期增长较快，而在 1990—1991 年出现了价格下降的情况。同期的农业生产资料价格的波动也与农产品价格波动基本一致。

从 1992 年起，我国农产品价格改革进入到一个新阶段，各地陆续开始放开粮食销售价格，实行随行就市，并于 1993 年基本完成了这一过程。这一举措迎来了农产品价格的快速上涨（见图 7－1），例如 1993—1995

---

① 李炳坤：《农产品价格改革的评价与思考》，《农业经济问题》1997 年第 6 期。

② 由于统计指标的调整，2003 年开始，农副产品收购价格指数改由农产品生产者价格指数代替。

③ 许经勇：《我国农产品价格改革的三个阶段》，《经济研究》1994 年第 2 期。

年农产品生产价格分别上涨了 13.4%、39.9% 和 19.9%。但有研究发现，这一时期部分粮食收购企业凭借自身的市场垄断地位，低进高出；同时伴随同期农业生产资料价格的快速上升，农民从中受益较少，出现了农产品价格上升而城乡居民收入差距扩大的现象。[①] 就粮食这一类最为重要的农产品来说，1998—2003 年我国对其施行保护价收购政策，并于 2004 年改为最低收购价政策。随着社会经济发展，为了更好地保护农民利益、提高农民农业生产的积极性，我国政府在借鉴国际经验的基础上，于 2014 年逐步开展了农产品目标价格改革的试点工作，并取得了一系列成果。[②] 在这一系列政策的组合下，进入 21 世纪后，我国农产品价格波动幅度相比于之前有所下降，除了少数年份的粮食零售价格外，其他都较为平稳。就农业生产资料而言，在这一时期的大部分年份中，其也基本保持了与农产品价格的一致波动。

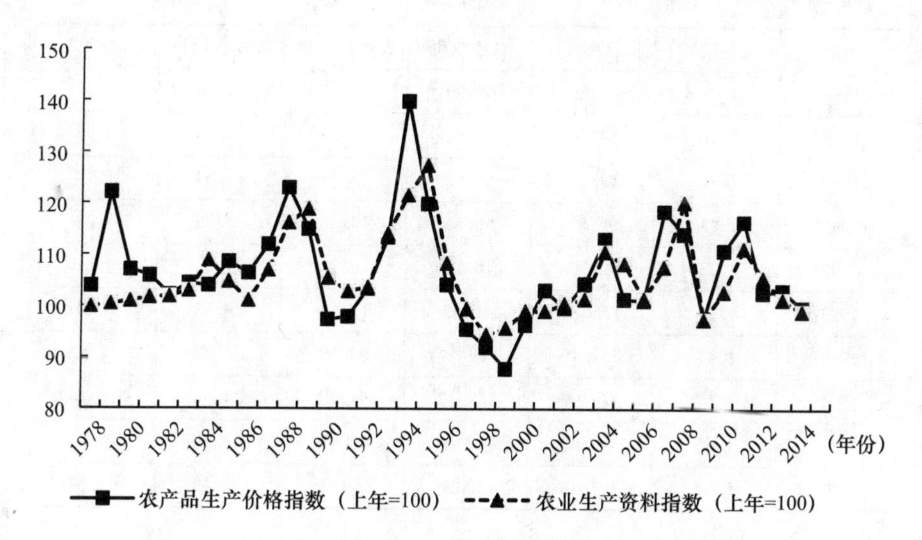

图 7－1　农产品生产价格指数与农业生产资料指数变化情况（1978—2014 年）

资料来源：根据历年《中国统计年鉴》所提供数据绘制而成。

① 罗楚亮：《农产品价格调整的收入分配效应》，载中国发展研究基金会主编《转折期的中国收入分配：中国收入分配的相关政策影响评估》，中国发展出版社 2012 年版。

② 史峰赫：《我国农产品价格改革策略的分析与探究——兼评〈农产品目标价格改革试点进展情况研究〉》，《农业经济问题》2016 年第 5 期。

（二）农村税费改革

农村税费改革之前，农民负担过重一度是“三农”问题的焦点所在。当时的农民负担是国家和各级地方政府（县、乡/镇和行政村的各部门）对农民征收的各种税费的总称。① 从1988年到2005年，我国农业税收总额从73.7亿元增长到936.4亿元，增长了约11.7倍。农业各税收占农林牧渔业总产值比重也呈逐年上升趋势（见表7－1），2003年达到峰值，为2.95%，之后略有下降，而下降的2004年和2005年也正是农村税费改革的深化阶段。另外，农村税赋的累退性也常为人们所诟病，农业税仅仅对农业收入有影响，而对非农收入无直接影响。因此，对高度依赖农业的贫穷地区或个人而言，税赋相对较重。②

表7－1 **1988—2005年中国农业各税收入** （单位：%，亿元）

年份	农业税率	农业税合计	农牧业税	农业特产税	耕地占用税	契税
1988	1.26	73.69	46.90	4.95	21.16	0.68
1989	1.30	84.94	56.81	10.25	16.93	0.95
1990	1.15	87.86	59.62	12.49	14.57	1.18
1991	1.11	90.65	56.65	14.25	17.86	1.89
1992	1.31	119.17	70.10	16.24	29.22	3.61
1993	1.14	125.74	72.65	17.53	29.35	6.21
1994	1.47	231.49	119.51	63.69	36.47	11.82
1995	1.37	278.09	128.12	97.17	34.54	18.26
1996	1.65	369.46	182.06	131.00	31.20	25.20
1997	1.67	397.48	182.38	150.27	32.49	32.34

① 当时的农业税除包括传统的农业四税外，还包括“三提五统”“两工”和各种集资、摊派及收费等（刘明兴等：《农村税费改革前后农民负担及其累退性变化与区域差异》，《中国农村经济》2007年第5期）。其中，“农业四税”包括农业税、农业特产税、屠宰税以及两税附加；“三提五统”指村级三项提留和乡/镇五项统筹，前者包括用于村一级的公积金、公益金和管理费，后者包括用于乡村两级办学、计划生育、优抚、民兵训练、修建乡村道路这些民办公助事业的款项；“两工”指义务工和劳动积累工。

② ［日］佐藤宏、李实、岳希明：《中国农村税赋的再分配效应——世纪之交农村税费改革的评估》，载李实、史泰丽、［德］古斯塔夫森主编《中国居民收入分配研究Ⅲ》，北京师范大学出版社2008年版。

续表

年份	农业税率	农业税合计	农牧业税	农业特产税	耕地占用税	契税
1998	1.62	398.80	178.67	127.79	33.35	58.99
1999	1.73	423.50	163.08	131.43	33.03	95.96
2000	1.87	465.31	168.17	130.74	35.32	131.08
2001	1.84	481.70	164.32	121.97	38.33	157.08
2002	2.62	717.85	321.49	99.95	57.34	239.07
2003	2.95	871.77	334.22	89.60	89.90	358.05
2004	2.49	902.18	198.71	43.29	120.08	540.10
2005	2.37	936.39	12.80	46.60	141.85	735.14

注：农业税率为各项农业税收之和占农林牧渔业总产值的比重。

资料来源：各项数据主要来源于历年《中国财政年鉴》。

农村税费改革开始于20世纪90年代末基层政府自发性的试点改革，以期减轻农民税费负担。[①] 2000年3月2日，“关于进行农村税费改革试点工作的通知”由中共中央和国务院下发，安徽省被确定为试点省份。到2002年，河北、内蒙古等16个省（自治区、直辖市）相继进一步作为扩大改革的试点地区。随着“关于全面推进农村税费改革试点工作的意见”由国务院于2003年3月27日下发各省，标志着全国范围内的农村税费改革正式推行。整体来说，2000—2003年，减轻平均税费率是农村税费改革的主要目标，其内容可以概括为“三个取消、二个调整、一个改革”。[②] 对这一时期的改革效果，有研究发现其对收入再分配效应有所改善，但作用非常有限，而且这一改善不是来自于税赋本身累退性的下降，而是平均税率和税前收入不平等程度下降的结果。[③]

① 周黎安、陈烨：《中国农村税费改革的政策效果：基于双重差分模型的估计》，《经济研究》2005年第8期。

② “三个取消”指取消乡镇统筹、农村教育集资和地方政府直接向农民征收的其他摊派；“二个调整”指对农业税和农业特产税的调整；“一个改革”指改革村提留的征收和使用（［日］佐藤宏、李实、岳希明：《中国农村税赋的再分配效应——世纪之交农村税费改革的评估》，载李实、史泰丽、［德］古斯塔夫森主编《中国居民收入分配研究Ⅲ》，北京师范大学出版社2008年版）。除此之外，中央政府还取消了屠宰税，并逐步废止了地方政府用来以货代款的义务工和劳动积累工。

③ ［日］佐藤宏、李实、岳希明：《中国农村税赋的再分配效应——世纪之交农村税费改革的评估》，载李实、史泰丽、［德］古斯塔夫森主编《中国居民收入分配研究Ⅲ》，北京师范大学出版社2008年版。

在充分考虑经济发展阶段和吸取前面税费改革经验教训的基础上，2004年，国务院下发《关于做好2004年深化农村税费改革试点工作的通知》，决定在黑龙江和江苏两省率先试点免征农业税改革，至此我国农村税费改革进入农业税减免的深化改革阶段。从表7－1也可以发现，2004年以来，虽然农业各税的总量仍然在增长，但农牧业税和农业特产税都有明显下降，前者由2003年的334.2亿元迅速下降到2004年的198.7亿元，后者也由2003年的89.6亿元下降到2004年的43.3亿元。进入到2005年，政府进一步扩大了农业税减免的范围，此时的农牧业税下降到了几乎可以忽略的12.8亿元。2005年12月29日，全国人大常委会通过决议，自2006年1月1日起全面废止《农业税条例》，至此农村税费改革告一段落。

值得注意的是，鉴于问题的复杂性，中央政府一方面对农村税费改革采取了渐进和分权的方式在全国推行；另一方面则强调了相应的配套改革措施，例如提高对地方财政转移支付的力度、精简乡镇机构、重构县乡村等地方财政管理体制等。农村税费改革得以顺利进行并取得良好效果无疑离不开这些措施和方法的配套实施。

（三）农村住房制度改革

包括土地制度在内的城乡二元结构决定了城乡间住房制度的巨大差异，相比于以市场化和商品化供给方式为主的城市住房制度，农村住房制度则具有突出的自然经济性质和较强的计划经济特质，且自新中国成立以来长期保持着稳定不变。① 首先，我国农村住房并没有独立完整的产权。农民对其居住房屋并不具有所有权，因而建立于之上的住房只能自己使用，并不能进行转让、抵押和交易，因而我国农村居民对其住房一般只有部分产权。其次，我国农村住房多以自建、自用和自管为主。这不同于市场经济条件下城市住房的建设和管理，在这一环境下个体只需使用货币去市场中购买住房即可。但在我国农村，农户多以个人自我储蓄，并在亲友的帮助下，在自家的宅基地上建造自家居住的住房。住房建好后也没有像城市那样有相关的物业公司协助管理，而只能自家进行

① 何洪静、邓宁华：《中国农村住房制度：特点、成就与挑战》，《重庆邮电大学学报》（社会科学版）2009年第5期。

自我管理、维护和经营。最后，同耕地一样，农村住房也承担着一份社会保障的功能。[①] 在农民普遍没有稳定经济来源，而农村社会保障又尚未全面覆盖的国情下，无偿给予农民一块宅基地，允许其在宅基地上自我筹建一处住房，无疑保证了他们有家可归，也构成了农村社会稳定和繁荣发展的基础保障。

虽然因为上述种种限制的存在，使得我国农村住房制度的改革步履维艰，但随着经济和社会的发展，各地区仍然在积极探索和尝试农村住房制度的改革，并取得了一定的成绩。有研究基于各地的现实实践，归纳了一些农村住房制度改革的经验教训，并以地区名称分别称之为“浙江模式”“安徽模式”和“广东模式”等。[②] “浙江模式”以宁波市为代表，其改革比较系统，主要为统筹城乡发展、加强土地集约化规模化使用服务。采用的措施主要包括农村原有宅基地供应模式、规划方式、宅基地增值收益分配方式和住房投资主体等方面的改革。[③] “安徽模式”的主要目标在于解决农民致富资金问题，其改革措施相对单一，即改革农村住房产权登记制度，允许农村住房产权的流转，从而可以获得银行的抵押贷款。[④] “广东模式”的目标在于整体促进村镇规划建设和村庄整治，其改革措施也致力于村庄整治先行，并建立相关惩治、反腐体系。[⑤]

上述各地区的农村住房改革都仍然处于试点和探索阶段，全国性的农村住房制度改革尚未进行，我国农村住房制度这一具有强大历史惯性的制度虽然存在巨大不足，但仍然促使我国农村居民在住房建设方面取得了巨大成就。从人均住房面积来看（见图 7－2），改革开放之初的 1981 年我国农村居民人均住房面积只有 10.2 平方米，之后保持了持续增长趋势，2012 年已经达到 37.1 平方米。农村居民人均住房面积在此期间增长了 3.6 倍，年均增速高达 6.3%。从住房质量来看，砖木结构性质的住房在 20 世纪 80 年代增长较快，1981 年农村居民人均砖木结构住房面积为 4.9 平方米，到 1990 年达到 10 平方米，之后增长相对缓慢。而具有更高质量

① 梁爽：《农村住房制度特征与未来改革重点》，《建筑经济》2010 年第 5 期。

② 张传勇：《中国农村住房制度改革研究》，硕士学位论文，华东师范大学，2009 年。

③ 钱雪华：《农村住房制度改革的模式与方法研究——以浙江省宁波市为例》，《江苏商论》2010 年第 3 期。

④ 张传勇：《中国农村住房制度改革研究》，硕士学位论文，华东师范大学，2009 年。

⑤ 徐明华：《我国农村宅基地使用权流转制度的法律研究》，硕士学位论文，河南师范大学，2012 年。

的钢筋混凝土结构性质的住房开始快速增长，1991 年时，农村居民人均钢筋混凝土结构住房面积只有 1.6 平方米，而 2000 年为 6.2 平方米，到了 2012 年为 17.1 平方米，已经超越了同时期人均砖木结构住房面积。可见，改革开放后，我国农村居民的住房条件得到了极大程度的改善，尤其是 90 年代以后，无论是住房面积还是住房质量都取得了不俗成绩。

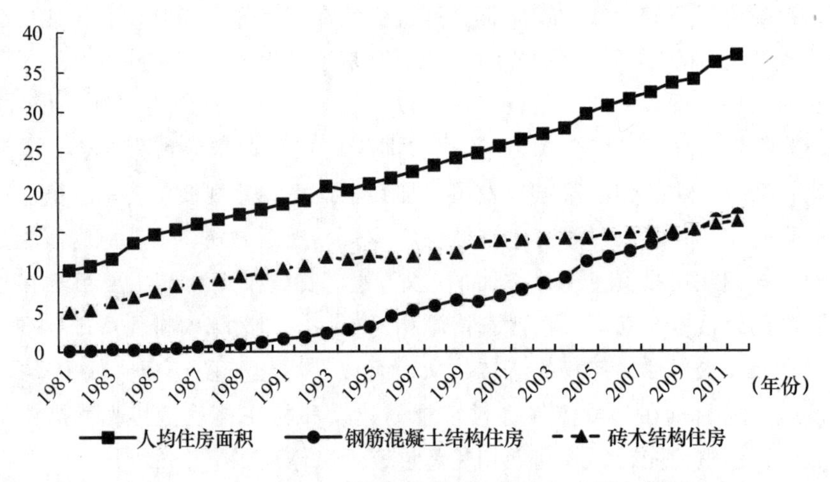

图 7－2　1981—2012 年农村居民住房情况（平方米/人）

资料来源：根据历年《中国统计年鉴》所提供数据绘制而成。

（四）农村社会保障制度的发展与变迁

1978 年以来，伴随着集体经济组织的解体，建基于其上的农村社会保障制度也失去了基本的社会和经济基础。同时，由于农村市场经济的发展、劳动力外流、人口结构的变化以及伴随的老龄化进程都在诱发新型农村社会保障制度的建立。围绕这一系列社会需求，政府和社会都在积极响应，并在各自领域探索和建立多重社会安全网。笔者以农村居民人均转移性纯收入占总纯收入之比作为广义农村社会保障水平的代理变量（见图 7－3），在 2004 年之前，我国农村居民人均转移性纯收入占人均总纯收入比值始终在 4% 左右徘徊，在这之后处于持续增长状态，2013 年比值为 8.82%。从农村居民人均转移性纯收入的绝对值而言，1988 年为 9.5 元，2004 年为 96.8 元，年均增长为 15.6%，2014 年人均转移性纯收入上升至 784.3 元，这一期间的年均增速高达 26.2%。整体而言，1988 年以来，整体上我国农村社会保障水平处于持续提高的状态，尤其进入21世纪后，农村居民从社会保障制度中获益程度提高较快。具体而言，目前我国农村社会保障制度改革和建设主要体现在农村合作医疗保险、农村社会养老保险和农村最低生活保障制度三个领域。①

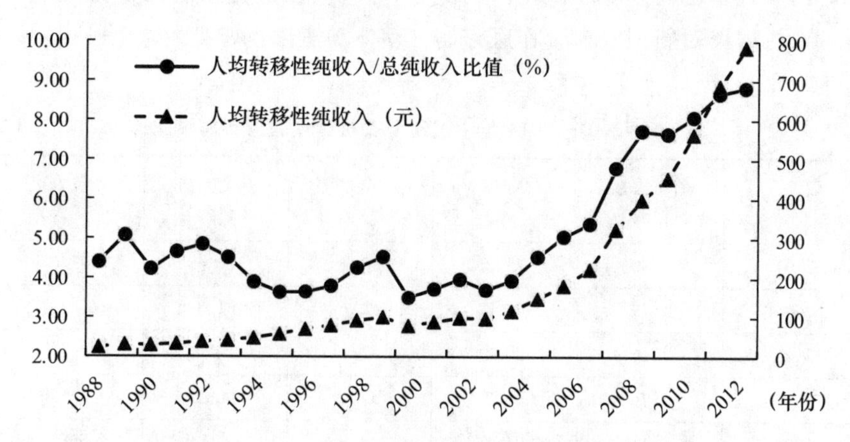

图7-3　1988—2013年中国农村社会保障水平变化情况

资料来源：根据历年《中国统计年鉴》所提供数据测算绘制而成。

计划经济体制下的农村合作医疗制度在改革开放的初期也逐步被摒弃，截至1989年末，全国农村参与合作医疗的行政村占比仅为4.8%，②而其中的多数皆是名存实亡，农村严峻的健康卫生状况急需政府的积极干预。关于深化卫生改革的几点意见由卫生部于1992年9月下发，提出“在农村，要大力推行合作医疗保险制度”，1993年中共中央进一步提出要发展和完善农村合作医疗制度，但此期间农村合作医疗事业一直处于“不温不火”的状态之中。究其原因，有学者认为根源在于财政投入的不足。③在1994年分税制改革后，中央政府财政能力不断增强，终于在2002年10月下发《关于进一步加强农村卫生工作的决定》，并明确提出

① 段庆林：《中国农村社会保障的制度变迁（1949—1999）》，《宁夏社会科学》2001年第1期；王国军：《中国农村社会保障制度的变迁》，《浙江社会科学》2004年第1期。

② 周寿祺、顾杏元、朱敖荣：《中国农村健康保障制度的研究进展》，《中国农村卫生事业管理》1994年第9期。

③ 王绍光：《学习机制与适应能力：中国农村合作医疗体制变迁的启示》，《中国社会科学》2008年第6期。

建立“新型农村合作医疗制度”。2003 年 1 月，国务院进一步下发了《关于建立新型农村合作医疗制度的意见》，从此我国农村合作医疗制度进入一个全新阶段，即新型农村合作医疗制度阶段。从参合人数看，2004 年为 0.8 亿人，两年后人数达到 4.1 亿人，2008 年再翻一番达到 8.15 亿人，此时的参合率已高达 90% 以上（见表 7－2）。从部分学者的实地调研来看，农村居民对新型农村合作医疗制度整体满意度也较高。[①]

表 7－2　　2004—2014 年中国新型农村合作医疗实施情况

年份	参与人数（亿人）	参合率（%）	人均筹资（元/人）	基金支出（亿元）	受益人次（亿人）
2004	0.80	75.2	50.4	26.4	0.76
2005	1.79	75.7	42.1	61.8	1.22
2006	4.10	80.7	52.1	155.8	2.72
2007	7.26	86.2	59.0	346.6	4.53
2008	8.15	91.5	96.3	662.3	5.85
2009	8.33	94.2	113.4	922.9	7.59
2010	8.36	96.0	156.6	1187.8	10.87
2011	8.32	97.5	246.2	1710.2	13.15
2012	8.05	98.3	308.5	2408.0	17.45
2013	8.02	99.0	370.6	2908.0	19.42
2014	7.36	98.9	410.9	2890.4	16.52

资料来源：历年《中国统计年鉴》。

我国农村社会养老保险制度基本经历了如下阶段：（1）初始探索阶段（20 世纪 80 年代中后期至 1999 年），俗称“老农保”阶段；（2）创新发展阶段（1999 年至 2009 年），又称“地方新农保”阶段；（3）正式建立并试点阶段（2009 年 8 月至今），即“国家新农保”阶段。[②] 农村社

① 崔凤、赵俊亭：《参合农民对新型农村合作医疗的满意度分析——对山东省青州市谭坊镇农民的调研》，《人口学刊》2012 年第 1 期。

② 李轩红：《中国农村养老保险制度变迁的原因分析》，《山东社会科学》2011 年第 3 期；钟涨宝、韦宏耀：《国家与农民：新农保推行的“过程互动模型”》，《西北农林科技大学学报》（社会科学版）2014 年第 2 期。

会养老保险制度的建立和推进与我国人口老龄化趋势日益加剧、老年人口更易陷入贫困紧密相关。2011 年底，推行“新农保”试点地区的数据显示，参保人数已达 3.26 亿人。2012 年的参保人数为 4.49 亿人，领取养老金人数达到 1.24 亿人。2014 年 2 月，新型农村社会养老保险和城镇居民社会养老保险合并为全国统一的城乡居民基本养老保险制度。

农村最低生活保障制度是县级及以上人民政府为收入低于当地最低生活保障标准的农村居民提供生活必需品的社会救济制度。1995 年后，民政部开始着手在沿海和部分省会城市周边开展农村最低生活保障制度的试点工作。但限于财政支持力度有限，进展一直都较为缓慢，2003 年更是出现了农村最低生活保障制度覆盖面下降的趋势，这主要源于民政部不再要求中西部地区实行这一制度，但东部沿海基本保留了这一制度。直至 2007 年，农村最低生活保障制度才得以在全国推广。享受到农村最低生活保障制度的人口也出现了井喷式的增长，当年的受益人口为 3566 万人，增长速度高达 123.9%。[①] 值得注意的是，农村最低生活保障制度只是我国农村救助制度中的一种，其他还包括“五保户”制度、特困户救助制度等。

前文只是简单回顾了改革开放以来可能对农村居民财富水平和差距产生影响的经济、社会制度变迁，简要分析了其性质和变迁过程。此处并不打算囊括所有的农村制度变迁，与财富积累相关的制度可能还包括农村的工业化和城市化进程、户籍制度的变革等，但都难以一一予以考虑。

二　数据、模型与变量

本章相关的财富数据来源主要分为两个部分，一部分是第三章和第四章所使用的微观数据，包括 CHIP 1988、CHIP 1995、CHIP 2002、CFPS 2010、CFPS 2012 和 CFPS 2014 共 6 期数据，详细介绍可参见相关章节，此处不再赘述。另一部分财富数据则来源于历年的各类统计年鉴，[②] 这部分数据出于方便称之为“宏观数据”。为与微观数据中的财富信息尽可能吻

① 张乃亭：《农村最低生活保障制度研究》，博士学位论文，山东大学，2011 年。

② 使用到的统计年鉴包括《新中国 60 年统计资料汇编》《中国统计年鉴》《中国金融年鉴》《中国农村统计年鉴》和《中国城乡建设统计年鉴》（中华人民共和国住房和城乡建设部）等。

合，在宏观财富数据的收集中也包含了住房价值、土地价值、耐用消费品、生产性固定资产和金融资产五个部分，并不包含微观数据中的非住房负债。其中，住房价值由农村居民家庭住房价值（单价）乘以人均住房面积所得；土地价值由农村居民家庭人均农林牧渔业收入之和乘以相应的系数所得；耐用消费品为当年农村居民家庭平均每人家庭设备及用品消费和交通通信消费支出之和（这与微观数据中的统计口径略有差异）；生产性固定资产则是农村居民家庭拥有的生产性固定资产原值（购买时的价格，不含折旧）；金融资产则只包含农户储蓄存款余额，不包含其他有价证券等（考虑到我国农村居民金融资产的主要形式多以存款为主，故这一指标也基本可以满足）。为了与微观数据的年份相吻合，笔者选取了1988—2014 年全国及不同省份的相应财富数据，这样利用全国性数据可以做成一组 27 期的时间序列数据，而利用各省份的数据则组成了一组历时 27 年的面板数据。需要说明的是，在对省份数据进行选择时，考虑到西藏经济政治的特殊性，对其进行了剔除处理；同时，为保持统计口径的一致性，笔者将 1998 年独立成直辖市的重庆纳入到四川中进行计算，这样省级面板数据就包含了 29 个省级单位的信息。

根据前文对农村各项主要经济制度变迁的分析，本部分分别对其使用了代理变量进行操作化处理，[①] 具体如下：(1) 农产品价格体制改革，使用农产品生产者价格指数作为操作变量。(2) 农村税费改革，采用农业各项税费之和占农林牧渔业总产值的比重进行测量，其中，2006 年及之后，农业税费只包含耕地占用税和契税，取消了农业税、农业特产税和牧业税。(3) 农村住房制度变迁，采用了农村居民住房溢价指数、农村居民人均住房面积和农村居民住房单价进行测量，其中农村居民住房溢价指数由住房价值除以住宅造价计算所得，这一定程度上反映了农村住房所依附的宅基地的价值。(4) 农村社会保障制度变迁。采用农村社会保障水平进行测量，该变量进一步由农村居民人均转移性纯收入除以人均总纯收入计算得到。

本章研究改革开放以来我国农村主要经济制度变迁对农村居民人均财富水平和差距的影响，主要分两步进行：（1）使用以格兰杰（Granger）

---

① 这些数据主要来自历年《中国统计年鉴》《中国农村统计年鉴》《中国财政年鉴》《中国物价统计年鉴》和《中国市场统计年鉴》等。

因果检验为主的相关时间序列数据处理方法，重点考察制度因素对农村居民人均财富水平和差距变化的影响；（2）利用固定效应模型等相关面板数据处理方法，分析诸项制度因素对各省农村居民财富的积累和不同省份内部农村居民财富差距的影响。

（1）格兰杰因果检验。

该方法的基本思想如下：两个经济变量 x 和 y 的过去信息对变量 y 的预测效果优于不包含 x 过去信息的情况下对 y 的预测，即 x 的过去值有助于对 y 未来值的预测，此时则可以认为变量 x 是 y 的“格兰杰原因”（Granger Cause）。使用数学表达式可以如此表述，假设存在如下时间序列模型：

$$y_t = \gamma + \sum_{m=1}^{p} \alpha_m y_{t-m} + \sum_{m=1}^{p} \beta_m x_{t-m} + \varepsilon_t \quad (7-1)$$

其中，“信息准则”或“序贯 t 规则”可以用来确定滞后阶数 p 的取值。针对该公式的原假设为“$H_0:\beta_1 = \beta_2 = \cdots = \beta_p = 0$”，如果拒绝 H_0，则称 x 是 y 的格兰杰原因。在实际操作中，往往将（x，y）组成一个二元“向量自回归”（Vector Autoregression，VAR）系统，然后在 VAR 的框架下直接使用 stata 命令 vargranger 进行格兰杰因果检验。[①] 值得注意的是，格兰杰因果检验仅适用于平稳序列，或者有协整关系的单位根过程。因而，在进行格兰杰因果检验前需要对变量进行平稳性检验。如果未通过平稳性检验，则需要对变量先进行差分处理，之后再进行平稳性检验。

（2）固定效应模型。

此处回归分析的基本估计式可以表示为：

$$Y_{i,t}^{k} = \beta_0 + \beta_j X_{i,t}^{j} + \varphi_i D_i + \varepsilon_{i,t} \quad (7-2)$$

其中，$k = 1,2$ 分别表示各省农村家庭人均财富水平的对数以及不同省份内部基尼系数；$j = 1,2,\cdots,j$ 分别表示诸项制度变迁代理变量的序号；$i = 1,2,\cdots,i$ 表示中国各省份（基本单位）；t 表示时间年份；$\varphi_i D_i$ 是不可观测的省级效应，即为对省级固定效应的控制；$\varepsilon_{i,t}$ 为随机干扰项。在分析时同时采用了混合 OLS 回归模型和固定效应模型，后者可以有效解决不随时间而变（Time Invariant）但随个体（此处为省级数据）而异的

① 陈强：《高级计量经济学及 stata 应用（第二版）》，高等教育出版社 2014 年版。

遗漏变量问题。[①]

三　实证结果

（一）基于时间序列数据的分析结果

为了考察改革开放以来我国农村主要经济制度变迁对农村家庭财富水平和差距的影响，本部分主要使用1988—2014年的时间序列数据进行分析。农村居民人均财富净值则来源于各省份的均值，而财富差距的度量则是基于不同省份农村居民人均财富间的差距，使用基尼系数作为测量指标。测量各项农村经济制度变迁的代理变量包括农产品生产者价格指数、农业税率（农业各项税收之和占农林牧渔业总产值的比重）、农村居民住房溢价指数（住房价值除以住宅造价）、农村居民人均住房面积、农村居民住房单价和农村社会保障水平（农村居民人均转移性纯收入占人均总纯收入的比重）。

为了考察变量间的因果关系，笔者采用的是格兰杰因果检验的思路。首先，笔者采用Dickey-Fuller单位根检验方式对相关变量进行了平稳性检验，而对于非平稳的时间序列变量，则采用了差分处理，这样做的目的是避免伪回归现象的出现，表7-3给出了相关检验结果。相关变量的时间跨度为1988年至2014年共27期，部分变量在有些年份存在数据缺失的情况，总期数会少于27期，所有数据均来自各类统计年鉴的年度数据。从表7-3的结果中可以发现，农村居民财富水平对数的DF检验统计量为0.624 > -2.997，故不能在5%的统计水平上拒绝“存在单位根”的原假设。故对其进行一阶差分处理并做进一步的检验，农村居民财富水平对数的一阶差分的DF检验统计量为-6.720 < -2.997，故可以在5%的统计水平上拒绝“存在单位根”的原假设，所以可以认为农村居民财富水平的一阶差分是平稳的。同理，以基尼系数表示的农村居民财富差距经过一阶差分后平稳。对于其他变量而言，农产品生产价格指数是平稳的，农业税率、农村居民住房溢价指数、农村居民人均住房面积和农村居民住房单价在进行一阶差分后会处于平稳状态，而农村社会保障水平变量则需要进行二阶差分后才会处于平稳状态。

---

① 陈强：《高级计量经济学及stata应用（第二版）》，高等教育出版社2014年版。

表 7-3　**相关变量的单位根检验**

变量	时期数	检验统计量	1%临界值	5%临界值	10%临界值
ln（农村居民财富水平）	27	0.624	-3.743	-2.997	-2.629
一阶差分	26	-6.720	-3.750	-3.000	-2.630
农村居民财富差距（基尼系数）	27	-1.003	-3.743	-2.997	-2.629
一阶差分	26	-6.524	-3.750	-3.000	-2.630
农产品生产者价格指数	27	-3.169	-3.743	-2.997	-2.629
农业税率	27	1.314	-3.743	-2.997	-2.629
一阶差分	26	-4.376	-3.750	-3.000	-2.630
农村居民住房溢价指数	21	-2.098	-3.750	-3.000	-2.630
一阶差分	20	-5.411	-3.750	-3.000	-2.630
农村居民人均住房面积	27	-1.067	-3.743	-2.997	-2.629
一阶差分	26	-4.887	-3.750	-3.000	-2.630
农村居民住房单价	27	1.357	-3.743	-2.997	-2.629
一阶差分	26	-4.490	-3.750	-3.000	-2.630
农村社会保障水平	27	2.618	-3.743	-2.997	-2.629
一阶差分	26	-1.241	-3.750	-3.000	-2.630
二阶差分	25	-3.033	-3.750	-3.000	-2.630

对于平稳的时间序列变量，笔者检验了农产品生产价格指数、农业税率的一阶差分等农村主要经济制度代理变量对相关财富变量的格兰杰因果效应，笔者只检验了在前述平稳性检验中呈现出平稳状态的变量间的关系，表 7-4 给出了相关检验结果（见表 7-4 第一列卡方统计量）。检验结果表明，农产品生产者价格指数、农业税率的一阶差分、农村居民住房溢价的一阶差分、农村居民人均住房面积的一阶差分、农村居民住房单价的一阶差分和农村社会保障水平的二阶差分等各项农村经济制度变迁代理变量的变化皆在不同滞后期状态下构成对农村居民财富水平变化的格兰杰原因。而对于农村居民财富差距变化而言，除农村居民人均住房面积的一阶差分外，其他变量皆构成对其变化的格兰杰原因。因而可以认为，各项经济制度变迁整体上对农村家庭财富水平和差距的变化产生了重要作用，这无疑加深了从制度变迁的视角探讨农村居民财富积累行为和财富差距形成机制的必要性。

表 7－4 **经济制度变迁与财富水平和差距的格兰杰因果检验**

变量	滞后期	χ^2统计量（+）	χ^2统计量（－）
农村居民财富水平对数的一阶差分			
农产品生产者价格指数	6	13.163*	2.322
农业税率的一阶差分	2	7.727*	1.602
农村居民住房溢价的一阶差分	4	13.769**	5.902
农村居民人均住房面积的一阶差分	7	42.121***	52.17***
农村居民住房单价的一阶差分	8	118.73***	99.56***
农村社会保障水平的二阶差分	6	16.130*	125.68***
农村居民财富差距（基尼系数）一阶差分			
农产品生产者价格指数	5	20.682**	73.86***
农业税率的一阶差分	5	17.005**	19.935**
农村居民住房溢价的一阶差分	1	8.047**	1.707
农村居民人均住房面积的一阶差分	4	8.415+	35.736***
农村居民住房单价的一阶差分	7	21.273**	22.871**
农村社会保障水平的二阶差分	6	15.22*	25.11***

注：（1）$^{+}p<0.1$，$^{*}p<0.05$，$^{**}p<0.01$，$^{***}p<0.001$；（2）第一列χ^2统计量（+）为主要经济制度变迁代理变量对相关财富变量的格兰杰因果效应检验结果；第二列χ^2统计量（－）为相反方向的格兰杰因果效应检验结果。

需要说明的是，格兰杰因果关系是定义在“预测能力”（predictability）之上的，并非真正意义上的因果关系。[①] 在前文也只是考虑了一种单向预测能力，即检验农产品生产价格指数等经济制度变迁代理变量的变化是不是农村居民财富积累和财富差距变化的格兰杰原因。这主要是出于理论逻辑和研究需要而展开的分析，从纯粹的统计学意义上来看，有必要考察一下反向的因果关系，即农村居民财富水平和差距是否构成对各项经济制度变迁的格兰杰原因，其经济学意义在于农村居民的财富水平和差距是否推动了这些制度的变革，在现实中这一逻辑链条也是成立的。基于此，笔者对反向的关系也做了格兰杰因果效应检验（见表 7－4 中第二列卡方统计量）。检验结果表明，农村居民财富水平的变化对多数经济制度变迁的代理变量并不构成格兰杰原因，但财富差距的变化对绝大多数经济制度

① 陈强：《高级计量经济学及 stata 应用（第二版）》，高等教育出版社 2014 年版。

变迁代理变量构成格兰杰原因。这一结果一定程度上表明农村居民财富水平的上升并不能有效促进制度的变迁，但财富差距或财富不平等的变化却会有效诱发制度的变迁，这一结果与我们的经济学直觉是基本一致的。

在前文分析的基础上，笔者继续使用简单回归分析法考察各项经济制度变迁代理变量对农村居民财富水平和差距的影响，表 7 – 5 给出了相关估计结果。其中，财富水平采用的是对数，财富差距仍然使用省级间的基尼系数进行度量。需要说明的是，文中简单回归估计结果只是揭示了在没有控制其他变量的情况下，自变量和因变量间的相关关系，需要结合前文格兰杰因果效应的估计结果一起讨论才更为可靠和充分。

首先，就农产品生产者价格指数而言，其对各省农村居民家庭财富的积累和不同省份间农村居民的财富差距的影响皆没有通过 5% 统计水平的显著性检验，但回归系数的正负符号显示前者为正后者为负，这一定程度上可以反映自变量和因变量间的方向和大小关系。结合前文的格兰杰因果效应的检验结果，可以认为，农产品价格的上涨有助于促进农村居民家庭财富的积累（回归系数为正）；同时有助于缩小不同省份间农村居民的财富差距（回归系数为负）。前者的机制在于当政府提高农副产品的收购价格或农产品价格因市场原因而上升时，从事农业生产经营的农村居民的收入会相应提高，农村居民收入的提高一定程度上可以转化为各类财富的积累。而对于农产品价格上涨缩小不同省份间农村居民的财富差距而言，主要原因在于农业经营收入对家庭财富积累的作用和重要性不同所致。一般来说，贫穷省份的多数农村居民主要依赖于农业经营收入，即使是近些年工资性收入占比上升快速，但农业经营收入仍然是其家庭收入的一项重要来源。而在富裕省份中，除去部分专门从事农业生产的农户外，多数农村居民已经越来越依赖工资性收入，财产性收入也开始逐渐出现。因而农产品价格的上涨，对贫穷省份的农村居民更为有利，可以显著地增加从事农业生产的农村居民的家庭收入，从而加快其财富积累的进程，继而减小同富裕省份农村居民财富的差距。

就农业税率而言，其显著正向影响农村居民家庭财富的积累，但这可能只是揭示了农业税率增长（见表 7 – 1）与农村居民家庭财富水平增长的协同趋势。同时，农业税率的上升显著正向影响不同省份农村居民财富的差距，即扩大了财富差距，这与既有研究指出的农业税费的累退性研究结果一致。

表 7-5 **简单回归估计结果（基于时间序列数据）**

制度变量	ln（财富水平）		基尼系数（省际）	
	回归系数	标准误	回归系数	标准误
农产品生产者价格指数	0.0082	0.0112	-0.0001	0.0007
常数项	10.6491***	1.1955	0.2430**	0.0802
R^2/F 统计量	0.0211	0.54	0.0000	0.00
农业税率	0.3955***	0.0309	0.0198***	0.0040
常数项	8.7592***	0.0914	0.1930***	0.0118
R^2/F 统计量	0.8675	163.68	0.4948	24.48
农村居民住房溢价	0.0304***	0.0043	0.0018**	0.0005
常数项	7.7331***	0.3268	0.1190***	0.0412
R^2/F 统计量	0.7242	49.90	0.3572	10.56
农村居民人均住房面积	0.0985***	0.0041	0.0053***	0.0008
常数项	7.1999***	0.1100	0.1060***	0.0220
R^2/F 统计量	0.9586	578.77	0.6239	41.48
农村居民住房单价对数	0.6901***	0.0248	0.0306***	0.0070
常数项	6.2010***	0.1302	0.0851*	0.0368
R^2/F 统计量	0.9688	775.48	0.4340	19.17
农村社会保障水平	0.1454***	0.0313	0.0074**	0.0024
常数项	8.9631***	0.1971	0.2023***	0.0152
R^2/F 统计量	0.4635	21.60	0.2760	9.53

注：$^{+}p<0.1$，$^{*}p<0.05$，$^{**}p<0.01$，$^{***}p<0.001$。

就农村居民住房情况而言，农村居民住房溢价、农村居民人均住房面积和农村居民住房单价对数皆显著正向影响农村居民家庭财富的积累；同时也都显著正向影响不同省份农村居民财富的差距。可见，中国农村住房情况的改善，例如住房面积的增加，住房单价的上升（包含了住房质量的提升）等，在直接提升农村居民财富拥有量的同时，也分化了农村居民，使得他们之间的财富差距日益拉大。

对于农村社会保障水平而言，其显著正向影响农村居民家庭财富的积累；同时也在5%统计水平上显著正向影响不同省份农村居民财富差距。

后者与我们的预期相反，这可能与统计结果有关，它只是反映了随着时间推移，农村社会保障水平逐渐提高与农村居民财富差距逐步扩大的协同趋势。但也可能反映了我国政府对农村居民转移性支出（农村社会保障水平的度量）的不平等，中央政府在对农村居民进行转移支付时可能更多考虑地方差距，而地方政府对地方的转移性支付则依赖于地方的财政状况，富裕地区的地方政府给予当地更多的转移性支出，从而进一步拉大同贫穷地区的距离。因而，来源于政府的这一转移支出所体现的地区“马太效应”进一步拉大了不同省份间农村居民的财富差距。因而，在保证各地经济平稳发展的同时，中央政府有意识地加大对贫困地区的财政投入，增加当地农村居民的转移性收入即“藏富于民”，不仅有助于促进农村居民财富积累，也有助于缩小财富差距。

（二）基于省级面板数据的分析结果

为了考察省级层面的各项经济制度变迁代理变量对农村家庭财富水平和差距的影响，笔者分别采用了1988—2014年的省级面板数据和1988年、1995年、2002年、2010年、2012年和2014年共6期微观数据。前者来源于历年各类统计年鉴，收集的是省级层面的数据信息。后者利用微观数据计算出历年各省份内部农村家庭人均总财富净值的基尼系数，从而构成了以省份为基本单位的6期面板数据。同时，笔者分别使用混合OLS回归和固定效应模型进行分析，表7-6给出了相关估计结果。

首先，就农产品生产者价格指数而言，在混合OLS模型中，其对农村家庭财富水平有显著的负向影响，但在固定效应模型中，这一效应仍然在5%的统计水平上显著，这与前文时间序列估计的结果存在差异，前文发现农产品生产者价格指数对农村家庭财富的积累速率有正向促进作用，而此处发现农产品生产者价格指数对家庭财富的积累具有负向影响，这可能与财富积累的时滞性有关，即农产品价格的上涨可以促进农民增收，但并不能立即转化为农村居民的家庭财富，需要一定的时间。另外，无论是混合OLS模型还是固定效应模型，都表明农产品生产者价格指数对各省份内部的基尼系数皆呈现负向的显著影响，即农产品价格的上涨有助于缩小各省内部家庭之间的财富差距。可能的机制在于农业经营收入对家庭财富积累的作用和重要性不同所致。一般来说，贫穷家庭更可能主要依赖于农业经营收入，即使近些年工资性收入占比上升快速，但农业经营收入仍然是其家庭收入的一种重要来源。而富裕家庭多数更依赖工资性收入。因而农产品价格的上涨对贫穷家庭往往更为有利，可以获得相对更多的农业收入，从而转化为家庭财富，缩小与富裕家庭的财富差距。再考虑到前文中发现农产品价格上涨也可以缩小富裕省份和贫穷省份间家庭财富的差距，我们基本可以得出农产品价格的适当上涨对我国整体农村家庭间财富差距的缩小具有积极的正向作用。因而，在坚持市场经济主导的前提下，政府可以通过适当调高农产品的价格，以抑制日益扩大的家庭财富差距。

表 7-6　　**经济制度变迁与财富差距（基于省级面板数据）**

制度变量	ln（财富水平）		省份内部基尼系数	
	混合 OLS	固定效应	混合 OLS	固定效应
农产品生产者价格指数	-0.00008*** (0.00004)	-0.00004* (0.00002)	-0.00609*** (0.00088)	-0.00661*** (0.00057)
常数项	9.8438*** (0.0297)	9.8387*** (0.0024)	1.1045*** (0.1010)	1.1613*** (0.0626)
R^2统计量	0.0015	0.0015	0.2197	0.2197
农业税率	0.0481*** (0.0032)	0.0474*** (0.0104)	0.0035** (0.0010)	0.0249** (0.0073)
常数项	9.8399*** (0.0243)	9.8432*** (0.0484)	0.4361*** (0.0157)	0.3086*** (0.0433)
R^2统计量	0.4153	0.4153	0.0673	0.0673
农村居民住房溢价	0.01127*** (0.0009)	0.0097*** (0.0013)	0.0012** (0.0004)	0.0018** (0.0005)
常数项	9.1958*** (0.0636)	9.3094*** (0.0968)	0.3644*** (0.0380)	0.3185*** (0.0404)
R^2统计量	0.3187	0.3187	0.0650	0.0650
农村居民人均住房面积	0.0554*** (0.0017)	0.0861*** (0.0060)	0.0066*** (0.0007)	0.0122*** (0.0012)
常数项	8.3786*** (0.0428)	7.5896*** (0.1551)	0.2447*** (0.0230)	0.0858* (0.0347)
R^2统计量	0.5958	0.5958	0.2927	0.2927
农村居民住房单价对数	0.6703*** (0.0114)	0.6343*** (0.0203)	0.0724*** (0.0063)	0.0869*** (0.0043)

续表

制度变量	ln（财富水平）		省份内部基尼系数	
	混合 OLS	固定效应	混合 OLS	固定效应
常数项	6.3575*** (0.0605)	6.5429*** (0.1044)	0.0458 (0.0350)	-0.0314 (0.0232)
R^2统计量	0.9005	0.9005	0.4811	0.4811
农村社会保障水平	0.1006*** (0.0069)	0.1076*** (0.0076)	0.0155*** (0.0015)	0.0157*** (0.0015)
常数项	9.2442*** (0.0388)	9.2052*** (0.0424)	0.3147*** (0.0137)	0.3132*** (0.0115)
R^2统计量	0.2952	0.2952	0.4343	0.4343

注：括号内为稳健标准误，$^{+}p<0.1$，$^{*}p<0.05$，$^{**}p<0.01$，$^{***}p<0.001$。

就农业税率而言，其显著正向影响农村居民家庭财富的积累，但这可能只是揭示了农业税率增长（见表7-1）与农村居民家庭财富水平增长的协同趋势。也可以理解为一种反向因果关系的存在，即农村居民财富的增长使得国家可以施行更高的农业税率。同时，农业税率的上升显著正向影响各省内部农村居民财富的差距，即扩大了省内农村居民的财富差距。可能的机制与农产品生产者价格指数的影响机制相似，即农业税率的提高不利于从事农业生产经营的农村居民，对于主要依赖工资性收入的农村居民而言，他们往往是相对贫困者，所以农业税率的上升进一步拉开了他们的财富差距，即基尼系数上升。结合前文时间序列中农业税率对不同省份间农村居民财富差距扩大的正向作用，可以认为，农业税加重了农民负担尤其是贫困农民的负担，即所谓农业税的“累退性”。2007年以后中国农村家庭财富差距有所下降，这可能与2006年取消农业税有一定的关联。

就农村居民住房情况而言，农村居民住房溢价、农村居民人均住房面积和农村居民住房单价对数皆显著正向影响农村居民家庭财富的积累；同时也都显著正向影响各省内部农村居民财富的差距。可见，中国农村住房情况的改善，例如住房面积的增加、住房单价的上升（包含了住房质量的提升）等，在直接提升农村居民财富拥有量的同时，也分化了农村居民，使得他们之间的财富差距日益拉大。

对于农村社会保障水平而言，其显著正向影响农村居民家庭财富的积累；同时也在5%统计水平上显著正向影响各省内部农村居民财富差距。后者与我们的预期相反，可能的原因是富裕省份的农村居民可以享受到更高的社会保障，但其内部农村居民的财富差距也更大。

四　小结

本章首先简要回顾了改革开放以来中国农村主要经济制度的发展和变迁；其次分别基于宏观和微观数据较为系统地考察了各项经济制度变迁对中国农村家庭财富水平和差距的影响。实证结果表明农村经济制度变迁是影响农村家庭财富水平和差距的重要变量，具体来说，本章结论可以归纳为以下几点：

第一，从农产品价格体制改革来看，农产品价格的上涨有助于促进农村居民家庭财富的积累；同时有助于缩小不同省份间农村居民的财富差距，也对各省内部农村家庭之间的财富差距具有缩小作用。后者的机制在于贫穷家庭更可能主要依赖于农业经营收入，即使近些年工资性收入占比上升快速，但农业经营收入仍然是其家庭收入的一种重要来源，而富裕家庭多数更依赖工资性收入。因而农产品价格的上涨对贫穷家庭往往更为有利，可以获得相对更多的农业收入，从而转化为家庭财富，缩小与富裕家庭的财富差距。

第二，就农业税费改革而言，农业税率的高低显著正向影响农村居民家庭财富的积累，但这可能只是揭示了农业税率增长与农村居民家庭财富水平增长的协同趋势。也可以理解为一种反向因果关系的存在，即农村居民财富的增长使得国家可以施行更高的农业税率。农业税率的上升显著正向影响不同省份农村居民财富的差距，即扩大了财富差距，这与既有研究指出的农业税费的累退性研究结果一致。

第三，关于农村住房改革，研究发现，农村居民住房溢价、农村居民人均住房面积和农村居民住房单价都显著正向影响农村居民家庭财富的积累；同时也都显著正向影响不同省份农村居民财富的差距。可见，中国农村住房情况的改善，例如住房面积的增加，住房单价的上升（包含了住房质量的提升）等，在直接提升农村居民财富拥有量的同时，也分化了农村居民，使得他们之间的财富差距日益拉大。

第四，对于农村社会保障制度的变迁而言，农村社会保障水平高低显著正向影响农村居民家庭财富的积累；但似乎也扩大了农村家庭的财富差距。后者与我们的预期相反，这可能与统计结果有关，它只是反映了随着时间推移，农村社会保障水平逐渐提高与农村居民财富差距逐步扩大的协同趋势。但也可能反映了我国政府对农村居民转移性支出（农村社会保障水平的度量）的不平等，中央政府在对农村居民进行转移支付时可能更多考虑地区差距，而地方政府对当地的转移性支付则依赖于地方的财政状况，富裕地区的地方政府给予当地更多的转移性支出，从而进一步拉大同贫穷地区的差距。

第八章

经济增长与农村家庭财富分配

一 引言

正如卢卡斯所言："一旦你开始思考（经济增长）问题，你就很难再思考其他问题。"① 经济学家对经济增长问题沁入了大量心血，而经济增长和不平等间的关系更是其中的焦点问题。整体来看，围绕经济增长和不平等间关系的研究主要围绕两个方面展开。一类研究以经济不平等为因，经济增长为果；另一类研究则刚好相反，以经济增长为因，不平等为果。前者主要关注收入不平等是否有利于促进经济增长，这一研究目前在实证研究中并没有取得一致意见。有研究认为如下原因使得不平等促进经济增长：不平等使得财富集中从而促进投资；不平等的工资制可以促进工人的积极性；富人拥有更高的储蓄率从而增加投资等。② 但也有研究发现不平等和经济增长间存在负向关系，这主要是因为经济的高度不平等会导致政治冲突和产权的不确定，从而抑制投资进而影响经济增长。③ 同时有研究指出，不平等对经济增长是促进还是抑制取决于经济发展阶段或自身所处

---

① Lucas R. E. J., "On the Mechanics of Economic Development", *Journal of Monetary Economics*, Vol. 22, No. 1, 1988, pp. 3 - 42; Lucas R. E. J., "Life Earnings and Rural-Urban Migration", *Journal of Political Economy*, Vol. 112, No. S1, 2004, pp. 29 - 59.

② Kaldor N., "A Model of Economic Growth", *Economic Journal*, Vol. 67, No. 268, 1957, pp. 591 - 624; 王弟海、龚六堂：《新古典模型中收入和财富分配持续不平等的动态演化》，《经济学》（季刊）2006 年第 3 期。

③ Alesina A. and Perotti R., "Income Distribution, Political Instability, and Investment", *European Economic Review*, Vol. 40, No. 6, 1996, pp. 1203 - 1228.

的不平等程度。[①] 另一类对于经济增长是扩大还是缩小不平等的研究，王弟海和龚六堂[②]做了较好的归纳，他们将相关研究主要分为两个阶段，20世纪90年代之前研究者主要围绕库兹涅茨曲线展开讨论；[③] 而90年代后由于经济不平等不断上升的社会事实，研究者开始找寻其中的原因，被讨论较多的解释机制包括技术进步、贸易自由化以及企业组织形式和劳动力市场的变革等。[④]

究竟不平等与经济增长之间谁为因谁为果，抑或它们互为因果，既有研究仍存在较大争议。另外，既有研究对不平等的测量主要采用收入变量，而对表征经济特征的另一重要变量——财富及其不平等程度与经济增长、经济发展阶段等关系的研究较为少见。本章便试图利用中国农村1988—2014年家庭财富数据，检验经济增长与财富不平等间的关系。出于与全书的一致性，本章将主要检验经济增长对不平等的影响，但对反方向的因果关系也会进行适当分析。

二　数据与方法

本章使用数据既包括宏观数据，也包括微观数据，相关数据与第六章基本相同，此处不再赘述。

本章研究经济增长对农村居民人均财富水平和差距的影响，主要分两

① Bleaney M. and Nishiyama A., "Income Inequality and Growth: Does the Relationship Vary with the Income Level?", *Economics Letters*, Vol. 84, No. 3, 2004, pp. 349 - 355; Cornia G. A., Addison T. and Kiiski S., "Income Distribution Changes and Their Impact in the Post-Second World War Period", in Giovanni, ed., *Inequality, Growth, and Poverty in an Era of Liberalization and Globalization*, Oxford: Oxford University Press, 2004.

② 王弟海、龚六堂：《新古典模型中收入和财富分配持续不平等的动态演化》，《经济学》（季刊）2006年第3期。

③ Kuznets S., "Economic Growth and Income Inequality", *The American Economic Review*, Vol. 45, No. 1, 1955, pp. 1 - 28; Lindert P. H. and Williamson J. G., "Growth, Equality, and History", *Explorations in Economic History*, Vol. 22, No. 4, 1985, pp. 341 - 377.

④ Wood A., "North-South Trade, Employment and Inequality: Changing Fortunes in a Skill-driven World", *Economic Journal*, Vol. 49, No. 3, 1995, pp. 432 - 435; Acemoglu D., "Why Do New Technologies Complement Skills? Directed Technical Change and Wage Inequality", *Quarterly Journal of Economics*, Vol. 113, No. 4, 1998, pp. 1055 - 1089; Lee D. S., "Wage Inequality in the United States During the 1980s: Rising Dispersion or Falling Minimum Wage", *Quarterly Journal of Economics*, Vol. 114, No. 3, 1999, pp. 977 - 1023.

步进行：（1）利用固定效应模型等相关面板数据处理方法，分析经济发展和经济增长对各省农村居民财富的积累和不同省份内部农村居民财富差距的影响。（2）使用以格兰杰（Granger）因果检验为主的相关时间序列数据处理方法，重点考察经济发展、经济增长对农村居民人均财富水平和差距变化的影响。

三　实证分析

（一）基于省级面板数据的分析结果

表 8－1 给出了相关模型的估计结果。仅从 R^2 来看，混合 OLS 回归模型（M1f）整体优于固定效应模型（M1a—M1e），但考虑到固定效应模型可以很好克服不随时间变化但随个体而异的变量遗漏问题，[①] 故仍然优先选择固定效应模型进行估计。同时，笔者在处理数据时发现，北京、天津和上海三地的数据与其他数据相比存在异常的趋势，主要表现为在同等人均 GDP 范围内，三地的基尼系数高于其他地区。这可能与三地直辖市特殊的性质有关，其城市化程度更高，农村样本的情况可能更接近城市样本。因而出于结果稳健性的考虑，笔者同时估计了包含三地和不包含三地的固定效应模型。估计结果验证了笔者的想法，不包含北京、天津和上海三地样本的模型要略优于包含三地样本的模型，以模型 M1b（不包含三地）和 M1g（包含三地）为例，前者的 R^2 为 0.63，后者则只有 0.57，高出 10.8%；同时前者也拥有更高的 Wald 卡方值。综合考虑，笔者选择不包含北京、天津和上海三地的样本，采用固定效应模型进行估计，即为模型 M1a—M1e。

模型 M1a 和模型 M1b 组成嵌套模型，简单的卡方检验，[②] 可以发现模型 M1b 是更优的模型，从 R^2 和 Wald 卡方值的大小也基本可以做出这一判断。接着比较嵌套模型 M1c 和 M1d，卡方检验（卡方值为 0.56）没

① 陈强：《高级计量经济学及 stata 应用（第二版）》，高等教育出版社 2014 年版。

② 此处模型 M1a 和 M1b 组成嵌套模型，前者为限制性模型，后者为非限制性模型，只要模型 M1b 中变量人均 GDP 平方的回归系数为 0，则等同于模型 M1a。因而，卡方检验的原假设可以为“人均 GDP 平方的回归系数为 0”，只有在拒绝了这一假设的条件下，模型 M1b 的建立才是有意义的。检验结果的卡方值为 82.95，因而可以拒绝原假设，接受新增变量的回归系数不为 0，即模型 M1b 优于 M1a。

有通过5%统计水平的检验，因而模型M1d并不优于M1c，而根据奥卡姆剃刀定律，[①] 即简约原则，则应该选择更为简洁的模型M1c。模型M1a和M1e也可以组成一组嵌套模型，卡方检验表明，模型M1e更优。这样，就剩下了模型M1b、M1c和M1e进行选择，三者并不构成彼此的嵌套模型，因而不能进行相应的卡方检验。但通过R^2和Wald卡方值仍然可以做出一定的判断，无论是从R^2值还是Wald卡方值看，相比于模型M1c和M1e，M1b都要高于前二者，因而，模型M1b可以被认为是最优模型。

但仍然有必要对模型M1b、M1c和M1e的预测模型分别进行分析，图8－1给出了人均GDP或对数形式与不同模型预测的基尼系数的函数关系。显然，模型M1b确认了一个"倒U形"模式，而模型M1e则描绘了一个持续增长，但增速逐步下降的曲线。比较观测值（实际值）所绘制的图形，似乎M1b也更为接近，即基尼系数随着人均GDP的增长，会经历一个先上升后下降的"倒U形"变化趋势，这与库兹涅茨曲线的表述一致。经过计算，基尼系数开始下降时的人均GDP为5.01万元，以2014年为例，人均GDP达到或超过5.01万元即越过库兹涅茨曲线拐点的只有吉林、山东、广东、福建、辽宁、内蒙古、浙江和江苏8个省份，绝大多数省份仍然处于库兹涅茨曲线拐点的左侧，其基尼系数仍然会继续随着GDP的增长而上升。但需要特别说明的是，这只是依据中国当下有限的经验数据所推测的结果，而且基尼系数是基于省份内部的财富基尼系数。库兹涅茨曲线是基于经济发展与收入不平等间的关系，而其他相关多数研究采用的是收入不平等指标。因而，此处的结论要慎重推广，它的意义或许在于从财富的视角进一步探讨了经济发展与不平等间的关系，提供了收入外的另一经济指标视角。对于模型M1c来说，图8－1下图描述了各省份内部基尼系数与人均GDP对数间的线性关系，从观测值描绘的图像来看，其与图8－1上图中基尼系数与人均GDP间关系图比较接近，不同之处在于，在较低人均GDP或对数时，采用人均GDP对数作为横坐标时，其有一个较为明显的下降过程，其再次出现下降拐点的时间也较晚。

---

① 奥卡姆剃刀定律（Occam's razor），又称简约原则，由14世纪英国神学家和哲学家William of Occam提出，即为"如无必要，勿增实体"（Entities should not be multiplied unnecessarily），在此处可以理解为在回归模型中尽可能不要加入不相关的自变量。

基于此，笔者也曾使用 Ram 所建议采用的非线性指数函数进行模拟，但模拟结果并不理想，故此处不再赘述。① 因而，就现有数据和估计手段而言，模型 M1b 所揭示的“倒 U 形”曲线或许是一个较为理想的估计结果。

表 8－1 **经济发展与财富差距关系的估计结果**

变量	fe	fe	fe	fe	fe	OLS	fe
	M1a	M1b	M1c	M1d	M1e	M1f	M1g
GDP	0.052*** (0.004)	0.142*** (0.010)	—	—	0.032*** (0.006)	0.141*** (0.013)	0.108*** (0.008)
GDP^2	—	-0.014*** (0.002)	—	—	—	-0.015*** (0.002)	-0.008*** (0.001)
lnGDP	—	—	0.116*** (0.007)	-0.012 (0.170)	—	—	—
$lnGDP^2$	—	—	—	0.007 (0.009)	—	—	—
1/GDP	—	—	—	—	-0.056*** (0.012)	—	—
常数项	0.307*** (0.016)	0.232*** (0.016)	-0.682*** (0.067)	-0.077 (0.807)	0.413*** (.028)	0.234*** (0.016)	0.251*** (0.016)
R^2	0.4457	0.6294	0.5582	0.5583	0.5012	0.6317	0.5682
Wald 卡方值	146.19***	379.56***	283.99***	275.12***	207.88***	—	281.81***
样本数	126	126	126	126	126	126	137

注：括号内为标准误，+ p<0.1，* p<0.05，** p<0.01，*** p<0.001。

① Ram（Ram R.，“Economic Development and Income Inequality: An Overlooked Regression Constraint”，*Economic Development and Cultural Change*，Vol. 43，No. 2，1995）的非线性指数模型的函数式可表示为 $INEQ = (1 - e^{-\beta_1 Y})e^{-\beta_2 Y}$，但该方程仍然只允许一个拐点，这与图 8－1 下图依据观测值绘制的图形仍然存在较大差异，故笔者在操作时进一步借鉴万广华（万广华：《转型经济中的收入不平等和经济发展——非线性模型是否必须？》，《世界经济文汇》2004 年第 4 期）对该函数式的扩展，加入 Y 的二次项和一次项，但估计结果都不理想，这可能与样本量不足有关。因为非线性函数往往对样本量要求较高。出于简洁和模型的拟合性等综合考虑，笔者认为文中的模型估计已经基本满足要求。参见 Ram R.，“Economic Development and Income Inequality: An Overlooked Regression Constraint”，*Economic Development and Cultural Change*，Vol. 43，No. 2，1995，pp. 425－434。

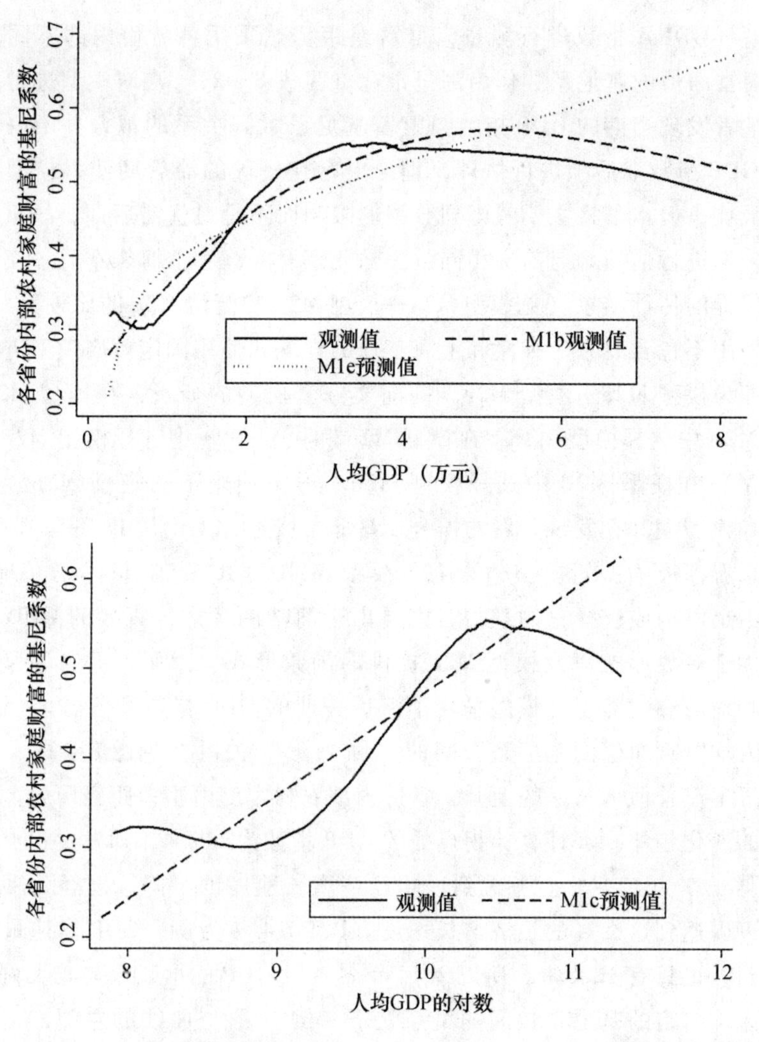

图 8－1　经济发展与财富差距的关系：以表 8－1 中的各模型为基础

前文主要呈现了经济发展阶段（人均 GDP 水平）与家庭人均财富净值差距（不平等）间的关系，但仍然没有揭示经济增长速度或增长率与不平等间的关系，经济的高速增长到底会牺牲社会平等还是会降低社会不平等？又或者从相反角度，不平等会促进经济的高速增长还是会制约经济增长？接下来，笔者正是要从财富差距或不平等的角度探讨经济增长与不平等间的关系问题。

首先，考察经济增长对财富差距的影响，其中，经济增长使用地区生产总值（GDP）指数进行测量，财富差距仍然采用各省份内部不同家庭人均财富净值的基尼系数作为测量指标（见表8-2）。在对模型进行拟合时，笔者发现当期的GDP指数与财富基尼系数间关系的拟合并不好，便采用GDP指数滞后项进行估计，理论上存在最优的滞后期使得模型拟合效果最佳，但本书将主要考虑到数据的限制而不是最优滞后期，故只选择滞后一期进行估计。与前文相同，去除北京、天津和上海样本后，模型有更为优异的估计结果（见模型M2a—模型M2e和模型M2g的比较），因此主要采用不包含北京、天津和上海三地的样本并使用固定效应模型进行估计，即为模型M2a—模型M2e。同前文嵌套模型的分析，在模型M2a和模型M2b中选择模型M2b，在模型M2a和模型M2e中选择模型M2e，在模型M2c和模型M2d中选择模型M2d。再比较剩下的模型M2b、模型M2d和模型M2e，发现三者的拟合质量非常接近，无论从R^2还是Wald卡方值来看都极为接近。整体来看，模型M2b的R^2和Wald卡方值略大，但这不足以构成选择它的理由，主要出于简洁的考虑，直接的GDP指数可能优于对数形式以及模型M2e提供的函数形式。因而，仍然认为模型M2b相对较有优势。该模型呈现了滞后一期的GDP指数和各省内部农村家庭人均财富净值的基尼系数间的“倒U形”关系（见图8-2），即随着地区生产总值增长率的上升，省份内部农村家庭财富差距经历先上升后下降的变化趋势。经计算，拐点处的GDP指数为112.4，即发生拐点时的GDP增长率为12.4%。考虑到近年经济增长速度的下降，已经几乎没有省份可以达到这么高的经济增长速度。以2014年为例，GDP增速最快的是贵州，也只有10.8%，所以2014年各省份GDP的增长率与其农村内部家庭人均财富的基尼系数间的关系处于“倒U形”曲线的左侧，是一个正向关系，即GDP增长率越高的省份，其财富差距可能更大。

表8-2　　**财富差距方程（经济增长与不平等）**

变量	各省内部农村家庭财富的基尼系数						
	M2a	M2b	M2c	M2d	M2e	M2f	M2g
GDP指数滞后一期	0.002 (0.004)	0.605** (0.218)	—	—	-0.302** (0.110)	—	0.544* (0.214)
GDP指数滞后一期^2	—	-0.003** (0.0013)	—	—	—	—	-0.002* (0.001)

续表

变量	各省内部农村家庭财富的基尼系数						
	M2a	M2b	M2c	M2d	M2e	M2f	M2g
lnGDP 指数滞后一期	—	—	0.212 (0.503)	319.8** (116.2)	—	—	—
lnGDP 指数滞后一期^2	—	—	—	-33.87** (12.31)	—	—	—
1/GDP 指数滞后一期	—	—	—	—	-3804** (1378)	—	—
GDP 指数	—	—	—	—	—	141.0 (115.7)	—
GDP 指数^2	—	—	—	—	—	-14.99 (12.28)	—
常数项	0.247 (0.499)	-33.53** (12.23)	-0.567 (2.37)	-754.6** (274.1)	68.20** (24.63)	-331.2 (272.7)	-30.13* (12.00)
R^2	0.0011	0.0595	0.0014	0.0593	0.0593	0.0151	0.0473
Wald 卡方值	0.13	7.78*	0.18	7.75*	7.76*	1.88	6.66*
样本数	126	126	126	126	126	126	137

注：括号内为标准误，+ $p<0.1$，* $p<0.05$，** $p<0.01$，*** $p<0.001$。

其次，再考察财富差距是否构成对经济增长的显著影响，表 8-3 给出了相关估计结果。其中，由于基尼系数的数值有限，只有 1988 年、1995 年、2002 年、2010 年、2012 年和 2014 年共 6 期数据，故采用的是因变量地区生产总值（GDP）指数提前一期的处理方法，这样相当于自变量滞后一期，为后文的表述方便，仍然采用自变量基尼系数滞后一期的说法。同前文，模型 M3a—模型 M3f 是不包含北京、天津和上海样本的模型，而模型 M3f 则是使用当期的基尼系数；模型 M3g 则是包含了北京、天津和上海样本的模型。整体模型的估计结果都不好，在模型 M3a—模型 M3e 中，只有模型 M3d 和模型 M3e 的 Wald 卡方值通过了 10% 的显著性水平检验。这两个模型的预测值都给出了各省份内部农村家庭人均财富净值的基尼系数与 GDP 增长率之间的“U 形”关系（见图 8-3）。对于模型 M3d 来

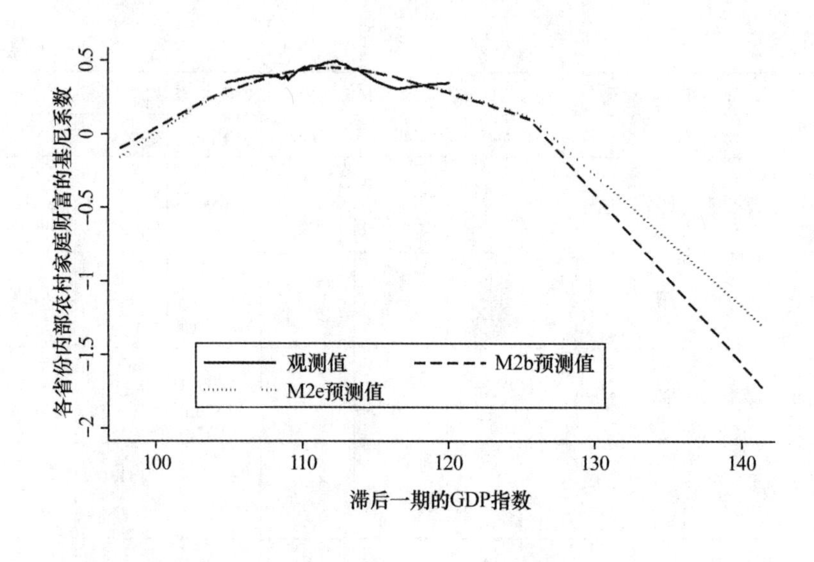

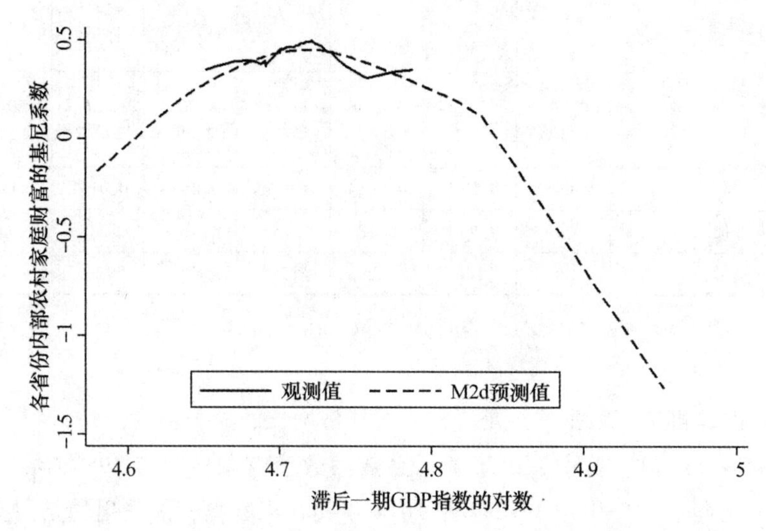

图 8-2 经济增长与财富差距的关系：以表 8-2 中的各模型为基础

说，是我们更为经常采用的模型，经计算，其拐点处的基尼系数为 0.374 {exp［-12.25/（2×6.230）］=0.374}。以 2014 年为例，省份内部农村家庭人均财富基尼系数最小的是江苏省，为 0.458，这也远远高于经济增长拐点处的基尼系数 0.374。所以 2014 年各省份内部农村家庭人均财富的基尼系数与其 GDP 的增长率间的关系处于“U 形”曲线的右侧，是一个正向关系，即财富差距越大的省份，其 GDP 增长率可能越高。

表 8-3　**增长方程（不平等与经济增长）**

变量	GDP 指数						
	M3a	M3b	M3c	M3d	M3e	M3f	M3g
Gini 系数滞后一期	2.156 (2.254)	-12.81 (15.78)	—	—	16.20* (7.193)	—	—
Gini 系数滞后一期^2	—	16.82 (17.52)	—	—	—	—	—
lnGini 系数滞后一期	—	—	0.643 (0.934)	12.25* (5.442)	—	—	11.47* (5.331)
lnGini 系数滞后一期^2	—	—	—	6.230* (2.889)	—	—	5.674* (2.845)
1/Gini 系数滞后一期	—	—	—	—	2.285* (1.120)	—	—
lnGini 系数	—	—	—	—	—	-6.233 (4.601)	—
lnGini 系数^2	—	—	—	—	—	-3.172 (2.442)	—
常数项	108.4*** (1.031)	111.4*** (3.306)	109.9*** (0.913)	114.7*** (2.338)	96.50*** (5.936)	108.3*** (1.977)	114.4*** (2.279)
R^2	0.0080	0.0156	0.0044	0.0406	0.0405	0.0151	0.0373
Wald 卡方值	0.91	1.87	0.47	5.21+	5.19+	1.88	5.19+
样本数	126	126	126	126	126	126	137

注：括号内为标准误，+ $p<0.1$，* $p<0.05$，** $p<0.01$，*** $p<0.001$。

通过前文的分析表明财富差距与经济增长之间存在双向因果关系。其中，经济增长对财富差距的影响表现为“倒 U 形”关系，且这种关系相对较强；而财富差距对经济增长的影响表现为“U 形”关系。如果考虑到当下的经济增长和财富差距的表现情况，即经济增速有所下降，且财富差距处于高位，则二者的关系表现为正向关系，即经济增长会扩大财富差距，而适度的财富差距也会促进增长。但这一结论仅是基于 1988—2014 年中国农村的经验证据所得，离开了这一时期中国经济发展的特殊性，这一结论很难成立。因为无论从不平等指数大小本身还是来自人们实际生活中的切身感受都表明，经济不平等问题已经日渐成为中国社会的严重问题。如果没有有效的措施遏制当下财富不平等过快过大的上升，势必会影响社会稳定，而一个不稳定的社会又何谈发展经济。

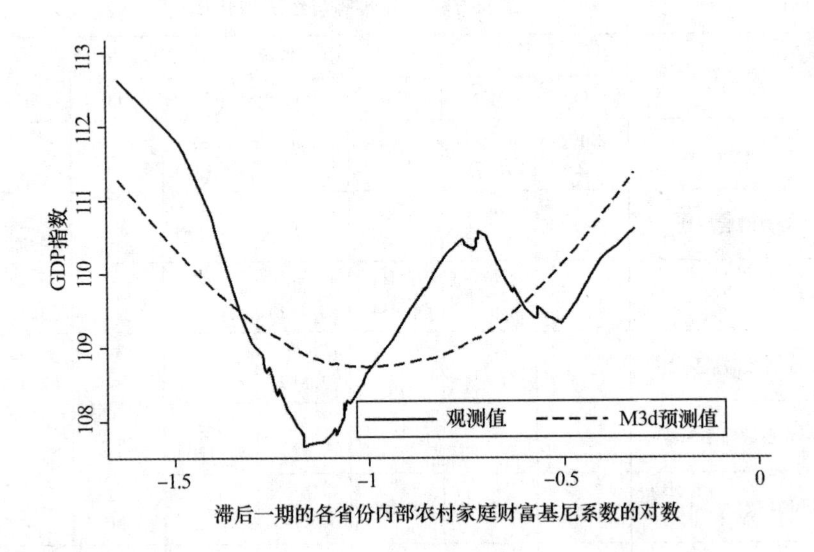

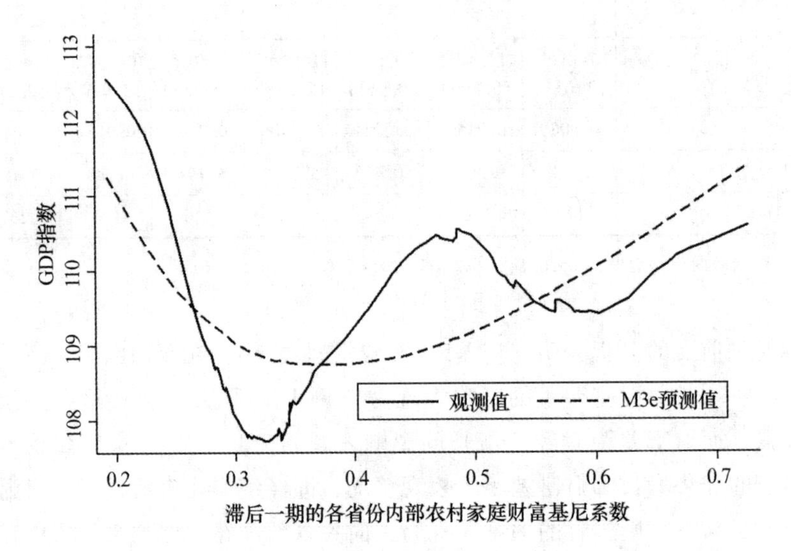

图 8－3　财富差距与经济增长的关系：以表 8－3 中的各模型为基础

（二）基于时间序列数据的分析结果

前文考察的是省级地区生产总值（GDP）或其增长率等与各省内部农村家庭财富的基尼系数，并没有考察国家层面的 GDP 与全国性财富差距间的关系。而且前述数据只包含了 1988 年、1995 年、2002 年、2010

年、2012 年和 2014 年共计 6 期的省份面板数据，本部分笔者试图利用 1988—2014 年的时间序列数据进行分析，这一数据的财富基尼系数则是基于省级财富数据计算所得。

对于时间序列数据，常采用的是格兰杰因果检验的思路。首先，笔者采用 Dickey - Fuller 单位根检验方式对相关变量进行了平稳性检验，而对于非平稳的时间序列变量，则采用了差分处理，这样做是为了避免伪回归现象的出现，表 8 - 4 给出了相关检验结果。相关变量的时间跨度为 1988—2014 年共 27 期，从表 8 - 4 的结果中可以发现，农村居民财富的基尼系数的 DF 检验统计量为 - 1. 003 > - 2. 997，故不能在 5% 的统计水平上拒绝“存在单位根”的原假设。故对其进行一阶差分处理并做进一步的检验，农村居民财富的基尼系数的一阶差分的 DF 检验统计量为 - 6. 524 < - 2. 997，故可以在 5% 的统计水平上拒绝“存在单位根”的原假设，所以可以认为农村居民财富的基尼系数的一阶差分是平稳的。同理，人均 GDP 对数和 GDP 指数的对数等变量皆是经过一阶差分后处于平稳状态。

表 8 - 4　**相关变量的单位根检验**

变量	时期数	检验统计量	1% 临界值	5% 临界值	10% 临界值
农村居民财富的基尼系数	27	- 1. 003	- 3. 743	- 2. 997	- 2. 629
一阶差分	26	- 6. 524	- 3. 750	- 3. 000	- 2. 630
人均 GDP 对数	27	1. 057	- 3. 743	- 2. 997	- 2. 629
一阶差分	26	- 4. 958	- 3. 750	- 3. 000	- 2. 630
GDP 指数的对数	21	- 2. 378	- 3. 750	- 3. 000	- 2. 630
一阶差分	20	- 4. 768	- 3. 750	- 3. 000	- 2. 630

一般来说，要进行格兰杰因果检验，所使用变量要么是平稳序列变量，要么是有协整关系的单位根过程。[①] 前文的单位根检验表明农村居民财富的基尼系数、人均 GDP 对数和 GDP 指数的对数三个变量都不是平稳

① 陈强：《高级计量经济学及 stata 应用（第二版）》，高等教育出版社 2014 年版。

序列，都需要进行一阶差分后才能平稳。如果使用这些变量的一阶差分进行格兰杰因果检验理论上是可以的，但差分后变量的经济学意义难以把握，或者难以理解。此时如果仍然希望使用原序列进行分析，可采取的措施是进行协整检验，如果通过了相关协整检验，仍然可以使用原变量进行格兰杰因果检验等分析方法。表 8－5 给出了相关检验结果，所用协整秩迹检验（Trace Statistic）不包含常数项和时间趋势项，其结果表明，农村居民财富的基尼系数和人均 GDP 对数之间只有一个线性无关的协整向量（表中打星号者），协整秩为 1，这表明二者存在协整关系。同理，农村居民财富的基尼系数和 GDP 指数的对数之间也存在协整关系（协整秩为 1）。因此，农村居民财富的基尼系数可以和 GDP 的两个变量直接进行格兰杰因果检验。

表 8－5 **相关变量的协整检验**

农村居民财富的基尼系数	秩（Rank）	Parms	LL	特征值	Trace Statistic	5% 临界值
人均 GDP 对数	0	6	122.8	—	22.64	15.41
	1	9	134.1	0.5954	0.020*	3.76
	2	10	134.2	0.0008	—	—
GDP 指数的对数	0	6	131.8	—	21.80	15.41
	1	9	142.5	0.5736	0.488*	3.76
	2	10	142.7	0.0193	—	—

表 8－6 给出了不同滞后期情况下农村居民财富的基尼系数与人均 GDP 对数间的格兰杰因果检验结果。检验结果表明，在多数滞后期，农村居民财富的基尼系数与人均 GDP 对数间存在双向的因果关系，这一结果与前文省份内部财富差距和人均 GDP 间的“倒 U 形”关系存在一致性。这说明了无论从全国性的财富差距（时间序列）来看，还是从不同省份内部农村居民财富差距来看，其与经济发展间都存在较为显著的双向因果关系。

表 8 - 6　**格兰杰因果检验 I**

变量	滞后期	χ^2 统计量	P 值
农村居民财富的基尼系数			
人均 GDP 对数（Excluded）	1	3.3448	0.067
	2	4.0874	0.130
	3	4.1826	0.242
	4	95.928	0.000
	5	25.169	0.000
	6	29.400	0.000
	7	40.561	0.000
	8	124.10	0.000
人均 GDP 对数			
农村居民财富的基尼系数（Excluded）	1	0.3304	0.565
	2	19.082	0.000
	3	11.736	0.008
	4	17.589	0.001
	5	19.643	0.001
	6	19.233	0.004
	7	14.982	0.036
	8	94.306	0.000

表 8 - 7 则给出了不同滞后期情况下农村居民财富的基尼系数与 GDP 指数的对数间的格兰杰因果检验结果。检验结果表明，在多数滞后期，农村居民财富的基尼系数与 GDP 指数的对数间存在双向的因果关系，但整体上 GDP 指数的对数构成农村居民财富的基尼系数的“格兰杰原因”的结果更为显著，而相反方向的因果关系相对要弱一些。这一结果也与前文省份内部财富差距和 GDP 指数的对数间的关系存在一致性，即经济增长更可能影响财富差距，而不是相反过程。但出于前文相同的原因，这一结论需要慎重对待。

表 8 - 7　　**格兰杰因果检验Ⅱ**

变量	滞后期	χ^2统计量	P 值
农村居民财富的基尼系数			
GDP 指数的对数（Excluded）	1	0.0689	0.793
	2	2.2247	0.329
	3	7.5479	0.056
	4	42.858	0.000
	5	25.739	0.000
	6	30.803	0.000
	7	111.81	0.000
	8	317.23	0.000
GDP 指数的对数			
农村居民财富的基尼系数（Excluded）	1	0.1153	0.734
	2	1.2984	0.522
	3	1.3588	0.715
	4	4.7728	0.311
	5	10.308	0.067
	6	16.718	0.010
	7	19.660	0.006
	8	29.388	0.000

四　小结

本章利用宏观和微观数据一方面考察了经济发展阶段与财富不平等间的关系，另一方面也分析了经济增长对农村家庭财富的作用，并检验了相反的作用过程。具体来说，本章结论可以归纳为以下几点：

第一，中国当下有限的经验数据基本拟合出经济发展阶段与家庭财富差距间的“倒 U 形”关系，即随着省级人均 GDP 的增长，衡量中国各省内部农村家庭财富差距的基尼系数呈现先上升后下降的变化趋势，这与经典库兹涅茨曲线的表述存在一致性。经计算，基尼系数开始下降时的省级人均GDP为5.01万元。以2014年为例，人均GDP达到或超过5.01万元即越过库兹涅茨曲线拐点的省份只有吉林、山东、广东、福建、辽宁、内蒙古、浙江和江苏8个省份，绝大多数省份仍然处于库兹涅茨曲线拐点的左侧，其家庭财富差距的基尼系数仍然会继续随着GDP的增长而上升。另外，时间序列的格兰杰因果检验表明，在多数滞后期，农村居民家庭财富差距的基尼系数与人均GDP对数间存在双向格兰杰因果关系。

第二，从经济增长速度来看，滞后一期的GDP指数和各省内部农村家庭人均财富净值的基尼系数间存在“倒U形”关系，即随着地区生产总值增长率的上升，省份内部农村家庭财富差距经历先上升后下降的变化趋势。经计算，拐点处的GDP增长率为12.4%。考虑到近年经济增长速度的下降，已经几乎没有省份可以达到这么高的经济增长速度。以2014年为例，GDP增速最快的是贵州，也只有10.8%，所以2014年各省份GDP的增长率与其农村内部家庭人均财富的基尼系数间的关系处于“倒U形”曲线的左侧，是一个正向关系，即GDP增长率越高的省份，其财富差距可能更大。

第三，财富差距与经济增长之间存在双向格兰杰因果关系。其中，经济增长对财富差距的影响表现为“倒U形”关系，且这种关系相对较强；而财富差距对经济增长的影响表现为“U形”关系。如果考虑到当下的经济增长和财富差距的表现情况，即经济增速有所下降，且财富差距处于高位，则二者的关系表现为正向关系，即经济增长会扩大财富差距，而适度的财富差距也会促进增长。但这一结论仅是基于1988—2014年中国农村的经验证据所得，离开了这一时期中国经济发展的特殊性，这一结论不一定成立。

第九章

基本结论与研究展望

一　基本结论

本书充分利用现有宏观统计数据和微观调查数据，系统构建了1988—2014年中国农村家庭财富信息，继而呈现了这一时期农村家庭的财富水平、结构、分布与变动趋势等特征化事实。在此基础上，进一步从微观（家庭异质性和遗产机制）和宏观（经济制度变迁和经济增长）的角度，深入考察了多种影响因素对中国农村家庭财富分配的影响和作用机制。下面是主要的研究结论：

（一）农村家庭财富差距扩大速度较快

研究发现，中国农村家庭财富水平出现了高速增长，其中房产和金融资产表现尤为突出。1988年，农村家庭人均财富净值只有0.84万元，2014年已经增长到7.05万元，年均增速高达8.50%，高于同期农村居民实际人均纯收入增速。从财富构成来看，房产、土地和金融资产是当下中国农村家庭最重要的三类财富来源。其中，房产和金融资产在总财富中的份额不断上升，而土地价值所占份额的下降十分明显。

中国农村家庭财富差距起点虽然较低，但扩大速度较快，且有进一步扩大趋势。1988年，我国农村家庭人均财富净值的基尼系数为0.37，低于同期全国居民收入基尼系数0.38；2014年则迅速上升到0.62，远高于同期收入基尼系数0.47。从财富分组来看，1988年至2014年，低财富组家庭的财富份额都有不同程度的下降，而高财富组家庭的财富份额都有不同程度的上升，尤其表现在顶端10%极富家庭的财富份额的快速增长。

从农村家庭财富差距的结构分解来看，房产净值和土地价值对总基尼系数的贡献率最大，二者合计贡献长期保持在八成左右。从集中率来看，房产净值对总财富差距具有扩大作用，而土地则对总财富差距具有缩小作用。从各类分项财富对总财富差距变化的总体贡献情况来看，房产净值主导了总财富差距的扩大幅度，金融财产也贡献了重要力量，而土地价值在缩小总财富差距扩大的过程中起到了重要作用。另一角度的分解表明分项财富的集中效应主导了总财富差距的扩大幅度，其次是综合效应的贡献，而财富构成的结构性效应由于土地价值的负向贡献使得在扩大总财富差距中的作用相对较小。

从区域差异来看，四大区域内部的财富差距是造成农村家庭财富差距的主要原因，其贡献率保持在70%以上。1988—2014年，四大区域内部的财富差距处于持续扩大状态，而区域之间的财富差距则呈缩小趋势。具体来看，西部地区内部差距的贡献率显著上升，中部地区内部差距的贡献率略有上升，而东部和东北地区内部财富差距的贡献率则有所下降。

（二）家庭异质性是农村家庭财富差距扩大的重要原因

利用微观数据，从家庭人均年龄、教育、收入、职业、党员身份、家庭规模等特征出发，考察家庭异质性对农村家庭财富分配的影响，可以有效了解居民微观的财富积累机制，从而更易于理解宏观家庭财富分配格局形成的原因。研究结果表明，家庭异质性是农村家庭财富差距扩大的重要原因。具体来看：

第一，农村家庭财富积累的微观影响因素多元且复杂，既有教育、收入、职业、党员身份等人力资本影响因素，也有家庭人均年龄、规模大小、未成年人比例、老年人比例等家庭结构影响因素。其中，农村地区家庭财富水平的地区差异主要源于微观要素的构成差异，而微观要素的回报差异只能作为次要原因。从财富构成成分来看，部分微观影响因素（年龄、收入、未成年人比例等）对农村家庭人均财富水平的影响是全面性的，其通过各种类型财富（房产净值、土地价值、耐用消费品、生产性固定资产、金融资产和非住房负债）对农村家庭财富水平产生显著影响；其余变量（例如人均受教育年限和人均承包地面积等）对农村家庭财富水平的影响是结构性的，其仅仅通过影响家庭财富中的部分类型财富对农村家庭财富水平产生影响。对于时期变化而言，随着财富来源的多元化，现有模型的整体解释力有下降趋势。各影响因素对农村家庭财富水平的影响在不同时期存在一定差异，既有影响力上升的因素，例如人均受教育年限、有党员家庭和家庭规模等变量；有影响力下降的因素，如人均收入对数、非农工作比例和人均承包地面积等变量；也有影响力基本保持不变的因素，例如家庭人均峰值年龄等变量。

第二，从农村家庭财富差距来看，其决定因素与影响家庭财富水平或积累的因素基本一致。其中，年龄、有党员家庭和非农工作比例等多数因素扩大了农村家庭人均财富差距；而人均收入和家庭规模等变量具有缩小农村家庭人均财富差距的作用。进一步基于财富结构分解的结果表明，年龄和家庭人均收入对农村家庭人均财富净值的差距的影响是全面性的，其通过影响各种类型家庭财富对农村家庭人均财富净值的差距产生显著影响。其余多数变量（如有党员家庭、人均承包地面积和老年人比例等）对农村家庭人均财富差距的影响是结构性的，其仅仅通过影响部分财富的构成成分对农村家庭人均财富差距产生影响。从时期变化来看，各因素对农村家庭人均财富差距的影响虽然在不同时期存在差异，但在扩大差距还是缩小差距的作用方向上在各时期是基本一致的。只有人均受教育年限和人均承包地面积两个变量在部分年份表现出扩大家庭人均财富差距的作用，又在其他年份中表现出缩小家庭人均财富差距的作用。

第三，从影响因素的贡献率来看，收入对家庭财富差距的贡献率最大，其他贡献率较大的影响因素还包括年龄、家庭规模、未成年人比例和受教育年限等变量。分时期来看，农村家庭财富差距决定因素的百分比贡献率随着时间推移有升有降。其中，年龄、人均受教育年限和家庭规模等变量对农村家庭人均财富差距的百分比贡献率随着时间推移有所上升；也有解释变量对农村家庭人均财富差距的百分比贡献率随着时间推移有所下降，例如收入和未成年人比例等变量。

（三）市场因素对农村家庭财富积累的影响大于政治因素

2014 年中国家庭追踪调查数据（CFPS 2014）显示，市场因素和政治因素都显著影响农村家庭财富的积累，但前者的影响大于后者。具体来看，在控制其他变量的情况下，市场因素仍然显著影响家庭总资产以及住房、非金融和金融等各分项资产的积累；而政治因素只显著影响家庭金融资产的积累，对家庭总资产、住房和非金融资产积累的影响不显著。这可能与税费改革后，政府从农村的“撤离”弱化了政治因素在农村的影响有关。相比于城市，农村更少受到政府的直接控制，政治权力可能更少直接参与到财产分配之中，比如住房私有化过程主要发生在城市，再比如农村土地分配过程主要取决于地理区域和人口结构等因素。可见，市场转型理论可能更适于解释中国农村家庭财富的积累。

分地区来看，市场因素对东部农村家庭财富水平的影响整体大于对中西部农村的影响。另外，市场和政治因素对家庭财富水平影响的地区差异并不是简单的经济发展水平所致，其背后还有更为复杂的原因。而从分位数回归来看，贫穷家庭财富积累只受市场因素的影响；而中产及富裕家庭的财富积累不仅受到市场因素的影响，也受到政治资本的影响，这反映了不同家庭积累财富的途径差异。另外，随着家庭财富水平的上升，收入对财富积累的影响越来越小。

（四）遗产继承一定程度上缩小了家庭财富差距

第一，就代际支持而言，微观数据表明，相比于 2006 年，2012 年农村居民三代间的情感互动频度上升，经济互动频度下降，而劳务支持呈现向子代倾斜的趋势。经济增长和农村新代际分工的形成是农村居民代际支持呈现上述变化的重要原因。一是在农村地区，经济增长使个人收入提高，可能减少农村居民因经济过度依赖导致的代际冲突；二是农村“半工半耕”的新代际分工模式的形成导致老年父母在劳务支持上向成年子女倾斜，但这也换来了成年子女更经常的情感回馈；三是代际情感支持频度的提高有力地说明了农村居民代际关系在走向团结，至少在短期看来是如此。

第二，就遗产继承而言，2013 年和 2014 年中国健康与养老追踪调查（CHARLS）数据显示，我国获得遗产的家庭比例约为 18.4%，与欧美国家基本接近。但遗产价值只占家庭财富净值的 0.87%，远远低于欧美国家。这既缘于我国代际间大量财富转移行为多以婚姻支出、日常礼物赠予等形式在父代生前发生，也与那些在市场经济改革中积累大量财富的个体仍然在世有关。但随着这些积累了巨额财富的个体逐渐步入晚年，未来遗产规模很可能会迅速扩大。另外，遗产八成以上主要来源于父母，房产是遗产的最主要形式，且有近 20% 的债务。不同群体在遗产继承方面存在不同程度的差异。社会经济地位（受教育程度、收入和财富）高的家庭获得的遗产均值更高，但遗产占家庭财富净值的份额更小。农业户口家庭获得遗产的比例高于非农家庭，但获得的遗产规模较小。年龄分组的遗产继承分布情况则受到资本回报率的影响较大。

第三，虽然不同家庭的遗产继承存在巨大差距，富裕家庭获得的遗产规模远大于贫穷家庭，但遗产仍然具有缩小家庭财富差距的作用。这主要是因为贫穷家庭获得的遗产价值占家庭财富净值的比例高于富裕家庭，也就是说遗产对贫穷家庭财富的影响大于对富裕家庭财富的影响。但是，遗产对家庭财富差距的影响非常小，贡献率约为1%，与Karagiannaki在英国的发现存在一致性。[①] 这与我国当下遗产规模占家庭财富比例较低有关，但随着未来可能存在的遗产规模的膨胀，遗产对财富差距的贡献将会逐步增加。同时，我们在设置的一种较为极端的储蓄函数中发现，遗产扩大了财富差距，虽然影响非常小，但仍需引起重视。另外，计划生育政策有效降低了我国人口出生率，也催生了大量独生子女家庭，原本可以在兄弟姐妹间均分或补偿弱势一方的遗产成为独生子女的专属财富，这无疑会使得未来社会的遗产继承更为集中。同时，近年经济增速的放缓使得普通民众通过劳动积累财富变得更为困难，这无疑可能进一步增加未来遗产在总财富中的比重。这些因素的合力很可能恶化遗产继承对家庭财富差距的影响。

（五）经济制度变迁是影响农村家庭财富差距的重要变量

实证结果表明农村经济制度变迁是影响农村家庭财富水平和差距的重要变量，这些经济制度变迁包括农产品价格体制改革、农业税费改革、农村住房改革和社会保障制度变革等。从农村居民家庭财富积累而言，这些经济社会制度变迁都具有正向的积极作用，即农产品价格的上涨、农业税费的减免、住房质量的提升以及转移支付的增加（社会保障水平的代理变量）都显著促进了农村居民家庭财富的积累。但在对财富差距的影响上，各项制度改革的作用不一。其中，只有农产品价格体制改革较为明显地降低了农村居民间家庭财富的差距，其他改革皆不同程度扩大了农村家庭财富差距。

具体来说，首先，农产品价格的上涨有助于缩小不同省份间农村居民

---

① Karagiannaki E.,"The Impact of Inheritance on the Distribution of Wealth: Evidence from Great Britain", *Review of Income and Wealth*, 2015, pp. 1 – 15.

的财富差距，也对各省内部农村家庭之间的财富差距具有缩小作用。前者的机制在于贫穷省份的多数农村居民主要依赖于农业经营收入，而在富裕省份中，除去部分专门从事农业生产的农户外，多数农村居民已经越来越依赖工资性收入，财产性收入也开始逐渐出现。因而当农产品价格上涨时，对贫穷省份的农村居民更为有利，可以显著地增加从事农业生产的农村居民的家庭收入，从而加快其财富积累的进程，继而缩小同富裕省份农村居民财富的差距。后者的机制与前者相似，在同一省份内部，贫穷家庭更可能主要依赖农业经营收入，即使近些年工资性收入占比上升快速，但农业经营收入仍然是其家庭收入的一种重要来源，而富裕家庭多数更依赖工资性收入。因而农产品价格的上涨对贫穷家庭往往更为有利，可以获得相对更多的农业收入，从而转化为家庭财富，缩小与富裕家庭的财富差距。

其次，就农业税费改革而言，农业税率的高低显著正向影响农村居民家庭财富的积累，但这可能只是揭示了农业税率增长与农村居民家庭财富水平增长的协同趋势。也可以理解为一种反向因果关系的存在，即农村居民财富的增长使得国家可以施行更高的农业税率。农业税率的上升显著正向影响不同省份农村居民财富的差距，即扩大了财富差距，这与既有研究指出的农业税费的累退性研究结果一致。

再次，关于农村住房改革，研究发现，农村居民住房溢价、农村居民人均住房面积和农村居民住房单价都显著正向影响农村居民家庭财富的积累，同时也都显著正向影响不同省份农村居民财富的差距。可见，中国农村住房情况的改善，例如住房面积的增加，住房单价的上升（包含了住房质量的提升）等，在直接提升农村居民财富拥有量的同时，也分化了农村居民，使得他们之间的财富差距日益拉大。

最后，对于农村社会保障制度的变迁而言，农村社会保障水平高低显著正向影响农村居民家庭财富的积累，但似乎也扩大了农村家庭的财富差距。后者与我们的预期相反，这可能与统计结果有关，它只是反映了随着时间推移，农村社会保障水平逐渐提高与农村居民财富差距逐步扩大的协同趋势。但也可能反映了我国政府对农村居民转移性支出（农村社会保障水平的度量）的不平等，中央政府在对农村居民进行转移支付时可能更多考虑地区差距，而地方政府对当地的转移性支付则依赖于地方的财政状况，富裕地区的地方政府给予当地更多的转移性支出，从而进一步拉大同贫穷地区的差距。

（六）经济增长与农村家庭财富差距间存在双向格兰杰因果关系

经济增长与不平等间的关系是经济学家关注的焦点之一，但多数研究以收入差距为不平等的测度指标，较少研究关注个体或家庭间的财富不平等与经济增长间的关系。本书则利用大量宏观统计数据和微观调查数据，构建了1988—2014年中国农村家庭财富分布数据，分析了经济增长与家庭财富不平等间的关系。研究发现，经济增长与中国农村家庭财富差距间存在双向格兰杰因果关系。过去20多年的经验数据表明，经济增长扩大了财富差距，而适度的财富差距反过来促进了经济增长。但这一结果仅限于过去的经验数据，且仅是经济增长因素和财富不平等因素间的关系，并没有通过加入调节变量对这一结果进行解释。尤其需要警惕的是，当下中国经济增速放缓、家庭财富差距处于高位，无论从不平等指数大小本身还是从人们实际生活中的切身感受都表明，经济不平等问题已经日渐成为中国社会的严重问题。如果没有有效的措施遏制当下财富不平等程度的恶化趋势，势必会影响社会稳定，而一个不稳定的社会又何谈发展经济。

具体来说，第一，中国当下有限的经验数据基本拟合出经济发展阶段与家庭财富差距间的“倒U形”关系，即随着省级人均GDP的增长，衡量中国各省内部农村家庭财富差距的基尼系数呈现先上升后下降的变化趋势，这与经典库兹涅茨曲线的表述存在一致性。经计算，基尼系数开始下降时的省级人均GDP为5.01万元。以2014年为例，人均GDP达到或超过5.01万元即越过库兹涅茨曲线拐点的省份只有吉林、山东、广东、福建、辽宁、内蒙古、浙江和江苏8个省份，绝大多数省份仍然处于库兹涅茨曲线拐点的左侧，其家庭财富差距的基尼系数仍然会继续随着GDP的增长而上升。但需要特别说明的是，这只是依据中国当下有限的经验数据所推测的结果，而且基尼系数是基于省份内部的财富基尼系数。库兹涅茨曲线是基于经济发展与收入不平等间的关系，而其他相关多数研究采用的也是收入不平等指标。因而，此处的结论要慎重推广，它的意义或许在于从财富的视角进一步探讨了经济发展与不平等间的关系，提供了收入外的另一经济指标视角。另外，时间序列的格兰杰因果检验表明，在多数滞后期，农村居民家庭财富差距的基尼系数与人均GDP对数间存在双向格兰杰因果关系。

第二，从经济增长速度来看，滞后一期的 GDP 指数和各省内部农村家庭人均财富净值的基尼系数间存在“倒 U 形”关系，即随着地区生产总值增长率的上升，省份内部农村家庭财富差距经历先上升后下降的变化趋势。经计算，拐点处的 GDP 增长率为 12.4%。考虑到近年经济增长速度的下降，已经几乎没有省份可以达到这么高的经济增长速度。以 2014 年为例，GDP 增速最快的是贵州，也只有 10.8%，所以 2014 年各省份 GDP 的增长率与其农村内部家庭人均财富的基尼系数间的关系处于“倒 U 形”曲线的左侧，是一个正向关系，即 GDP 增长率越高的省份，其财富差距可能更大。

第三，财富差距与经济增长之间存在双向格兰杰因果关系。其中，经济增长对财富差距的影响表现为“倒 U 形”关系，且这种关系相对较强；而财富差距对经济增长的影响表现为“U 形”关系。如果考虑到当下的经济增长和财富差距的表现情况，即经济增速有所下降且财富差距处于高位，则二者的关系表现为正向关系，即经济增长会扩大财富差距，而适度的财富差距也会促进增长，但后者的检验结果较弱。

二　存在的创新和不足

（一）可能的创新之处

本书是一项基于实证的探索性研究，注重经验事实的呈现和机制解释。力求通过扎实的实证工作，在中国农村家庭财富分配研究的已有知识存量基础上，做出一些边际上的贡献。基于这一认识，本书可能存在如下边际贡献：

第一，研究内容的创新。受数据限制，目前国内对收入分配研究较多，而对财富分配的实证研究较少。本书综合利用现有的宏观统计数据和微观调查数据，系统构建了 1988—2014 年中国农村家庭财富信息，继而呈现了这一时期农村家庭的财富水平、结构、分布与变动趋势等特征化事实。这拓展了既有研究多以截面数据静态呈现财富分配状况的现状，为后续探讨财富分配动态演化机制提供了坚实的数据支撑。同时，后续基于财富内容对财富差距进行的结构分解以及区域差异分解等皆进一步充实了对中国农村家庭财富分布的具象化认识。

第二，研究视角的创新。从微观视角来看，目前国内探讨个体或家庭特征等因素对财富分配影响的实证研究较多，但对遗产在财富分配中作用的研究十分少见。而从宏观视角来看，国内虽有研究开始探讨人口结构、市场波动等宏观因素对财富分配的影响，但从制度变迁的视角考察财富分配的研究仍存在不足。更为稀缺的是将宏微观视角结合起来进行的研究。本书借鉴已有研究成果，分别从家庭异质性和遗产继承等微观视角，以及制度变迁和经济增长等宏观视角，依次分析了这些影响因素对农村家庭财富分配的影响。然而，已有研究侧重于研究家庭总财富差距及其影响因素，而对家庭财富构成成分的差距及其影响因素的考察较少。本书则从农村家庭财富构成视角出发，研究了诸因素对农村家庭财富差距的结构性影响及其作用路径。另外，已有研究多以户主特征作为家庭特征的代表，这可能会遗漏掉部分重要信息。而本书充分利用 CHIP、CFPS 和 CHARLS 等数据提供的所有家庭成员信息，构建家庭层面的变量，从而可以更好地反映家庭财富的影响因素。

第三，实证方法的创新。不平等研究领域内的前沿实证方法主要运用于对收入分配的研究，财富分配研究的实证方法相比明显滞后。基于此，本书在一般 OLS 回归的基础上，又进一步使用了 Tobit 模型和分位数回归模型进行分析，并在分位数回归的基础上，引入回归系数差值分析方法探讨各因素对财富差距的影响。另外，引入收入分配研究中近年来兴起的基于回归的各类分解以取代传统的分解方法，本书主要采用的是基于回归的夏普里值（Shapley Value）分解方法，该方法可以较为可靠地呈现各影响因素对财富差距形成的具体贡献和相对大小。最后，基于时间序列的格兰杰因果检验和面板固定效应模型的使用在国内财富分配领域都是较为新颖的研究方法。

（二）存在的不足之处

作为一项实证研究，本书还存在如下不足：

第一，CHIP 和 CFPS 数据匹配问题。该问题主要体现在两个方面，一是抽样框问题，二是主要因变量的操作化问题。就抽样框而言，如 CFPS 数据设置了“大小省”，“大省”即为可以在省级层次进行推断的样本；而 CHIP 数据样本来自国家统计局每年的常规住户调查大样本库。两者的抽样框不同，理论上这可以通过数据的加权部分解决。但由于缺少 CHIP 数据的加权信息，为保持一致，本书对 CFPS 数据提供的加权信息也没有采用，故本书的结果是没有经过加权处理的估算结果。就主要因变量财富的操作化问题，CHIP 和 CFPS 包含的测量维度不但存在差异（如 CHIP 数据只设置了负债总额；CFPS 数据则包含了投资各项资产如房产过程中的银行贷款和其他借款等项）；而且在询问方式上也存在差异（CHIP 直接以一组表格的形式让受访者填答各项财富的具体数值；CFPS 则分开询问并设置了追问项）。虽然本书在追求财富数据尽可能一致中进行了多项努力，但仍然存在不足。

第二，本书主要以计量分析为主，缺少相关的理论模型。国内的主要财富分配研究也都以常规统计或计量分析为主，但有研究者认为这类研究要遭受“卢卡斯批判”，一种可能的解决方法是通过建立一般均衡动态模型，将影响因素带来的异质性纳入模型的可考察范围之内。[①] 也因此，陈彦斌及其合作者以经典 Bewley 模型为基础展开了系列研究，考察了灾难风险、高房价和通货膨胀等因素对中国居民财产的影响。[②] 但由于本书所要考察的影响因素过于庞杂，以及数据限制等原因，而并未采纳这些研究者的建议，仍然采用传统的计量分析。这些不足都是后续研究值得探索之处。

第三，本书所用数据来源都面临着遗漏财富顶端极富人群信息的风险，这是国内外财产和收入调查面临的共性问题。其结果一方面是低估财富不平等水平，另一方面则是难以分析极富人群财富积累行为的影响因素，因为极富人群的财富积累动机和方式往往与普通人不同。另外，对于财富这类敏感性信息，受访者更可能低报、瞒报、误报和漏报，通过现有数据对这些信息我们知之甚少，因此对估计结果会造成怎样的影响以及造成多大的影响都是难以估计的。这些既构成了本书的研究不足，也是后续研究需要不断完善的部分。

三　研究展望

由于财富分配问题本身的复杂性，本书只是提供了中国农村家庭财富

① 陈彦斌等：《中国通货膨胀对财产不平等的影响》，《经济研究》2013 年第 8 期。

② 陈彦斌、霍震、陈军：《灾难风险与中国城镇居民财产分布》，《经济研究》2009 年第 11 期；陈彦斌、邱哲圣：《高房价如何影响居民储蓄率和财产不平等》，《经济研究》2011 年第 10 期；陈彦斌等：《中国通货膨胀对财产不平等的影响》，《经济研究》2013 年第 8 期。

分配的几个有限影响因素，且存在大量不足之处。结合本书的不足，以及现有国内财富分配研究的现状，至少还有如下几个方面的问题值得进一步深入探讨。

第一，对财富差距或不平等更为精准的估计。要实现对财富差距的精准估计，仅仅依靠目前的微观数据调查远远不够，还需要借鉴国外同行对税收、遗产等数据的重视，而这又需要各级税务部门、国家统计部门和研究机构通力合作，编制国家层面和家庭层面的资产负债表。就微观调查数据而言，对极富人群进行过度抽样也是提高财富数据准确性的一种有效方式。另外，在统计时需要参照国际标准，尽可能在财富概念界定、数据处理和统计方法上与国际接轨，使得我国财富数据可以最大限度地匹配世界财富数据库。

第二，财富分配的代际转移研究。广义上，遗产、父母生前的财产转赠和文化资本的继承是财富代际转移的三种主要形式。[①] 对于遗产在财富分配中的作用本书已做初步探讨，而父母生前转赠和文化资本的继承对财富分配的影响还有待后续的进一步研究。有研究表明，父母生前的财产转赠数额所占比例甚至大于遗产比例，[②] 这一现象在当下中国尤为明显。中国人家庭观念一般较强，代际关系紧密。成年子女的婚嫁迎娶的彩礼、聘礼一般由双方父母承担，而且父母给子女买房买车的现象也极为普遍，[③] 这些人生重大事件中父辈对子代的支持组成了财富代际转移中重要的一部分。另外，所谓文化资本的继承很大程度上就是人力资本投资的代际联系问题，父母对子女除了直接的财富转移外，还可以通过投资子女教育，将财富积累能力传递给子女。这些财富分配中有形或无形的代际转移都将对未来的财富分布形成重要影响，而这也将构成财富分配研究中重要的一部分。

第三，财富分配的社会后果研究也是值得关注的领域。财富本身不仅是一项重要的经济指标，其对其他代表人类各项福祉指标都具有重要影

---

① Keister L. A. and Moller S., "Wealth Inequality in the United States", *Annual Review of Sociology*, Vol. 26, No. 26, 2000, pp. 63-81.

② Gale W. G. and Scholz J. K., "Intergenerational Transfers and the Accumulation of Wealth", *John Scholz*, Vol. 8, No. 4, 1994, pp. 145-160.

③ 钟晓慧、何式凝：《协商式亲密关系：独生子女父母对家庭关系和孝道的期待》，《开放时代》2014年第1期；钟涨宝、路佳、韦宏耀：《"逆反哺"？农村父母对已成家子女家庭的支持研究》，《学习与实践》2015年第10期。

响。例如人们的消费、主观幸福感、健康、教育、生育行为等皆受到财富存量的影响。有研究表明，我国房地产财富对居民消费有显著促进作用，[①] 住房产权和住房质量显著影响居民主观幸福感。[②] 因此，考察财富分配的社会影响将是重要的研究方向之一。

① 黄静、屠梅曾：《房地产财富与消费：来自于家庭微观调查数据的证据》，《管理世界》2009 年第 7 期。

② 李涛、史宇鹏、陈斌开：《住房与幸福：幸福经济学视角下的中国城镇居民住房问题》，《经济研究》2011 年第 9 期；林江、周少君、魏万青：《城市房价、住房产权与主观幸福感》，《财贸经济》2012 年第 5 期。

附　录

一　家庭财富数据技术处理报告

由于财富数据本身的复杂性，使得其在问卷设计和调查实践中存在诸多困难。同时，中国农村居民拥有的财产内容也在随时间推移而经历着从无到有、从单一到多元的变化过程。因而，CHIP 和 CFPS 各期统计的财富口径并不完全一致，因而有必要向读者呈现各期财富数据的技术处理过程，主要对应正文第三章。以下便提供了诸项家庭财富构成的详细技术处理过程。

（一）CHIP 1988

（1）房产净值：由全部住房现期估计价值减去建房或买房所借款项未清偿额得到。其中，当住房现值存在缺失值时，首先使用住房原值乘以折旧率代替，折旧率为住房现值除以原值，以该农户同县（市）的折现率均值代替。当仍然存在缺失值时，先使用同县（市）住房现值的中位数代替，再使用同省住房现值的中位数代替。

（2）土地价值：按照 McKinley 和 Grifffin 提出的测算方法，假定家庭农业经营毛收入的 25% 来源于土地要素，并用 8% 的收益率对未来农产品的价值资本化，从而估算出土地价值。[1] 其中，农业经营毛收入，包含 a. 粮食收入，b. 经济作物收入，c. 林业收入，d. 畜牧业收入，e. 渔业收入，f. 手工副业收入，g. 其他农业经营收入。优先使用各分项加总数

① Mckinley T.,"The Distribution of Wealth in Rural China", in Griffin, K. and Zhao R., eds., *The Distribution of Income in China*, London: Macmillan Press, 1993, pp. 116 - 134.

值，其次使用提供的直接估计总值。当出现缺失值时，使用县域意义上农业经营毛收入均值乘以土地面积（土地面积按一亩水浇地等于两亩旱地进行调整）得到。当仍然存在缺失值时，使用同县（市）住房现值的中位数代替。

（3）耐用消费品：无。

（4）生产性固定资产：包含 a. 役用和肉用畜，b. 农（林、牧、渔）机具，c. 工业、手工业、建筑、运输、商业工具设备，d. 农（林、牧、渔）机器设备，e. 工业机器设备，f. 运输机器设备，g. 生产仓储用房（包括住屋中用于生产、仓储的部分），h. 其他生产性固定资产共 8 项。采用的是现期市场价值，当存在缺失值时，使用原值乘以折旧率代替。折旧率为生产性固定资产现值除以原值，以该农户同县（市）的折现率均值代替。当仍然存在缺失值时，先使用同县（市）生产性固定资产现值的中位数代替，再使用同省生产性固定资产现值的中位数代替。

（5）金融资产：包含 a. 1988 年底全家储蓄存款总额（活期和定期），b. 国库券，c. 债券。

（6）非住房负债：由 1988 年底全家负债总额减去建房或买房所借款项未清偿额得到。

（二）CHIP 1995

（1）房产净值：与 1988 年不同，CHIP 1995 虽然在问卷中提到房产现值，但在提供的数据中没有得到直接体现（表现为该变量取值全为 0），Brenner 处理的方式是采用农村每平方米住房市场估计值的省级均值乘以住房面积得到，[①] 有趣的是公开的 CHIP 1995 家户数据的最后一个变量经作者计算比对，发现刚好是 Brenner 的处理结果，故本书以该变量为住房总价值。住房净值即为住房总价值减去未偿还的建房（买房）款得到。

（2）土地价值：农业经营收入，相比 1988 年少了手工副业收入。土地价值的估计在 McKinley、Brenner、李实等三者中的估计结果并不一致，

① Brenner M.，"Re-examining the Distribution of Wealth in Rural China"，in Riskin C.，Zhao R. W. and Li S.，eds.，*China's Retreat from Equality：Income Distribution and Economic Transformation*，New York：M. E. Shape，2001，pp. 245 – 275.

并存在较大差距。[①] 三者采用相同的估计方法，造成差异的主要原因是采用的农业经营毛收入（或农业总产值）界定范围的差异。经过作者的比较计算，李实等人的测算只包含了农业经营毛收入，[②] 而 McKinley 和 Brenner 不但包含了农业经营毛收入，还包含了农户自我食用部分。从概念界定上 McKinley 和 Brenner 更为严谨，但在具体数据计算中 Brenner 指出难以还原 McKinley 的计算结果，而作者对二人的结果都无法完全还原。由于农户在估计农业经营毛收入时有时会包含自我食用部分，CHIP 1988 明确将农业经营收入作为现金收入界定，而在之后调研没有再如此界定。故本书出于简洁和更为有效的考虑，采用李实等人的操作，仅以问卷中设计的农业经营毛收入作为测量土地价值的基准。[③]

（3）耐用消费品：问卷中只对耐用消费品的数量进行了询问，而未询问价值。本书则是使用 CHIP 2002 数据估计出耐用消费品单价，并使用农村商品零售价格指数对其进行调整计算出 1995 年各项耐用消费品的价格，然后乘以相应各项耐用消费品的拥有量，求和后得出家庭耐用消费品的数量。

（4）生产性固定资产：包含 a. 役畜、产品畜，b. 大中型铁木农具，c. 农（林、牧、渔）机械，d. 工业机械，e. 运输机械，f. 建筑机械；g. 生产用房，h. 其他生产性固定资产 8 项。采用的是现期市场价值，无缺失值。

（5）金融资产：包含 a. 活期存款，b. 定期存款，c. 股票，d. 国库券和其他各种有价证券，e. 借出款，h. 手存现金。其中，不包含 f. 家庭经营占用的流动资金和 g. 对其他企业的投资（不包括股票、债券）。

（6）非住房负债：由 1995 年底全家负债总额减去建房或买房所借款项未清偿额得到。包含 a. 生产性贷款，b. 购买耐用消费品的借款，c. 操

---

① Mckinley T., "The Distribution of Wealth in Rural China", in Griffin, K. and Zhao R., eds., *The Distribution of Income in China*, London: Macmillan Press, 1993, pp. 116 – 134; Brenner M., "Re-examining the Distribution of Wealth in Rural China", in Riskin C., Zhao R. W. and Li S., eds., *China's Retreat from Equality: Income Distribution and Economic Transformation*, New York: M. E. Shape, 2001, pp. 245 – 275；李实、魏众、丁赛：《中国居民财产分布不均等及其原因的经验分析》，《经济研究》2005 年第 6 期。

② 李实、魏众、丁赛：《中国居民财产分布不均等及其原因的经验分析》，《经济研究》2005 年第 6 期。

③ 同上。

办婚嫁、丧事的借款，d. 为家人治病的借款，e. 其他生活困难的借款，f. 其他负债。

（三）CHIP 2002

（1）房产净值：由全部房屋现期估计价值减去建房或买房所借款项未清偿额得到。无缺失值。

（2）土地价值：同 CHIP 1995。当出现缺失值时，使用该农户所在县农业经营毛收入的中位数代替。

（3）耐用消费品：各种耐久消费品（包括家具）的估计价值。其中，对部分耐用消费品价值为 0，而数量不为 0 的样本进行了插补。处理方法如下：相对耐用消费品价值不为 0 的样本做出一个多元线性函数，耐用消费品总价值 = P_1 × 彩色电视机 + P_2 × 黑色电视机 + P_3 × 自行车 + P_4 × 摩托车 + P_5 × 电冰箱 + P_6 × 洗衣机 + P_7 × 音响/收录机 + P_8 × 录像机/影碟机 + P_9 × 空调机 + P_{10} × 家用汽车，使用不包含常数项的回归估计出该函数的各项系数，这些系数即为各项耐用消费品的单价。然后乘以相应各项耐用消费品的拥有量，求和后得出家庭耐用消费品的数量。同时，加上金银、首饰的货币价值。

（4）生产性固定资产：包含 a. 役畜、产品畜，b. 大中型铁木农具，c. 农（林、牧、渔）机械，d. 工业机械，e. 运输机械，f. 建筑机械；g. 生产用房，h. 其他生产性固定资产 8 项。采用现期市场价值，无缺失值。

（5）金融资产：包含 a. 活期存款，b. 定期存款，c. 股票，d. 国库券和其他各种有价证券，e. 借出款，h. 手存现金。无缺失值。其中，不包含 f. 家庭经营占用的流动资金，g. 对其他企业的投资（不包括股票、债券），i. 金银、首饰的货币价值。

（6）非住房负债：由 2002 年底全家负债总额减去建房或买房所借款项未清偿额得到。

（四）CFPS 2010

需要说明的是，首先，CFPS 数据在辽宁、河南、上海、广东和甘肃进行了过度抽样，本书使用的是调整了过度抽样省份后具有全国代表性的数据。其次，农村样本的界定依据国家统计局统计分类标准。最后，在处理缺失值时，CFPS数据因其2010年和2012年提供的数据使用均值替换，为保持一致，笔者针对2014年数据也采用均值替换。

（1）房产净值：由当下所有住房房产市场价值减去总房贷得到。其中，当前住房市场价值、其他房产价值和总房贷由CFPS 2010直接提供，数据处理过程可详见《中国家庭追踪调查2012年和2010年财产数据技术报告（CFPS-29）》。

（2）土地价值：按照McKinley[①]提出的测算方法，其中，家庭经营毛收入既包括销售部分，也包括家庭自产自消部分，这一数据由CFPS 2010直接提供，变量名称为农业生产总收入，调整和计算过程的具体细节可参考《中国家庭追踪调查2010年农村家庭收入的调整办法（CFPS-14）》。

（3）耐用消费品：由2012年耐用消费品价值减去2011年购买耐用消费品（汽车等交通通信工具及配件、办公类电器、家具和其他耐用消费品）的花费得到。

（4）生产性固定资产：由2012年农业机械价值和2010年非农经营（个体经营和私营企业等资产）固定资产组成。

（5）金融资产：包含现金和存款总值、股票、基金和别人欠自己家的钱等，再加上“其他资产”部分中的金融资产。后者的计算由“其他资产”减去80%的耐用消费品和农业机械价值。

（6）非住房负债：由CFPS 2010直接提供，数据处理细节可详见《中国家庭追踪调查2012年和2010年财产数据技术报告（CFPS-29）》。

（五）CFPS 2012

（1）房产净值：处理方式同CFPS 2010数据。其中，当前住房市场价值、其他房产价值和总房贷由CFPS 2012直接提供，数据处理过程可详见《中国家庭追踪调查2012年和2010年财产数据技术报告（CFPS-29）》。

（2）土地价值：这一数据由CFPS 2012直接提供，数据处理细节可详见《中国家庭追踪调查2012年和2010年财产数据技术报告（CFPS-29）》。

（3）耐用消费品：由CFPS 2012直接提供，数据处理细节可详见《中国家庭追踪调查2012年和2010年财产数据技术报告（CFPS-29）》。

---

① Mckinley T.,“The Distribution of Wealth in Rural China”, in Griffin, K. and Zhao R., eds., *The Distribution of Income in China*, London: Macmillan Press, 1993, pp. 116-134.

（4）生产性固定资产：由农业机械价值和非农经营（个体经营和私营企业等资产）固定资产组成。相关数据由 CFPS 2012 直接提供，数据处理细节可详见《中国家庭追踪调查 2012 年和 2010 年财产数据技术报告（CFPS－29）》。

（5）金融资产：由 CFPS 2012 直接提供，数据处理细节可详见《中国家庭追踪调查 2012 年和 2010 年财产数据技术报告（CFPS－29）》。

（6）非住房负债：由 CFPS 2012 直接提供，数据处理细节可详见《中国家庭追踪调查 2012 年和 2010 年财产数据技术报告（CFPS－29）》。

（六）CFPS 2014

该期各项财富构成的获得由笔者参照《中国家庭追踪调查 2012 年和 2010 年财产数据技术报告（CFPS－29）》中各变量的处理方法计算得到。

（1）房产净值：由当下所有住房房产市场价值减去总房贷得到。当存在缺失值时，首先用社区同类型房子的单位面积房价和现住房面积估计，无法估计的采用社区同类型房子的平均值。经过以上处理后房价仍然未知的用同省同类型住房的单位面积房价和现住房面积估计；没有填答住房面积的，用同省同类住房均价代替。

（2）土地价值：按照 McKinley 提出的测算方法。[①] 其中，家庭经营毛收入既包括销售部分，也包括家庭自产自消部分，同时加上土地出租收入，并减去土地租入支出。当出现缺失值时，同样先用同社区家庭经营毛收入的均值代替，仍然存在缺失时，使用同省家庭经营毛收入的均值代替。

（3）耐用消费品：由 2012 年耐用消费品价值加上过去 12 个月汽车、交通通信工具及其他耐用消费品的购置费用得到。

（4）生产性固定资产：由 2012 年农业机械价值和 2014 年非农经营（个体经营和私营企业等资产）固定资产组成。

（5）金融资产：包含现金和存款总值、股票、基金和别人欠自己家的钱等，缺失值处理方法同上。

（6）非住房负债：包括银行、亲友及其他来源非住房负债，缺失值处理方法同上。

---

① Mckinley T.，"The Distribution of Wealth in Rural China"，in Griffin，K. and Zhao R.，eds.，*The Distribution of Income in China*，London：Macmillan Press，1993，pp. 116－134.

二 家庭异质性对财富分配影响的相关估计结果

（一）财富不同构成成分影响因素的稳健性检验

该部分包含附表 A4－1 和附表 A4－2，主要是农村家庭财富不同构成成分（房产、土地等）影响因素的稳健性检验结果，对应正文中第四章第三节中第三部分。

附表 A4－1 **农村家庭财富不同结构成分影响因素的估计结果（Tobit 模型估计）**

被解释变量	总财富净值	房产净值	土地价值	耐用消费品	生产性固定资产	金融资产	非住房负债
解释变量	MM1	M2a1	M2b1	M2c1	M2d1	M2e1	M2f1
人均年龄	0.036 ***	0.110 ***	0.237 ***	0.026 ***	0.118 ***	0.078 ***	0.244 ***
人均年龄平方	-0.000 ***	-0.001 ***	-0.002 ***	-0.000 ***	-0.001 ***	-0.002 ***	-0.004 ***
人均受教育年限	0.038 ***	0.057 ***	-0.022 ***	0.088 ***	0.055 ***	0.136 ***	-0.008
人均收入对数	0.293 ***	0.227 ***	0.272 ***	0.218 ***	0.192 ***	0.631 ***	-0.801 ***
有党员家庭	0.045 ***	0.098 ***	-0.020	0.183 ***	-0.148 ***	0.232 ***	-0.214
非农工作比例	-0.120 ***	0.111 *	-2.560 ***	0.470 ***	-0.231 *	1.071 ***	-0.033
人均承包地面积	0.008 ***	-0.004 +	0.061 ***	0.018 ***	0.043 ***	0.003	0.049 ***
家庭规模	-0.073 ***	-0.031 ***	0.039 ***	-0.064 ***	0.035 **	-0.069 ***	0.141 **
未成年人比例	-0.682 ***	-0.627 ***	-1.139 ***	-0.469 ***	-0.552 ***	-0.985 ***	1.229 ***
老年人比例	-0.202 ***	-0.394 ***	-0.814 ***	-0.309 ***	-0.589 ***	0.354 *	-1.759 **
省级人均 GDP 对数	0.410 ***	0.647 ***	-0.424 ***	0.822 ***	-0.842 ***	0.397 ***	-2.593 ***
时期虚拟变量（1988 年为参照组）							
1995 年	0.455 ***	0.171 ***	1.089 ***	—	-0.268 ***	4.646 ***	0.867 ***
2002 年	0.292 ***	-0.161 ***	1.419 ***	0.211 ***	0.457 ***	3.931 ***	2.458 ***
2010 年	0.141 ***	-0.504 ***	-0.547 ***	-0.486 ***	-2.611 ***	1.574 ***	11.51 ***
2012 年	0.265 ***	-0.326 ***	0.769 ***	-0.631 ***	-3.021 ***	3.660 ***	12.77 ***

续表

被解释变量	总财富净值	房产净值	土地价值	耐用消费品	生产性固定资产	金融资产	非住房负债
解释变量	MM1	M2a1	M2b1	M2c1	M2d1	M2e1	M2f1
2014 年	0.349 ***	-0.186 **	-0.315 **	-0.233 ***	-2.187 ***	0.012	11.23 ***
常数项	2.596 ***	-2.055 ***	4.563 ***	-3.658 ***	9.108 ***	-8.973 ***	14.73 ***
Pseudo R^2	0.2140	0.0379	0.0501	0.0641	0.0773	0.0813	0.0268
F 值	2373	604	439	438	730	1071	155
样本数（obs）	40948	41042	41309	31051	41309	41309	41309
左侧删剪样本数	5	954	3046	1052	9421	9571	33033

注：$^{+}$ $p<0.1$，* $p<0.05$，** $p<0.01$，*** $p<0.001$，且显著性水平来源于稳健标准误的估计。

附表 A4-2　农村家庭财富不同结构成分影响因素的估计结果（中位值估计）

被解释变量	总财富净值	房产净值	土地价值	耐用消费品	生产性固定资产	金融资产
解释变量	MM2	M2a2	M2b2	M2c2	M2d2	M2e2
人均年龄	0.023 ***	0.034 ***	0.072 ***	0.012 **	0.008	0.061 **
人均年龄平方	-0.000 ***	-0.000 ***	-0.001 ***	-0.000 ***	-0.000	-0.001 **
人均受教育年限	0.031 ***	0.052 ***	-0.002	0.058 ***	0.015	0.108 ***
人均收入对数	0.386 ***	0.257 ***	0.428 ***	0.194 ***	0.078 **	0.693 ***
有党员家庭	0.023 *	0.041 *	-0.018	0.128 ***	-0.042	0.180 *
非农工作比例	-0.202 ***	0.344 ***	-1.476 ***	0.367 ***	-0.217 *	0.825 ***
人均承包地面积	0.011 ***	-0.007 ***	0.065 ***	0.008 ***	0.098 ***	0.006
家庭规模	-0.062 ***	-0.071 ***	-0.043 ***	-0.103 ***	-0.002	-0.083 ***
未成年人比例	-0.805 ***	-0.653 ***	-1.054 ***	-0.392 ***	-0.193	-1.083 ***
老年人比例	-0.195 ***	-0.237 ***	-0.318 ***	-0.119 **	-0.172	0.177
省级人均 GDP 对数	0.390 ***	0.719 ***	-0.014	0.495 ***	-0.164 **	0.455 ***
时期虚拟变量（1988 年为参照组）						
1995 年	0.412 ***	0.0612 **	0.738 ***	—	-0.029	4.739 ***
2002 年	0.279 ***	-0.270 ***	0.782 ***	0.004	0.524 ***	4.195 ***
2010 年	0.122 ***	0.002	-0.068 +	-0.430 ***	-5.623 ***	3.237 ***
2012 年	0.234 ***	-0.002	0.279 ***	-0.498 ***	-5.698 ***	3.665 ***
2014 年	0.338 ***	0.183 ***	-0.144 **	-0.171 ***	-5.525 ***	-0.742 ***

续表

被解释变量	总财富净值	房产净值	土地价值	耐用消费品	生产性固定资产	金融资产
解释变量	MM2	M2a2	M2b2	M2c2	M2d2	M2e2
常数项	2.398 ***	-0.868 ***	3.849 ***	0.597 ***	6.688 ***	-9.131 ***
Pseudo R^2	0.3387	0.2412	0.1060	0.1336	0.2108	0.2178
样本数（obs）	40948	41042	41309	31051	41309	41309

注：+ $p<0.1$，* $p<0.05$，** $p<0.01$，*** $p<0.001$。

（二）财富不同构成成分的分位数回归系数差异检验

该部分包含附表 A4-3 至附表 A4-7 共 5 张表格，分别是五类财富构成成分（房产、土地、耐用消费品、生产性固定资产和金融资产）的分位数回归系数差异检验结果，对应正文中的第四章第四节中的第二部分。其中，生产性固定资产由于低分位样本拥有的净值几乎都为 0，故只给出了 75 分位和 50 分位的回归系数差异检验。相应地，分位数估计结果由于过于庞杂，附录中也不再呈现。

附表 A4-3 **农村家庭财富构成成分的分位数回归系数差异检验结果（房产净值）**

解释变量	Q75 - Q25		Q75 - Q50		Q50 - Q25	
	系数差	F 值	系数差	F 值	系数差	F 值
人均年龄	-0.0436 ***	35.82	-0.0138 ***	14.84	-0.0298 ***	15.55
人均年龄平方	0.0005 ***	29.23	0.0002 ***	12.19	0.0003 ***	14.27
人均受教育年限	0.0008	0.07	-0.0026	1.25	0.0033	2.52
人均收入对数	-0.0868 ***	40.04	-0.0505 ***	79.54	-0.0364 **	10.56
有党员家庭	0.0056	0.06	0.0178	2.40	-0.0122	0.46
非农工作比例	0.1054 *	5.25	0.0284	1.03	0.0770 *	4.88
人均承包地面积	0.0140 ***	38.56	0.0039 +	3.35	0.0101 ***	22.48
家庭规模	-0.0365 ***	89.56	-0.0206 ***	27.74	-0.0158 ***	21.43
未成年人比例	0.2612 ***	43.28	0.1429 ***	24.07	0.1182 ***	15.59
老年人比例	0.1926 **	6.83	0.1142 *	5.27	0.0783	2.12
省级人均 GDP 对数	0.0280	2.16	0.0363 *	5.00	-0.0082	0.19

续表

解释变量	Q75 - Q25		Q75 - Q50		Q50 - Q25	
	系数差	F 值	系数差	F 值	系数差	F 值
时期虚拟变量（1988 年为参照组）						
1995 年	-0.3456***	272.01	-0.1726***	204.72	-0.1730***	102.47
2002 年	0.1698***	50.06	0.0382**	7.19	0.1316***	40.54
2010 年	0.7305***	212.08	0.1869***	21.31	0.5436***	173.23
2012 年	0.7047***	117.80	0.2121***	27.42	0.4926***	52.34
2014 年	0.5924***	86.36	0.1944***	31.45	0.3980***	52.14

注：显著性水平：$^{+}$ $p<0.1$，* $p<0.05$，** $p<0.01$，*** $p<0.001$。

附表 A4-4　**农村家庭财富构成成分的分位数回归系数差异检验结果（土地价值）**

解释变量	Q75 - Q25		Q75 - Q50		Q50 - Q25	
	系数差	F 值	系数差	F 值	系数差	F 值
人均年龄	-0.2411***	160.60	-0.0335***	54.35	-0.2076***	125.26
人均年龄平方	0.0028***	142.26	0.0004***	43.76	0.0024***	114.74
人均受教育年限	0.0089+	3.64	0.0019	1.24	0.0071+	3.16
人均收入对数	0.0581***	11.33	0.0426***	75.62	0.0155	1.11
有党员家庭	0.0336*	3.94	0.0294*	4.02	0.0043	0.05
非农工作比例	1.4135***	227.35	0.3688***	160.81	1.0447***	181.64
人均承包地面积	0.0042	0.18	-0.0005	0.03	0.0047	0.28
家庭规模	-0.0549***	64.86	-0.0056*	6.48	-0.0493***	79.14
未成年人比例	0.1924***	13.98	0.0270	0.93	0.1654***	15.82
老年人比例	0.7533***	53.82	0.1309***	16.08	0.6224***	42.08
省级人均 GDP 对数	0.2858***	224.10	0.1177***	116.23	0.1681***	95.42
时期虚拟变量（1988 年为参照组）						
1995 年	-0.4760***	839.69	-0.1870***	236.93	-0.2889***	530.00
2002 年	-0.6990***	775.84	-0.2654***	377.78	-0.4335***	357.87
2010 年	0.9598***	15.87	0.0410	2.50	0.9188***	15.01
2012 年	-0.0492	0.48	-0.0261	0.85	-0.0232	0.12
2014 年	1.9372***	19.62	0.2200***	52.75	1.7172***	16.02

注：显著性水平：$^{+}$ $p<0.1$，* $p<0.05$，** $p<0.01$，*** $p<0.001$。

附表 A4－5　　**农村家庭财富构成成分的分位数回归系数差异检验结果（耐用消费品）**

解释变量	Q75 - Q25		Q75 - Q50		Q50 - Q25	
	系数差	F 值	系数差	F 值	系数差	F 值
人均年龄	-0.0289**	8.99	-0.0088	1.74	-0.0200**	8.96
人均年龄平方	0.0004***	15.40	0.0001+	2.90	0.0003***	15.70
人均受教育年限	-0.0320***	83.32	-0.0088**	10.13	-0.0232***	88.94
人均收入对数	-0.1032***	48.89	-0.0376***	11.06	-0.0657***	35.81
有党员家庭	\-0.0272	1.61	0.0233	1.79	-0.0504***	14.15
非农工作比例	0.0829+	3.50	0.0870***	14.04	-0.0041	0.02
人均承包地面积	0.0019	0.35	0.0015	0.34	0.0004	0.01
家庭规模	-0.0114	2.41	0.0018	0.14	-0.0132+	3.10
未成年人比例	0.0188	0.10	-0.0273	0.46	0.0460	1.49
老年人比例	-0.1283	1.67	-0.0883	2.41	-0.0400	0.22
省级人均 GDP 对数	-0.0346+	3.78	0.0436**	8.03	-0.0782***	21.85
时期虚拟变量（1995 年为参照组）						
2002 年	0.3471***	300.41	0.1781***	112.89	0.1690***	133.92
2010 年	0.9075***	261.20	0.3678***	97.12	0.5397***	161.32
2012 年	0.7859***	460.93	0.2918***	82.79	0.4941***	148.96
2014 年	0.6699***	231.83	0.2831***	50.99	0.3868***	82.78

注：显著性水平：$^{+}p<0.1$，$^{*}p<0.05$，$^{**}p<0.01$，$^{***}p<0.001$。

附表 A4－6　　**农村家庭财富构成成分的分位数回归系数差异检验结果（生产性固定资产）**

解释变量	Q75 - Q25		Q75 - Q50		Q50 - Q25	
	系数差	F 值	系数差	F 值	系数差	F 值
人均年龄	—	—	0.0822***	62.33	—	—
人均年龄平方	—	—	-0.0011***	74.16	—	—
人均受教育年限	—	—	0.0226***	33.92	—	—
人均收入对数	—	—	0.1290***	25.68	—	—
有党员家庭	—	—	0.0132	0.50	—	—
非农工作比例	—	—	0.0401	0.27	—	—
人均承包地面积	—	—	-0.0061	0.22	—	—
家庭规模	—	—	-0.0329***	33.69	—	—

续表

解释变量	Q75 - Q25		Q75 - Q50		Q50 - Q25	
	系数差	F 值	系数差	F 值	系数差	F 值
未成年人比例	—	—	-0.3511 ***	30.90	—	—
老年人比例	—	—	0.1635	2.43	—	—
省级人均 GDP 对数	—	—	0.1083 **	6.92	—	—
时期虚拟变量（1988 年为参照组）						
1995 年	—	—	0.2006 ***	28.10	—	—
2002 年	—	—	0.0435	0.85	—	—
2010 年	—	—	4.4560 ***	853.21	—	—
2012 年	—	—	4.1842 ***	1098.81	—	—
2014 年	—	—	4.4694 ***	1016.73	—	—

注：显著性水平：+ p<0.1，* p<0.05，** p<0.01，*** p<0.001。

附表 A4 - 7　农村家庭财富构成成分的分位数回归系数差异检验结果（金融资产）

解释变量	Q75 - Q25		Q75 - Q50		Q50 - Q25	
	系数差	F 值	系数差	F 值	系数差	F 值
人均年龄	0.0594 ***	26.33	-0.0016	0.01	0.0610 ***	20.22
人均年龄平方	-0.0006 ***	20.41	0.0001	0.17	-0.0007 ***	18.70
人均受教育年限	0.0825 ***	129.75	-0.0246 **	9.22	0.1071 ***	144.66
人均收入对数	0.5525 ***	992.53	-0.1289 **	9.82	0.6814 ***	397.38
有党员家庭	0.1686 ***	49.65	-0.0043	0.02	0.1730 ***	27.02
非农工作比例	0.4627 ***	39.04	-0.3045 ***	16.41	0.7672 ***	78.05
人均承包地面积	0.0064 *	4.54	0.0008	0.02	0.0057	0.88
家庭规模	-0.1034 ***	107.42	-0.0220 +	2.75	-0.0814 ***	36.31
未成年人比例	-0.8710 ***	132.59	0.1915 *	6.33	-1.0625 ***	144.33
老年人比例	0.1660 +	3.03	-0.0118	0.01	0.1778	1.61
省级人均 GDP 对数	0.6930 ***	595.59	0.2525 ***	53.15	0.4404 ***	93.59
时期虚拟变量（1988 年为参照组）						
1995 年	-3.6966 ***	4905.21	-2.9319 ***	1634.42	-0.7647 ***	79.12
2002 年	-4.2553 ***	3217.82	-2.8478 ***	1596.94	-1.4075 ***	266.64
2010 年	0.7581 ***	72.57	-2.5088 ***	840.48	3.2669 ***	582.73
2012 年	-4.2303 ***	1170.40	-2.6770 ***	999.09	-1.5533 ***	165.99
2014 年	0.8829 ***	89.01	1.5700 ***	33.55	-0.6872 *	4.41

注：显著性水平：+ p<0.1，* p<0.05，** p<0.01，*** p<0.001。

（三）不同时期财富的分位数回归系数差异检验

该部分包含附表 A4－8 至附表 A4－13 共 6 张表格，分别是 1988 年、1995 年、2002 年、2010 年、2012 年和 2014 年共 6 期财富的分位数回归系数差异检验结果，对应正文中的第四章第四节中的第三部分。相应地，分位数估计结果由于过于庞杂，附录中也不再呈现。

附表 A4－8 **1988 年农村家庭财富的分位数回归系数差异检验结果**

解释变量	Q75－Q25		Q75－Q50		Q50－Q25	
	系数差	F 值	系数差	F 值	系数差	F 值
人均年龄	－0.0249***	12.07	－0.0140*	5.24	－0.0109	2.65
人均年龄平方	0.0003**	8.31	0.0002+	3.71	0.0001	1.75
人均受教育年限	－0.0033	1.81	0.0006	0.12	－0.0040*	4.97
人均收入对数	－0.1010***	17.85	－0.0773***	35.12	－0.0237	1.22
有党员家庭	－0.0207	0.79	－0.0133	0.96	－0.0074	0.18
非农工作比例	0.2025***	13.11	0.1281**	6.79	0.0743	2.54
人均承包地面积	0.0002	0.05	－0.0005	0.19	0.0007	1.52
家庭规模	－0.0076+	2.99	－0.0078**	6.91	0.0002	0.00
未成年人比例	0.2183***	17.01	0.1129***	13.82	0.1053**	6.89
老年人比例	0.0022	0.00	0.0169	0.09	－0.0146	0.04
省级人均 GDP 对数	0.0861***	19.55	0.0388*	5.44	0.0472*	4.76

注：显著性水平：+ $p<0.1$，* $p<0.05$，** $p<0.01$，*** $p<0.001$。

附表 A4－9 **1995 年农村家庭财富的分位数回归系数差异检验结果**

解释变量	Q75－Q25		Q75－Q50		Q50－Q25	
	系数差	F 值	系数差	F 值	系数差	F 值
人均年龄	0.0128	2.22	0.0072	2.02	0.0056	0.54
人均年龄平方	－0.0002	2.08	－0.0001	2.37	－0.0000	0.38
人均受教育年限	0.0106**	9.83	0.0043	2.10	0.0063*	5.98
人均收入对数	－0.0831***	23.81	－0.0308**	8.17	－0.0523***	12.26
有党员家庭	0.0331	1.97	0.0207	2.46	0.0123	0.49

续表

解释变量	Q75 - Q25		Q75 - Q50		Q50 - Q25	
	系数差	F值	系数差	F值	系数差	F值
非农工作比例	0.1788***	18.85	0.0792*	5.11	0.0996***	12.02
人均承包地面积	0.0350***	25.90	0.0240***	21.79	0.0109*	5.36
家庭规模	-0.0128	2.38	0.0016	0.10	-0.0144*	4.90
未成年人比例	0.2582***	24.93	0.0908**	7.00	0.1674***	18.05
老年人比例	0.1304*	4.34	0.0488	0.91	0.0816	1.54
省级人均GDP对数	0.1258***	34.30	0.0938***	38.64	0.0320+	3.21

注：显著性水平：+ $p<0.1$，* $p<0.05$，** $p<0.01$，*** $p<0.001$。

附表A4-10　2002年农村家庭财富的分位数回归系数差异检验结果

解释变量	Q75 - Q25		Q75 - Q50		Q50 - Q25	
	系数差	F值	系数差	F值	系数差	F值
人均年龄	0.0005	0.01	0.0050	1.02	-0.0045	0.42
人均年龄平方	-0.0000	0.05	-0.0000	0.86	0.0000	0.20
人均受教育年限	-0.0114**	10.66	-0.0101**	8.77	-0.0013	0.19
人均收入对数	-0.0850***	34.64	-0.0685***	32.85	-0.0165	1.22
有党员家庭	0.0192	0.89	0.0103	0.61	0.0090	0.43
非农工作比例	0.1353***	19.77	0.0801***	19.57	0.0552*	4.65
人均承包地面积	-0.0236***	58.93	-0.0139***	20.76	-0.0097***	12.06
家庭规模	-0.0296***	20.83	-0.0136**	8.47	-0.0160*	6.00
未成年人比例	0.2620***	34.63	0.1372**	10.77	0.1248***	12.08
老年人比例	0.0003	0.00	-0.0231	0.17	0.0234	0.16
省级人均GDP对数	0.2324***	93.43	0.1418***	38.32	0.0905***	48.01

注：显著性水平：+ $p<0.1$，* $p<0.05$，** $p<0.01$，*** $p<0.001$。

附表A4-11　2010年农村家庭财富的分位数回归系数差异检验结果

解释变量	Q75 - Q25		Q75 - Q50		Q50 - Q25	
	系数差	F值	系数差	F值	系数差	F值
人均年龄	-0.0052	0.12	-0.0046	0.24	-0.0006	0.00
人均年龄平方	0.0001	0.29	0.0000	0.40	0.0000	0.02
人均受教育年限	0.0022	0.10	-0.0070	2.45	0.0092+	3.11
人均收入对数	-0.1411***	83.77	-0.0526***	12.01	-0.0885***	37.01

续表

解释变量	Q75 - Q25		Q75 - Q50		Q50 - Q25	
	系数差	F值	系数差	F值	系数差	F值
有党员家庭	0.0500	0.63	0.0357	0.48	0.0142	0.08
非农工作比例	0.3898***	14.97	0.2104***	12.86	0.1794*	4.56
人均承包地面积	-0.0116*	4.37	-0.0046	1.47	-0.0070*	4.48
家庭规模	-0.0512***	19.28	-0.0172	1.71	-0.0340**	6.67
未成年人比例	0.6570***	46.51	0.2242**	6.78	0.4328***	18.94
老年人比例	0.3884**	7.04	0.2482*	4.24	0.1402	1.92
省级人均GDP对数	0.0511	0.62	0.0528	1.02	-0.0016	0.00

注：显著性水平：+ $p<0.1$，* $p<0.05$，** $p<0.01$，*** $p<0.001$。

附表A4-12　2012年农村家庭财富的分位数回归系数差异检验结果

解释变量	Q75 - Q25		Q75 - Q50		Q50 - Q25	
	系数差	F值	系数差	F值	系数差	F值
人均年龄	-0.0597**	10.44	-0.0096	0.50	-0.0501***	13.50
人均年龄平方	0.0006**	10.08	0.0001	0.75	0.0005***	12.52
人均受教育年限	0.0070	0.59	-0.0010	0.03	0.0080	1.28
人均收入对数	0.0333	1.76	0.0145	0.68	0.0188	1.41
有党员家庭	0.1914*	5.57	0.0836	1.94	0.1078	2.40
非农工作比例	-0.0221	0.07	-0.1365*	5.09	0.1144+	3.30
人均承包地面积	0.0011	0.06	0.0039	0.71	-0.0028	0.44
家庭规模	-0.0337*	5.68	-0.0204+	3.37	-0.0133	1.92
未成年人比例	0.0514	0.15	0.0872	0.93	-0.0359	0.15
老年人比例	0.0119	0.01	0.0377	0.09	-0.0258	0.05
省级人均GDP对数	-0.0770	0.75	-0.0164	0.07	-0.0606	0.92

注：显著性水平：+ $p<0.1$，* $p<0.05$，** $p<0.01$，*** $p<0.001$。

附表A4-13　2014年农村家庭财富的分位数回归系数差异检验结果

解释变量	Q75 - Q25		Q75 - Q50		Q50 - Q25	
	系数差	F值	系数差	F值	系数差	F值
人均年龄	-0.0609***	28.55	-0.0177	1.73	-0.0432**	9.21
人均年龄平方	0.0006***	20.23	0.0002	1.95	0.0004*	5.74
人均受教育年限	-0.0152*	5.55	-0.0001	0.00	-0.0151**	6.97

续表

解释变量	Q75 - Q25		Q75 - Q50		Q50 - Q25	
	系数差	F值	系数差	F值	系数差	F值
人均收入对数	-0.0592*	5.21	-0.0785***	14.69	0.0193	0.90
有党员家庭	0.0677	0.96	0.0298	0.56	0.0379	0.57
非农工作比例	0.1993	2.16	0.1317*	5.85	0.0676	0.40
人均承包地面积	-0.0044	0.34	0.0007	0.03	-0.0050	0.62
家庭规模	-0.0594**	9.36	-0.0198	2.43	-0.0396*	5.91
未成年人比例	0.1850+	3.19	0.1518	2.65	0.0332	0.09
老年人比例	0.2704+	3.78	0.0528	0.28	0.2175	1.42
省级人均GDP对数	0.0510	0.24	0.0599	0.58	-0.0090	0.01

注：显著性水平：+ $p<0.1$，* $p<0.05$，** $p<0.01$，*** $p<0.001$。

参考文献

一 中文文献

（一）著作

陈强：《高级计量经济学及 stata 应用（第二版）》，高等教育出版社 2014 年版。
国家统计局：《财富：小康社会的坚实基础》，山西经济出版社 2003 年版。
李培林等：《中国社会和谐稳定报告》，社会科学文献出版社 2008 年版。
李实、史泰丽、[德] 古斯塔夫森主编：《中国居民收入分配研究Ⅲ》，北京师范大学出版社 2008 年版。
李银河、郑宏霞：《一爷之孙——中国家庭关系个案研究》，内蒙古大学出版社 2003 年版。
谢宇等：《中国民生发展报告 2014》，北京大学出版社 2014 年版。
杨善华：《经济体制改革和中国农村的婚姻和家庭》，北京大学出版社 1995 年版。
赵人伟、[美] 基斯·格里芬主编：《中国居民收入分配研究》，北京师范大学出版社 1994 年版。
中国发展研究基金会主编：《转折期的中国收入分配：中国收入分配的相关政策影响评估》，中国发展出版社 2012 年版。
周其仁：《产权与制度变迁：中国改革的经验研究》，社会科学文献出版社 2002 年版。
[法] 托马斯·皮凯蒂：《21 世纪资本论》，巴曙松等译，中信出版社 2014 年版。
[美] 郝令昕、[美] 奈曼：《分位数回归模型》，肖东亮译，格致出版社

2012 年版。

［美］郝令昕：《美国的财富分层研究——种族、移民与财富》，谢桂华译，中国人民大学出版社 2013 年版。

［美］马克 ·赫特尔：《变动中的家庭——跨文化的透视》，宋践等译，浙江人民出版社 1988 年版。

［美］阎云翔：《私人生活的变革：一个中国村庄里的爱情、家庭与亲密关系（1949—1999）》，龚小夏译，上海书店出版社 2009 年版。

［英］李嘉图：《政治经济学及赋税原理》，周洁译，华夏出版社 2005 年版。

［英］马尔萨斯：《人口原理》，朱泱等译，商务印书馆 2009 年版。

（二）论文

陈柏峰：《代际关系变动与老年人自杀——对湖北京山农村的实证研究》，《社会学研究》2009 年第 4 期。

陈斌开、李涛：《中国城镇居民家庭资产—负债现状与成因研究》，《经济研究》2011 年第 S1 期。

陈皆明：《投资与赡养——关于城市居民代际交换的因果分析》，《中国社会科学》1998 年第 6 期。

陈彦斌、霍震、陈军：《灾难风险与中国城镇居民财产分布》，《经济研究》2009 年第 11 期。

陈彦斌、邱哲圣：《高房价如何影响居民储蓄率和财产不平等》，《经济研究》2011 年第 10 期。

陈彦斌：《中国城乡财富分布的比较分析》，《金融研究》2008 年第 12 期。

陈彦斌等：《中国通货膨胀对财产不平等的影响》，《经济研究》2013 年第 8 期。

陈宗胜：《中国居民收入分配差别的深入研究——评〈中国居民收入分配再研究〉》，《经济研究》2000 年第 7 期。

程锋、王洪波、郧文聚：《中国耕地质量等级调查与评定》，《中国土地科学》2014 年第 2 期。

程名望等：《农户收入差距及其根源：模型与实证》，《管理世界》2015 年第 7 期。

程名望等：《市场化、政治身份及其收入效应——来自中国农户的证据》，《管理世界》2016 年第 3 期。

崔凤、赵俊亭：《参合农民对新型农村合作医疗的满意度分析——对山东省青州市谭坊镇农民的调研》，《人口学刊》2012 年第 1 期。

狄金华、韦宏耀、钟涨宝：《农村子女的家庭禀赋与赡养行为研究——基于 CGSS 2006 数据资料的分析》，《南京农业大学学报》（社会科学版）2014 年第 2 期。

段庆林：《中国农村社会保障的制度变迁（1949—1999）》，《宁夏社会科学》2001 年第 1 期。

樊欢欢：《家庭策略研究的方法论——中国城乡家庭的一个分析框架》，《社会学研究》2000 年第 5 期。

高梦滔、姚洋：《农户收入差距的微观基础：物质资本还是人力资本?》，《经济研究》2006 年第 12 期。

郭秋菊、靳小怡：《婚姻挤压下父母生活满意度分析——基于安徽省乙县农村地区的调查》，《中国农村观察》2012 年第 6 期。

郭志刚、陈功：《老年人与子女之间的代际经济流量的分析》，《人口研究》1998 年第 1 期。

郝明松、于苓苓：《双元孝道观念及其对家庭养老的影响——基于 2006 东亚社会调查的实证分析》，《青年研究》2015 年第 3 期。

何洪静、邓宁华：《中国农村住房制度：特点、成就与挑战》，《重庆邮电大学学报》（社会科学版）2009 年第 5 期。

何金财、王文春：《关系与中国家庭财产差距——基于回归的夏普里值分解分析》，《中国农村经济》2016 年第 5 期。

何晓斌、夏凡：《中国体制转型与城镇居民家庭财富分配差距——一个资产转换的视角》，《经济研究》2012 年第 2 期。

贺雪峰：《农村家庭代际关系的变动及其影响》，《江海学刊》2008 年第 4 期。

黄静、屠梅曾：《房地产财富与消费：来自于家庭微观调查数据的证据》，《管理世界》2009 年第 7 期。

黄宗智：《制度化了的“半工半耕”过密型农业（上）》，《读书》2006 年第 2 期。

黄宗智：《制度化了的“半工半耕”过密型农业（下）》，《读书》2006 年第 3 期。
姜全保等：《中国婚姻挤压问题研究》，《中国人口科学》2013 年第 5 期。
靳永爱、谢宇：《中国城市家庭财富水平的影响因素研究》，《劳动经济研究》2015 年第 5 期。
靳永爱：《中国家庭财富不平等的影响因素研究》，博士学位论文，中国人民大学，2015 年。
李炳坤：《农产品价格改革的评价与思考》，《农业经济问题》1997 年第 6 期。
李凤等：《中国家庭资产状况、变动趋势及其影响因素》，《管理世界》2016 年第 2 期。
李实、罗楚亮：《我国居民收入差距的短期变动与长期趋势》，《经济社会体制比较》2012 年第 4 期。
李实、万海远、谢宇：《中国居民财产差距的扩大趋势》，北京师范大学中国收入分配研究院工作论文，北京，2014 年。
李实、万海远：《中国居民财产差距研究的回顾与展望》，《劳动经济研究》2015 年第 5 期。
李实、魏众、丁赛：《中国居民财产分布不均等及其原因的经验分析》，《经济研究》2005 年第 6 期。
李实、魏众、[德] 古斯塔夫森：《中国城镇居民的财产分配》，《经济研究》2000 年第 3 期。
李实：《对收入分配研究中几个问题的进一步说明——对陈宗胜教授评论的答复》，《经济研究》2000 年第 7 期。
李树茁、[美] 费尔德曼、靳小怡：《儿子与女儿：中国农村的婚姻形式和老年支持》，《人口研究》2003 年第 1 期。
李涛、史宇鹏、陈斌开：《住房与幸福：幸福经济学视角下的中国城镇居民住房问题》，《经济研究》2011 年第 9 期。
李轩红：《中国农村养老保险制度变迁的原因分析》，《山东社会科学》2011 年第 3 期。
梁爽：《农村住房制度特征与未来改革重点》，《建筑经济》2010 年第 5 期。
梁运文、霍震、刘凯：《中国城乡居民财产分布的实证研究》，《经济研究》2010 年第 10 期。

林江、周少君、魏万青：《城市房价、住房产权与主观幸福感》，《财贸经济》2012 年第 5 期。

刘明兴等：《农村税费改革前后农民负担及其累退性变化与区域差异》，《中国农村经济》2007 年第 5 期。

刘汶蓉：《孝道衰落？成年子女支持父母的观念、行为及其影响因素》，《青年研究》2012 年第 2 期。

刘长庚、王迎春：《我国农民收入差距变化趋势及其结构分解的实证研究》，《经济学家》2012 年第 1 期。

罗楚亮、李实、赵人伟：《我国居民的财产分布及其国际比较》，《经济学家》2009 年第 9 期。

罗楚亮：《收入增长、劳动力外出与农村居民财产分布——基于四省农村的住户调查分析》，《财经科学》2011 年第 10 期。

罗楚亮：《收入增长、收入波动与城镇居民财产积累》，《统计研究》2012 年第 2 期。

孟宪范：《家庭：百年来的三次冲击及我们的选择》，《清华大学学报》（哲学社会科学版）2008 年第 3 期。

宁光杰：《居民财产性收入差距：能力差异还是制度阻碍？——来自中国家庭金融调查的证据》，《经济研究》2014 年第 S1 期。

齐良书：《国有部门劳动工资制度改革对教育收益率的影响——对 1988—1999 年中国城市教育收益率的实证研究》，《教育与经济》2005 年第 4 期。

钱雪华：《农村住房制度改革的模式与方法研究——以浙江省宁波市为例》，《江苏商论》2010 年第 3 期。

史峰赫：《我国农产品价格改革策略的分析与探究——兼评〈农产品目标价格改革试点进展情况研究〉》，《农业经济问题》2016 年第 5 期。

宋璐、李树茁：《劳动力外流下农村家庭代际支持性别分工研究》，《人口学刊》2008 年第 3 期。

孙楚仁、田国强：《基于财富分布 Pareto 法则估计我国贫富差距程度——利用随机抽样恢复总体财富 Pareto 法则》，《世界经济文汇》2012 年第 6 期。

孙圣民、常延龙：《政府网络、市场网络、宴请网络对农村家庭财富的影响——基于中国农村家庭调查数据的经验研究》，《中南财经政法大学学报》2013 年第 5 期。

唐灿:《家庭现代化理论及其发展的回顾与评述》,《社会学研究》2010年第3期。

万广华、周章跃、陆迁:《中国农村收入不平等:运用农户数据的回归分解》,《中国农村经济》2005年第5期。

万广华:《不平等的度量与分解》,《经济学》(季刊)2008年第1期。

万广华:《中国农村区域间居民收入差异及其变化的实证分析》,《经济研究》1998年第5期。

万广华:《转型经济中的收入不平等和经济发展——非线性模型是否必须?》,《世界经济文汇》2004年第4期。

王弟海、龚六堂:《新古典模型中收入和财富分配持续不平等的动态演化》,《经济学》(季刊)2006年第3期。

王国军:《中国农村社会保障制度的变迁》,《浙江社会科学》2004年第1期。

王洪亮、徐翔:《收入不平等孰甚:地区间抑或城乡间》,《管理世界》2006年第11期。

王瑞雪、张安录、颜廷武:《近年国外农地价值评估方法研究进展述评》,《中国土地科学》2005年第3期。

王绍光:《学习机制与适应能力:中国农村合作医疗体制变迁的启示》,《中国社会科学》2008年第6期。

王小鲁、樊纲:《中国地区差距的变动趋势和影响因素》,《经济研究》2004年第1期。

王跃生:《中国家庭代际关系的理论分析》,《人口研究》2008年第4期。

韦宏耀、钟涨宝:《中国家庭非金融财产差距研究(1989—2011年)——基于微观数据的回归分解》,《经济评论》2017年第1期。

文雯、常嵘:《财富不平等理论和政策研究的新进展》,《经济学家》2015年第10期。

巫锡炜:《中国城镇家庭户收入和财产不平等(1995—2002)》,《人口研究》2011年第6期。

吴晓刚:《"下海":中国城乡劳动力市场转型中的自雇活动与社会分层(1978—1996)》,《社会学研究》2006年第6期。

西南财经大学中国家庭金融调查与研究中心:《中国家庭财富的分布及高净值家庭财富报告》,2014年。

肖争艳、刘凯：《中国城镇家庭财产水平研究：基于行为的视角》，《经济研究》2012 年第 4 期。

肖争艳、姚一旻、唐诗磊：《我国通货膨胀预期的微观基础研究》，《统计研究》2011 年第 3 期。

谢立中：《现代化理论的过去与现在》，《社会科学研究》1998 年第 1 期。

徐明华：《我国农村宅基地使用权流转制度的法律研究》，硕士学位论文，河南师范大学，2012 年。

徐勤：《农村老年人家庭代际交往调查》，《南京人口管理干部学院学报》2011 年第 1 期。

徐舒：《技术进步、教育收益与收入不平等》，《经济研究》2010 年第 9 期。

许经勇：《我国农产品价格改革的三个阶段》，《经济研究》1994 年第 2 期。

许庆等：《农地制度、土地细碎化与农民收入不平等》，《经济研究》2008 年第 2 期。

许召元、李善同：《近年来中国地区差距的变化趋势》，《经济研究》2006 年第 7 期。

鄢盛明、陈皆明、杨善华：《居住安排对子女赡养行为的影响》，《中国社会科学》2001 年第 1 期。

严琼芳、吴猛猛、张珂珂：《我国农村居民家庭财产现状与结构分析》，《中南民族大学学报》（自然科学版）2013 年第 1 期。

杨华：《中国农村的“半工半耕”结构》，《农业经济问题》2015 年第 9 期。

杨菊华、李路路：《代际互动与家庭凝聚力——东亚国家和地区比较研究》，《社会学研究》2009 年第 3 期。

伊庆春：《台湾地区家庭代间关系的持续与改变——资源与规范的交互作用》，《社会学研究》2014 年第 3 期。

尹志超、吴雨、甘犁：《金融可得性、金融市场参与和家庭资产选择》，《经济研究》2015 年第 3 期。

原鹏飞、王磊：《我国城镇居民住房财富分配不平等及贡献率分解研究》，《统计研究》2013 年第 12 期。

詹鹏、吴珊珊：《我国遗产继承与财产不平等分析》，《经济评论》2015

年第 4 期。

张车伟、向晶：《代际差异、老龄化与不平等》，《劳动经济研究》2014 年第 1 期。

张传勇：《中国农村住房制度改革研究》，硕士学位论文，华东师范大学，2009 年。

张航空、孙磊：《代际经济支持、养老金和挤出效应——以上海市为例》，《人口与发展》2011 年第 2 期。

张乃亭：《农村最低生活保障制度研究》，博士学位论文，山东大学，2011 年。

张文娟、李树茁：《农村老年人家庭代际支持研究——运用指数混合模型验证合作群体理论》，《统计研究》2004 年第 5 期。

赵剑治、陆铭：《关系对农村收入差距的贡献及其地区差异——一项基于回归的分解分析》，《经济学》（季刊）2010 年第 1 期。

赵人伟：《我国居民收入分配和财产分布问题分析》，《当代财经》2007 年第 7 期。

钟晓慧、何式凝：《协商式亲密关系：独生子女父母对家庭关系和孝道的期待》，《开放时代》2014 年第 1 期。

钟涨宝、路佳、韦宏耀：《"逆反哺"？农村父母对已成家子女家庭的支持研究》，《学习与实践》2015 年第 10 期。

钟涨宝、韦宏耀：《国家与农民：新农保推行的"过程互动模型"》，《西北农林科技大学学报》（社会科学版）2014 年第 2 期。

周黎安、陈烨：《中国农村税费改革的政策效果：基于双重差分模型的估计》，《经济研究》2005 年第 8 期。

周寿祺、顾杏元、朱敖荣：《中国农村健康保障制度的研究进展》，《中国农村卫生事业管理》1994 年第 9 期。

左冬梅、李树茁、吴正：《农村老年人家庭代际经济交换的年龄发展轨迹——成年子女角度的研究》，《当代经济科学》2012 年第 4 期。

（三）网络文献

流动背景下的农村家庭代际关系与养老问题课题组：《农村养老中的家庭代际关系和妇女角色的变化》，2007 年 2 月 15 日（http：//theory. people. com. cn/GB/40557/49139/49143/5401576. html）。

二 外文文献

Acemoglu D. , "Why Do New Technologies Complement Skills? Directed Technical Change and Wage Inequality", *Quarterly Journal of Economics*, Vol. 113, No. 4, 1998.

Alesina A. and Perotti R. , "Income Distribution, Political Instability, and Investment", *European Economic Review*, Vol. 40, No. 6, 1996.

Altonji J. G. and Villanueva E. , *The Effect of Parental Income on Wealth and Bequests*, Northwestern University Press, 2002.

Arrondel L. , et al. , "How Do Households Allocate Their Assets? Stylized Facts from the Eurosystem Household Finance and Consumption Survey", *International Journal of Central Banking*, Vol. 12, No. 2, 2014.

Arrondel L. and Laferrere A. , "Capitalist Versus Family Bequest: An Econometric Model with Two Endogenous Regimes", *Delta Working Papers*, 1996.

Atkinson A. B. , "On the Measure of Inequality", *Journal of Economic Theory*, No. 3, 1970.

Bastagli F. and Hills J. , "Wealth Accumulation in Great Britain 1995 – 2005: The Role of House Prices and the Life Cycle", *Case Papers*, 2012.

Bengtson V. L. and Robert E. L. , "Intergenerational Solidarity in Aging Families: An Example of Formal Theory Construction", *Journal of Marriage & the Family*, Vol. 53, No. 4, 1991.

Bengtson V. L. and Schrader S. S. , "Parent-child Relations", in Mangen, David J. and Peterson W. A. , eds. , *Research Instruments in Social Gerontology*, University of Minnesota Press, 1982.

Bengtson V. L. , "Beyond the Nuclear Family: The Increasing Importance of Multigenerational Bonds", *Journal of Marriage & Family*, Vol. 63, No. 1, 2001.

Bernheim B. D. and Garrett D. M. , "The Effects of Financial Education on the Workplace: Evidence from a Survey of Households", *Journal of Public Economics*, No. 87, 2003.

Bian Y. and Logan J. R. , "Market Transition and the Persistence of Power:

The Changing Stratification System in Urban China", *American Sociological Review*, Vol. 61, No. 5, 1996.

Bian Y. and Zhang Z., "Marketization and Income Distribution in Urban China, 1988 and 1995", *Research in Social Stratification and Mobility*, No. 19, 2002.

Bleaney M. and Nishiyama A., "Income Inequality and Growth: Does the Relationship Vary with the Income Level? ", *Economics Letters*, Vol. 84, No. 3, 2004.

Bourguignon F., "Pareto Superiority of Unegalitarian Equilibria in Stigliz' Model of Wealth Distribution with Convex Saving Function", *Econometrica*, Vol. 49, No. 6, 1981.

Brenner M., "Re-examining the Distribution of Wealth in Rural China", in Riskin C., Zhao R. W. and Li S., eds., *China's Retreat from Equality: Income Distribution and Economic Transformation*, New York: M. E. Shape, 2001.

Cagetti M., "Wealth Accumulation Over the Life Cycle and Precautionary Savings", *Journal of Business & Economic Statistics*, Vol. 21, No. 3, 2003.

Champernowne D. G., "A Comparison of Measures of Inequality of Income Distribution", *Economic Journal*, Vol. 84, No. 336, 1974.

Chen F., Liu G. and Christine A., "Intergenerational Ties in Context: Grandparents Caring for Grandchildren in China", *Social Forces*, Vol. 90, No. 2, 2011.

Cornia G. A., Addison T. and Kiiski S., "Income Distribution Changes and Their Impact in the Post-Second World War Period", in Giovanni, ed., *Inequality, Growth, and Poverty in an Era of Liberalization and Globalization*, Oxford: Oxford University Press, 2004.

Cowell F. A., Karagiannaki E. and Mcknight A., "Accounting for Cross-country Differences in Wealth Inequality", *London School of Economics and Political Science*, LSE Library, 2013.

Cowell F. A., "Measurement of Inequality", in *Handbook of Income Distribution*, Elsevier B. V., 2000.

Cox D., "Intergenerational Transfers and Liquidity Constraints", *Quarterly Journal of Economics*, Vol. 105, No. 1, 1990.

Cox D. , "Motives for Private Income Transfers", *Journal of Political Economy*, Vol. 95, No. 3, 1987.

Crawford R. and Hood A. , "Lifetime Receipt of Inheritances and the Distribution of Wealth in England", *Fiscal Studies*, Vol. 37, No. 1, 2016.

Crawford R. , Innes D. and O'Dea C. , "Household Wealth in Great Britain: Distribution, Composition and Changes 2006 - 2012", *Fiscal Studies*, Vol. 37, No. 1, 2016.

David M. H. and Menchik P. L. , "Changes in Cohort Wealth Over a Generation", *Demography*, Vol. 25, No. 3, 1988.

Davies J. B. , et al. , "The Level and Distribution of Global Household Wealth", *The Economic Journal*, No. 551, 2011.

Davies J. B. and Shorrocks A. F. , "Assessing the Quantitative Importance of Inheritance in the Distribution of Wealth", *Oxford Economic Papers*, Vol. 30, No. 1, 1978.

Davies J. B. and Shorrocks A. F. , "The Distribution of Wealth", in Anthony Atkinson and Francois Bourguignon, eds. , *Handbook of Income Distribution*, Vol. 1, Amsterdam: North Holland ELSEVIER, 2000.

Davies J. B. , "Wealth Inequality and Age", *Working Papers*, University of Western Ontario, 1996.

Deaton A. and Paxson C. , "Intertemporal Choice and Inequality", *Journal of Political Economy*, Vol. 102, No. 3, 1994.

Dynan K. E. , Skinner J. and Zeldes S. P. , "Do the Rich Save More?", *Journal of Political Economy*, Vol. 112, No. 2, 2004.

Eden B. , "Stochastic Dominance in Human Capital", *Journal of Political Economy*, Vol. 88, No. 1, 1980.

Efron B. , "Bootstrap Methods: Another Look at the Jacknife", *The Annals of Statistics*, No. 7, 1979.

Elinder M. , Oscar E. and Daniel W. , "Inheritance and Wealth Inequality: Evidence from Population Registers", *IZA Discussion Paper*, No. 9839, 2016.

Francis J. L. , "Wealth and the Capitalist Spirit", *Journal of Macroeconomics*, Vol. 31, No. 3, 2008.

Gale W. G. and Scholz J. K., "Intergenerational Transfers and the Accumulation of Wealth", *John Scholz*, Vol. 8, No. 4, 1994.

Guo M., Chi I. and Silverstein M., "The Structure of Intergenerational Relations in Rural China: A Latent Class Analysis", *Journal of Marriage & Family*, Vol. 74, No. 5, 2012.

Yi C. C., et al., "Grandparents, Adolescents, and Parents Intergenerational Relations of Taiwanese Youth", *Journal of Family Issues*, Vol. 27, No. 8, 2006.

Hao L. and Naiman D. Q., *Assessing inequality*, Sage, 2010.

Huggett M., "Wealth Distribution in Life-cycle Economies", *Journal of Monetary Economics*, Vol. 38, No. 3, 1996.

Hurd, M. D., "The Economics of Individual Aging", in Rosenzweig M. R., eds., *Handbook of Population and Family Economics*, Amsterdam: North-Holland Elsevier, 1997.

Kaldor N., "A Model of Economic Growth", *Economic Journal*, Vol. 67, No. 268, 1957.

Karagiannaki E., "Recent Trends in the Size and the Distribution of Inherited Wealth in the UK", *Fiscal Studies*, Vol. 36, No. 2, 2015.

Karagiannaki E., "The Impact of Inheritance on the Distribution of Wealth: Evidence from Great Britain", *Review of Income and Wealth*, 2015.

Keister L. A., "The One Percent", *Annual Review of Sociology*, Vol. 40, No. 1, 2014.

Keister L. A. and Moller S., "Wealth Inequality in the United States", *Annual Review of Sociology*, Vol. 26, No. 26, 2000.

Keister L. A., "Getting Rich: America's New Rich and How They Got that Way", *Sports Illustrated*, No. 2, 2005.

Keister L. A., "Religion and Wealth: The Role of Religious Affiliation and Participation in Early Adult Asset Accumulation", *Social Forces*, Vol. 82, No. 82, 2003.

Keister, L. A., *Wealth in America: Trends in Wealth Inequality*, New York: Cambridge University Press, 2000.

Kessler D. and Wolff E. N., "A Comparative Analysis of Household Wealth

Patterns in France and the United States", *Review of Income and Wealth*, Vol. 37, No. 3, 1991.

Klevmarken N. A., "On the Wealth Dynamics of Swedish Families: 1984 – 1998", *Review of Income and Wealth*, No. 50, 2004.

Koenker R. W. and Bassett G., "Regression Quantile", *Econometrica*, Vol. 46, No. 1, 1978.

Kotlikoff L. J. and Summers L. H., "The Role of Intergenerational Transfer in Aggregate Capital Accumulation", *Journal of Political Economy*, Vol. 89, No. 4, 1981.

Kuznets S., "Economic Growth and Income Inequality", *The American Economic Review*, Vol. 45, No. 1, 1955.

Lamarche C., "Robust Penalized Quantile Regression Estimation for Panel Data", *Journal of Econometrics*, Vol. 157, No. 2, 2010.

Lambert P. J. and Aronson J. R., "Inequality Decomposition Analysis and the Gini Coefficient Revisited", *Economic Journal*, Vol. 103, No. 42, 1993.

Lampman R. J., *The Share of Top Wealth-Holders in National Wealth, 1922 – 1956*, Princeton: Princeton University Press, 1962.

Lee D. S., "Wage Inequality in the United States During the 1980s: Rising Dispersion or Falling Minimum Wage", *Quarterly Journal of Economics*, Vol. 114, No. 3, 1999.

Li S. and Wan H. Y., "Evolution of Wealth Inequality in China", *China Economic Journal*. Vol. 8, No. 3, 2015.

Li S. and Zhao R., "Changes in the Distribution of Wealth in China 1995 – 2002", in James B. Davies, *Personal Wealth from a Global Perspective*, New York: Oxford University Press, 2008.

Li, Shi and Renwei Zhao, "Changes in the Distribution of Wealth in China, 1995 – 2002", in James B. Davies, ed., *Personal Wealth From a Global Perspective*, New York: Oxford University Press, 2008.

Lindert P. H. and Williamson J. G., "Growth, Equality, and History", *Explorations in Economic History*, Vol. 22, No. 4, 1985.

Lucas R. E. J., "Life Earnings and Rural-Urban Migration", *Journal of Political Economy*, Vol. 112, No. S1, 2004.

Lucas R. E. J. , "On the Mechanics of Economic Development", *Journal of Monetary Economics*, Vol. 22, No. 1, 1988.

Luo L. and Sicular D. , "Appendix I: The 2007 Household Surveys: Sampling Methods and Data Description", in Shi Li, Sato H. and Sicular T. , *Rising Inequality in China: Challenges to a Harmonious Society*, Cam-bridge University Press, 2013.

Masson A. and Pestieau P. , "Bequests Motives and Models of Inheritance: A Survey of the Literature", *Delta Working Papers*, 1996.

Matteo L. D. , "The Determinants of Wealth and Asset Holding in Nineteenth-Century Canada: Evidence from Microdata", *The Journal of Economic History*, Vol. 57, No. 4, 1997.

Mckinley T. , "The Distribution of Wealth in Rural China", in Griffin, K. and Zhao R. , eds. , *The Distribution of Income in China*, London: Macmillan Press, 1993.

Meng X. , "Wealth Accumulation and Distribution in Urban China", *Economic Development and Cultural Change*, Vol. 55, No. 4, 2007.

Mirer T. W. , "The Wealth-Age Relation among the Aged", *American Economic Review*, Vol. 69, No. 3, 1979.

Modigliani F. and Brumberg R. E. , "Utility Analysis and the Consumption Function: An Interpretation of Cross-Section Data", in Kurihara, ed. , *Post-Keynesian Economics*, New Brunswick: Rutgers University Press, 1954.

Morissette R. and Ostrovsky Y. , "Pension Coverage and Retirement Savings of Canadian Families, 1986 to 2003", *Analytical Studies Branch Research Paper*, No. 1, 2003.

Morissette R. and Zhang X. , "Revisiting Wealth Inequality", *Perspectives on Labour & Income*, Vol. 7, No. 12, 2006.

Nardi M. D. , "Wealth Inequality and Intergenerational Links", *Review of Economic Studies*, Vol. 71, No. 3, 2004.

Nee V. , "A Theory of Market Transition: From Redistribution to Markets in State Socialism", *American Sociological Review*, Vol. 54, No. 5, 1989.

Nee V. , "Social Inequalities in Reforming State Socialism: Between Redistribution and Markets in China", *American Sociological Review*, Vol. 56,

No. 3, 1991.

Nee V., "The Emergence of a Market Society: Changing Mechanisms of Stratification in China", *American Journal of Sociology*, Vol. 101, No. 4, 1996.

Newbery D. M., "A Theorem on the Measurement of Inequality", *Journal of Economic Theory*, Vol. 2, No. 3, 1970.

O'Dwyer L. A., "The Impact of Housing Inheritance on the Distribution of Wealth in Australia", *Australian Journal of Political Science*, Vol. 36, No. 1, 2001.

Ohlsson H., Roine J. and Waldenström D., "Inherited Wealth over the Path of Development: Sweden, 1810 - 2010", *IFN Working Paper*, No. 1033, 2014.

Ohtake F., "Inequality in Japan", *Asian Economic Policy Review*, Vol. 3, No. 1, 2008.

Oliver M. L. and Shapiro T. M., "Wealth of a Nation: A Reassessment of Asset Inequality in America Shows At Least One Third of Households Are Asset-poor", *American Journal of Economics & Sociology*, Vol. 49, No. 2, 1990.

Oulton N., "Inheritance and the Distribution of Wealth", *Oxford Economic Papers*, Vol. 28, No. 1, 1976.

Piketty T. and Saez E., "Income Inequality in the United States, 1913 - 1998", *Quarterly Journal of Economics*, Vol. 118, No. 1, 2001.

Piketty T. and Saez E., "Inequality in the Long Run", *International Conference on Telecommunication in Modern Satellite Cable and Broadcasting Services*, 2014.

Piketty T. and Zucman G., "Capital is Back: Wealth-Income Ratios in Rich Countries 1700 - 2010", *The Quarterly Journal of Economics*, Vol. 129, No. 3, 2014.

Piketty T., *Capital in the Twenty-First Century*, Harvard University Press, 2014.

Piketty T., "On the Long Run Evolution of Inheritance: France 1820 - 2050", *The Quarterly Journal of Economics*, Vol. 126, No. 3, 2011.

Pyatt G., Chen C. and Fei J., "The Distribution of Income by Factor Component", *Quarterly Journal of Economics*, Vol. 95, No. 3, 1980.

Ram R., "Economic Development and Income Inequality: An Overlooked Regression Constraint", *Economic Development and Cultural Change*, Vol. 43, No. 2, 1995.

Ravallion M. and Chen S., "China's (uneven) Progress Against Poverty", *Journal of Development Economics*, Vol. 82, No. 1, 2004.

Shorrocks A. F., Davies J. and Lluberas R., *Credit Suisse Global Wealth Databook 2012*, Credit Suisse Reseach Institute, 2012.

Shorrocks A. F., Davies J. and Lluberas R., *Credit Suisse Global Wealth Databook 2013*, Credit Suisse Reseach Institute, 2013.

Shorrocks A. F., Davies J. and Lluberas R., *Credit Suisse Global Wealth Databook 2014*, Credit Suisse Reseach Institute, 2014.

Shorrocks A. F., Davies J. and Lluberas R., *Credit Suisse Global Wealth Databook 2015*, Credit Suisse Reseach Institute, 2015.

Shorrocks A. F . and Wan G., "Spatial Decomposition of Inequality", *Journal of Economic Geography*, Vol. 5, No. 1, 2005.

Shorrocks A. F., "Decomposition Procedures for Distributional Analysis: A Unified Framework Based on Shapley Value", *Journal of Economic Inequality*, Vol. 11, No. 1, 2013.

Shorrocks A. F., "Inequality Decomposition by Factor Components", *Econometrica*, Vol. 50, No. 1, 1982b.

Shorrocks A. F., "The Age-Wealth Relationship: A Cross-Section and Cohort Analysis", *Review of Economics & Statistics*, Vol. 57, No. 2, 1975.

Shorrocks A. F., "The Portfolio Composition of Asset Holdings in the United Kingdom", *Economic Journal*, Vol. 92, No. 6, 1982a.

Stiglitz J. E., "Distribution of Income and Wealth Among Individuals", *Econometrica*, Vol. 37, No. 3, 1969.

Tobin J., "Estimation of Relationships for Limited Dependent Variables", *Econometrica*, Vol. 26, No. 1, 1958.

Tomes N., "The Family, Inheritance, and the Intergenerational Transmission of Inequality", *Journal of Political Economy*, Vol. 89, No. 5, 1981.

Walder A. G. and He X., "Public Housing into Private Assets: Wealth Creation in Urban China", *Social Science Research*, No. 46, 2014.

Walder A. G., "Markets and Income Inequality in Rural China: Political Advantage in an Expanding Economy", *American Sociological Review*, Vol. 67, No. 2, 2002.

Walder A. G., "The Decline of Communist Power: Elements of a Theory of Institutional Change", *Theory and Society*, Vol. 23, No. 2, 1994.

Wan G., "Accounting for Income Inequality in Rural China: Aregression-based approach", *Journal of Comparative Economics*, Vol. 32, No. 2, 2004.

Ward P., "Measuring the Level and Inequality of Wealth: An Application to China", *Review of Income & Wealth*, Vol. 60, No. 4, 2014.

Wei S. J. and Zhang X., "The Competitive Saving Motive: Evidence from Rising Sex Ratios and Savings Rates in China", *Journal of Political Economy*, Vol. 119, No. 3, 2009.

Weicher J. C., "The Distribution of Wealth: Increasing Inequality? ", *Federal Reserve Bank of St Louis Review*, Vol. 77, No. 1, 1995.

Whyte, King M. and William L. P., *Urban Life in Contemporary China*, Chicago: University of Chicago Press, 1984.

Wolff E. N. and Gittleman M., "Inheritances and the Distribution of Wealth or Whatever Happened to the Great Inheritance Boom?", *Journal of Economic Inequality*, Vol. 12, No. 4, 2014.

Wolff E. N., "Changing Inequality of Wealth", *American Economic Review*, Vol. 82, No. 2, 1992.

Wolff E. N., "Household Wealth Trends in the United States, 1962 – 2013: What Happened over the Great Recession? ", NBER Working Papers, 2014.

Wolff E. N., "Inequality and Rising Profitability in the United States, 1947 – 2012", *International Review of Applied Economics*, Vol. 29, No. 6, 2015.

Wolff E. N., "Inheritances and Wealth Inequality, 1989 – 1998", *American Economic Review Papers and Proceedings*, Vol. 92, No. 2, 2002.

Wolff E. N., "International Comparisons of Wealth Inequality", *Review of Income and Wealth*, Vol. 42, No. 4, 1996.

Wolff E. N., "Recent Trends in Household Wealth in the United States: Rising Debt and the Middle-class Squeeze", *The Levy Economics Institute*, No. 502,

2007.

Wolff E. N. , "Recent Trends in the Size Distribution of Household Wealth", *Journal of Economic Perspectives*, Vol. 12, No. 3, 1998.

Wolff E. N. , "Trends in Household Wealth in the United States, 1962 - 1983 and 1983 - 1989", *Review of Income and Wealth*, Vol. 40, No. 2, 1994.

Wolff E. N. , *Wealth Accumulation by Age Group in the US*, 1962 - 1992: *The Role of Savings*, *Capital Gainsand Intergenerational Transfers*, New York University, Mimeo, 1997.

Wolff E. N. , "Wealth Accumulation by Age Cohort in the U. S. 1962 - 1992: The Role of Savings, Capital Gains and Intergenerational Transfers", *The Geneva Papers on Risk and Insurance*, Vol. 24, No. 1, 1999.

Wood A. , "North-South Trade, Employment and Inequality: Changing Fortunes in a Skill-driven World", *Economic Journal*, Vol. 49, No. 3, 1995.

Xie Y. and Hannum E. , "Regional Variation in Earnings Inequality in Reform-era Urban China", *American Journal of Sociology*, Vol. 101, No. 4, 1996.

Xie Y. and Jin Y. , "Household Wealth in China", *Chinese Sociological Review*, Vol. 47, No. 3, 2015.

Zhou X. G. , "Economic Transformation and Income Inequality in Urban China: Evidence from Panel Data", *American Journal of Sociology*, Vol. 105, No. 4, 2000.

后　记

本书是在我博士学位论文的基础上修改而成，研究的是转型期我国农村家庭财富分配问题。关注不平等，追求公平和正义可能是埋藏在很多人灵魂深处的诉求，但以学术的方式呈现则是另一番光景。犹记得自己高中时代懵懂地将一张写上“We are the World”的卡片挂在圣诞树上，当时更多拥有的只是抽象的公平正义概念和对贫穷、饥饿、不平等的想象。大学时代就读的专业是机械工程及自动化，前述想法和诉求也就搁置。硕士阶段机缘巧合读了社会学，研究的是农村养老问题；读博阶段则是农业经济管理专业，选择了农村家庭财富分配问题。有一种转了一圈又回到原点的感觉，似乎念念不忘，真的必有回响。但严谨的学术研究和冲动的正义感间界限分明，我尝试克制内心的冲动，努力使用掌握的社会科学研究方法，价值中立地呈现城乡二元结构体制下的中国农村家庭财富分配状况并分析其形成原因，从而形成了本书。

本书的完成得益于众多人的支持和帮助。首先要特别感谢我的导师钟涨宝教授，是钟老师将我领入学术殿堂，让我得以领略科研工作之乐趣。硕博6年中，在钟老师的悉心指导和关怀下，我得以接受系统的科学训练。同时，在钟老师的资助下，参加各类校外培训、学术论坛也是经常之事。生活上，钟老师给予了巨大支持并对一些细节嘘寒问暖，让我专注学习而无后顾之忧。我的博士论文从一开始的选题，到研究框架的涉及，再到数据的收集，直至最后论文的撰写和文字的精练，无不凝聚着钟老师的付出与心血。其次，还要特别感谢狄金华老师，硕士阶段他带领我们办起读书会，一起阅读“两经”（经典和经验书籍），之后又开展“精读会”，围绕某一具体选题阅读前沿文献，再到后来第一篇论文的撰写。狄老师都倾注了大量心血，为我坚定科研之路增添了信心、打下了基础，也树立了榜样。在我成长道路上，聂建亮师兄、李静师姐、李飞师兄和管珊师姐也都曾经以启蒙者和榜样者的角色帮助我、激励我。

科研的每一步前行皆是站在前人的肩膀之上，本书自然也不例外。在诸多参考文献的创作者之中，中国人民大学的靳永爱博士是需要特别感激之人。最初，博士论文选题的灵感便来自于她和谢宇教授合写的一篇民生报告。之后在论文进展遇到瓶颈之时，经好友介绍得以接触靳永爱博士于2015年完成的博士学位论文。这一论文为我后续文献的阅读和研究框架的搭建提供了极为重要的借鉴，不得不说，如果没有这一篇参考文献，本书将是另一副面貌。在论文开题、中期和答辩过程中，有幸得到了简新华教授、史清华教授、严立冬教授、李长健教授、李谷成教授、罗小锋教授、祁春节教授、熊学萍教授、万江红教授、张安录教授和张俊飚教授等众多老师的指点。他们提出了许多宝贵的修改意见，使我的论文增色不少。

感谢学院万江红老师、张翠娥老师、田北海老师、龚继红老师、范成杰老师、罗峰老师、王翠琴老师、马威老师、姜利标老师、周娟老师、萧洪恩老师、阚祥才老师、刘凡老师、刘太玲老师、陈曙老师、李晶老师、朱雪萍老师和霍军亮老师等师长。特别感谢六年间和我一同读硕攻博的冯华超博士，以及其他同窗和好友，他们是：陈亦琪、定羡、樊鹏、耿宇瀚、郭莉莉、贺亮、胡梦琪、胡晶晶、黄雅、黄怡芳、黄琦、黄彦臣、季子力、蒋晴、寇永丽、李飞、李虹韦、李伟、路佳、卢扬、吕良、丘雯文、宋涛、孙娟、陶强、王嫚嫚、未曾阳、魏利香、吴悠丽、邬兰娅、吴贤荣、席莹、向云、徐登云、杨政怡、杨柳、杨威、叶闻慎、尹朝静、尤鑫、原春辉、张磊、张圣合、张伟、朱煜和庄永琪等。

本书第五章和第六章的前半部分曾分别在《农业经济问题》和《中国农村经济》上发表，感谢相关匿名审稿人的宝贵意见和编辑老师所做的辛苦工作。此外，本书得到2016—2017学年度清华农村研究博士论文奖学金项目“中国农村家庭财富分配及其演化（1988—2012）——基于动态视角的考察”（项目编号：201607）、浙江省社科规划课题青年项目“‘新矛盾’背景下遗产继承影响家庭财富差距的机理与效应研究”（项目编号：19NDQN350YB）和浙江省自然科学基金青年项目“利他动机视域下代际财富转移影响家庭财富差距的机理与效应研究”（项目编号：LQ19G030006）的资助，在此表示感谢。

感谢中国社会科学出版社的马明老师，他的辛勤工作使得本书得以顺利出版。

2017 年 6 月博士毕业以后，我有幸进入浙江工商大学金融学院工作，学院的领导和同事为我提供了极为宽松的工作和学习环境，并给予了极大的支持和帮助，在此予以诚挚的感谢。

最后，要特别感谢我的家人们。父母日夜操劳、早生华发，为我营造了一个良好宽松的成长环境，让我得以在近而立之年还可以“浪荡”于星辰大海。他们的包容、理解、体谅和支持，给予了我无尽的前行动力，亦使我无比愧疚。唯有希望父母健康长寿、幸福快乐，让我在后续岁月中能尽到一份作为子女的责任和孝心。另外，还要感谢两位姐姐以及姐夫对我的关心和对父母的照顾，他们的付出让我可以更安心于学业。同时，我要感谢我的妻子周冬忆女士，感谢她的宽容、理解和支持。

韦宏耀

2018 年 11 月 26 日